Rainer Pickhardt

Grundlagen und Anwendung der Steuerungstechnik

Aus dem Programm Automatisierungstechnik

Regelungstechnik für Ingenieure
von M. Reuter

Regelungstechnik I-III
von H. Unbehauen

Prozessvisualisierung unter Windows
von G. Schnell (Hrsg.) und V. Keim

Speicherprogrammierbare Steuerungen in der Praxis
von W. Braun

Bussysteme in der Automatisierungstechnik
von G. Schnell (Hrsg.)

Steuerungstechnik im Maschinenbau
von W. Thrun und M. Stern

Grundlagen und Anwendung der Steuerungstechnik
von R. Pickhardt

Methoden der Automatisierung
von E. Schnieder

Steuerungstechnik mit SPS
von G. Wellenreuther und D. Zastrow

Steuern – Regeln – Automatisieren
von W. Kaspers, H.-J. Küfner, B. Heinrich und W. Vogt

vieweg

Rainer Pickhardt

Grundlagen und Anwendung der Steuerungstechnik

Petri-Netze, SPS, Planung

Mit 131 Abbildungen, 29 Tabellen
und 56 Beispielen

Herausgegeben von Otto Mildenberger

Die Deutsche Bibliothek – CIP-Einheitsaufnahme
Ein Titeldatensatz für diese Publikation ist bei
Der Deutschen Bibliothek erhältlich.

1. Auflage Oktober 2000

Herausgeber: Prof. Dr.-Ing. Otto Mildenberger lehrt an der Fachhochschule Wiesbaden in den Fachbereichen Elektrotechnik und Informatik.

Der Verlag Vieweg ist ein Unternehmen der Fachverlagsgruppe BertelsmannSpringer.

www.vieweg.de

Konzeption und Layout des Umschlags: Ulrike Weigel, www.CorporateDesignGroup.de

Gedruckt auf säurefreiem Papier

ISBN 978-3-528-03927-1 ISBN 978-3-322-90774-5 (eBook)
DOI 10.1007/978-3-322-90774-5

Vorwort

Die Steuerungstechnik ist im Bereich der Automatisierungstechnik eine durchaus wichtige Fachdisziplin, der nach Meinung des Autors in der Lehre jedoch zu wenig Aufmerksamkeit geschenkt wird. Das ist schon allein daran erkennbar, dass es in der deutschen Sprache nur wenige geeignete Lehrbücher über diesen Stoff gibt.

Das Buch wendet sich in erster Linie an Studenten der Elektrotechnik, der Automatisierungstechnik und verwandter Fachrichtungen. Es ist für das Selbststudium konzipiert, kann aber auch vorlesungsbegleitend verwendet werden.

Der Aufbau des Buches entspricht einem Lehrbuch, wobei der in den einzelnen Kapiteln vorgestellte Stoff jeweils durch zahlreiche Beispiele, Bilder und Tabellen vertieft und veranschaulicht wird. Das Niveau wurde dabei bewusst so gehalten, dass sowohl Ingenieurstudenten an Universitäten als auch an Fachhochschulen angesprochen werden, besondere mathematische Voraussetzungen sind zum Verständnis des Buches nicht erforderlich. Didaktisch geht es in erster Linie darum, dem Leser einen Überblick über die verschiedenen Teilgebiete der Steuerungstechnik zu geben. Aus diesem Grund wird weniger Wert auf eine in die Tiefe gehende Darstellung des Stoffes als vielmehr auf die Herausarbeitung der wesentlichen Inhalte gelegt. So kann man beispielsweise eine umfassende Behandlung der Programmiersprachen nach der IEC-Norm 1131-3 in anderen, eigens diesem Thema gewidmeten Büchern finden. Darüber hinaus wurde möglichst versucht, verschiedene vorgestellte Verfahren auf die gleichen Beispiele anzuwenden, z.B. bei der Schaltungsminimierung oder bei der programmtechnischen Lösung des gleichen Problems mit verschiedenen Programmiersprachen.

Der Inhalt umfaßt im Wesentlichen drei Themengebiete: Nach einer Einführung und einer Einordnung des Fachgebietes der Steuerungstechnik werden die Grundlagen der Booleschen Schaltalgebra dargestellt, die zunächst auf die kombinatorischen Schaltungen (ein Kapitel befaßt sich dabei auch mit der Minimierung von Schaltfunktionen) und in einem weiteren Abschnitt dann auf die sequentiellen Schaltungen angewendet wird. Insgesamt ist die Bedeutung der Booleschen Algebra zur Analyse und Synthese binärer Steuerungen sicher gesunken, da sich inzwischen auch für kleinere Aufgaben die speicherprogrammierbaren Steuerungen durchgesetzt haben. Dennoch, schon allein wegen der grundlegenden Bedeutung der Booleschen Algebra für die Rechentechnik, halte ich es für notwendig, in einem Lehrbuch diese Thematik in ihren wesentlichen Grundzügen darzustellen.

Ein zweites Themengebiet, das im Rahmen dieses Buches jedoch nur in kürzerer Form behandelt werden kann, sind die PETRI-Netze, insbesondere im Hinblick auf die damit mögliche Modellierung steuerungstechnischer Abläufe.

Den Hauptteil des Buches macht dann die Behandlung der speicherprogrammierbaren Steuerungen aus. Neben ihrem Aufbau und ihrer Arbeitsweise sowie der Realisierung paralleler Abläufe nimmt dabei die Vorstellung der Programmiersprachen nach der IEC-Norm 1131-3 einen wichtigen Platz ein. Die Zielrichtung ist dabei, in möglichst kompakter Form die wesentlichen Komponenten der Sprachen vorzustellen und einfache Beispiele durchgängig in den verschiedenen Sprachen zu programmieren. Im Sinne der Kompatibilität von Programmen wurde auf herstellerspezifische Besonderheiten bewusst verzichtet. Ein Abschnitt über die praktischen Gesichtspunkte bei der Projektierung von SPS rundet dieses Gebiet ab.

Dies Lehrbuch entstand während meiner Tätigkeit als Oberingenieur am Lehrstuhl für Elektrische Steuerung und Regelung der Ruhr-Universität Bochum. Es stellt eine ausführliche Ausarbeitung der dreistündigen Vorlesung mit integrierten Übungen zum Thema „Steuerungstechnik" dar, die ich dort im Rahmen eines Lehrauftrages halte.

Mein besonderer Dank gilt Herrn Prof. Dr.-Ing. F. Ley, der ursprünglich diese Vorlesung aufgebaut hat, und der mir auch bei der notwendigen Überarbeitung wertvolle Hinweise gegeben hat. Wenngleich inhaltlich in weiten Teilen insbesondere bei dem Kapitel über speicherprogrammierbare Steuerungen eine Anpassung an die aktuellen Entwicklungen vorgenommen worden ist, geht das Konzept im Wesentlichen auf die damals gemachte Einteilung des Stoffes zurück.

Herrn Prof. Dr.-Ing. H. Unbehauen danke ich sehr herzlich für die Unterstützung und seine Anregungen während der Abfassung des Buches. Weiterhin danke ich Frau A. Marschall für das sorgfältige Zeichnen einiger Bilder. Herrn Dipl.-Ing. J. Goldnau bin ich für die kritische Durchsicht des Manuskripts zu Dank verpflichtet. Herrn Prof. Dr.-Ing. O. Mildenberger und dem Vieweg-Verlag danke ich für die gute und konstruktive Zusammenarbeit bei der Herausgabe des Buches. Nicht zuletzt danke ich auch meiner Frau Ingrid für das entgegengebrachte Verständnis und die Unterstützung vor allem während der Endphase der Entstehung dieses Buches.

Bochum, im Juli 2000 *Rainer Pickhardt*

Inhaltsverzeichnis

1 Einordnung der Steuerungstechnik

Zu Beginn eines solchen Buches ist es sicherlich sinnvoll, die Fachdisziplin „Steuerungstechnik" einzuordnen und von anderen Bereichen abzugrenzen. Dies ist insbesondere deswegen notwendig, weil gerade der Begriff „Steuerungstechnik" bzw. „Steuerung" mehrfach belegt ist.

Wie aus der im Bild 1.1 dargestellten Einteilung hervorgeht, ist der Oberbegriff die *Automatisierungstechnik*, die sowohl die Regelungstechnik als auch die Steuerungstechnik umfasst. NORBERT WIENER führte in Anlehnung an das griechische Wort für den Steuermann dafür 1948 den Begriff *Kybernetik* ein [Wie48], der allerdings mehr philosophisch verwendet wird.

Bei der Regelungstechnik geht es um die gezielte Beeinflussung dynamischer Prozesse, wobei die gemessenen bzw. dazu verwendeten Signale kontinuierlich oder quasikontinuierlich sind. Zugrunde gelegt wird dabei die Theorie dynamischer Systeme (Systemtheorie). Bei der *Regelung* wird das Prinzip der Rückkopplung verwendet, das heißt, dass das betrachtete System sich in einem geschlossenen Wirkungskreis befindet. Das Prinzip der Regelung ist im übrigen keine technische Erfindung, oder nur für technische Systeme anwendbar, sondern findet sich z.B. auch vielfach in der Natur wieder. Man denke nur an die sehr komplexe Regelung der Körpertemperatur, des Blutzuckergehaltes oder des Blutdrucks beim Menschen.

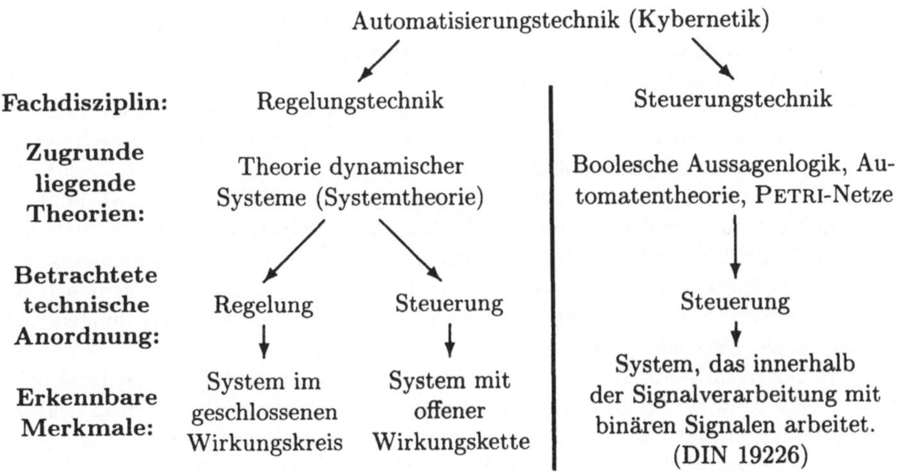

Bild 1.1 *Einordnung der Steuerungstechnik*

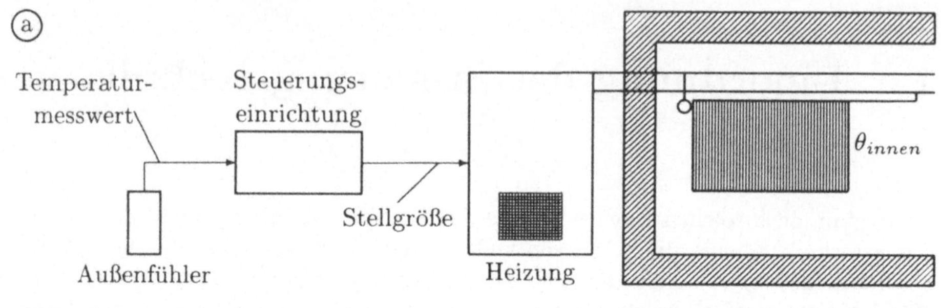

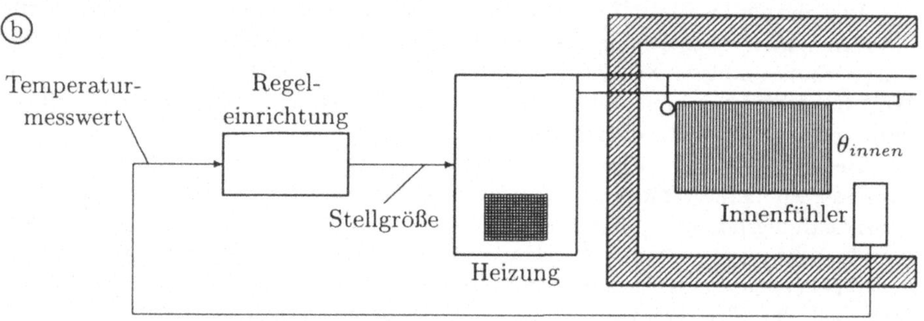

Bild 1.2 ***Heizung als Beispiel für eine Steuerung im regelungstechnischen Sinn (a) bzw. für eine Regelung (b)***

Regelungstechnische Methoden sind auch für die Beschreibung der Dynamik volkswirtschaftlicher Systeme geeignet, beispielsweise beim Wechselspiel zwischen Inflation bzw. Geldstabilität und dem Arbeitsmarkt oder bei der Preisbildung durch Angebot und Nachfrage. Insofern ist die Regelungstechnik eigentlich eine *methodische* bzw. *systemorientierte* Wissenschaft, denn der Einsatz regelungstechnischer Methoden ist weitgehend unabhängig vom jeweiligen technischen oder nichttechnischen Anwendungsfall. Obwohl die Prozesse unterschiedlicher Art sein können, sind sich die zu lösenden Probleme sehr ähnlich. Die Regelungstechnik stellt daher ein eigenständiges Fachgebiet dar. Da sie jedoch meist im Zusammenhang mit technischen Systemen zum Einsatz kommt, ist sie fachlich üblicherweise den Ingenieurwissenschaften zugeordnet. Typische technische Beispiele für Regelungen sind Temperatur-, Drehzahl-, Füllstands- oder Kursregelungen.

Im Unterschied zur *Regelung im regelungstechnischen Sinn* (engl. *feedback* oder *closed loop control*), für die, wie oben erwähnt, das *Rückkopplungsprinzip* charakteristisch ist, erfolgt bei einer *Steuerung im regelungstechnischen Sinn* (engl. *feedforward* oder *open loop control*) keine Rückführung gemessener Prozesssignale. Eine Steuerung beeinflusst also das entsprechende System in einer *offenen Wirkungskette*. Bild 1.2 macht anhand einer Heizung diesen Unterschied deutlich. Geht man davon aus, dass die Innentemperatur des Raums keine Auswirkungen auf die Außentemperatur hat, wird die Temperatur oben unter ⓐ durch eine Steuerung beeinflusst (in Abhängigkeit von der momentanen Außentemperatur wird das Heizungsventil angesteuert). Unter ⓑ dagegen erfolgt eine Rückführung des Temperaturmesswertes und das Heizungsventil wird weiter geöffnet bzw. mehr geschlossen, je nachdem ob diese gemessene Innentemperatur im Vergleich zu einem vorgebbaren *Sollwert* zu niedrig oder zu hoch ist.

Bei *Steuerungen im steuerungstechnischen Sinn* oder *binären* Steuerungen dagegen, die der Gegenstand dieses Buches sind, geht es um die zielgerichtete Beeinflussung von Systemen, deren Signale nur den Wert 0 oder 1 (FALSE oder TRUE) annehmen können. Diese binären Signale sind also *nicht* Bestandteil zahlenmäßig dargestellter Informationen. Zur Beschreibung und Behandlung solcher Systeme wird die Boolesche Aussagenlogik, die Automatentheorie, die Theorie der sequentiellen Schaltungen oder PETRI-Netze verwendet.

Zu allem Überfluss wird in der deutschen Sprache der Begriff „Steuerung" nicht nur für den Vorgang, also das Steuern, verwendet, sondern auch für das Gerät, das diesen Vorgang ausführt. In der englischen Sprache ist dafür der Begriff PLC (progammable logic controller) üblich.

Die Übergänge zwischen diesen derart abgegrenzten Gebieten sind jedoch fließend. Zum einen deswegen, weil in vielen technischen Systemen steuerungstechnische und regelungstechnische Aufgabenstellungen gleichzeitig anfallen. Wird in der Nahrungsmittelindustrie beispielsweise für ein Produkt eine bestimmte Rezeptur gefahren, so kann der entsprechende Ablauf mit Hilfe steuerungstechnischer Methoden z.B. durch ein PETRI-Netz dargestellt werden. Gleichzeitig können aber Regelungen zum Einsatz kommen, die während dieses Ablaufs in Reaktionsbehältern die Temperatur regeln.

Andererseits ist die hardwaretechnische Entwicklung der Geräte nicht bei den ersten einfachen Steuerungen stehengeblieben. Selbst einfachere Steuerungen verfügen heute neben der Verarbeitung binärer Signale auch über die Möglichkeit, analoge Messgrößen zu behandeln und einfache Regelungen zu implementieren. Damit nehmen Steuerungen inzwischen teilweise Aufgaben wahr, die früher den Prozessleitsystemen vorbehalten waren. Bei der Programmierung einer solchen Steuerung sind dann natürlich nicht nur die rein steuerungstechnischen Abläufe zu implementieren, sondern auch solche Regelkreise müssen entsprechend programmiert werden.

Wenn es darum geht, Steuerungen zu unterscheiden, sind sehr verschiedene Gesichtspunkte möglich. Einige werden im Folgenden aufgelistet:

- Man kann zwischen Steuerungen unterscheiden, die analoge und digitale (bei Steuerungen im regelungstechnischen Sinn) sowie binäre Signale verarbeiten (heute verarbeiten Steuerungen, wie bereits erwähnt, häufig alle diese Signalarten).
- Bei binären Steuerungen ist eine Unterteilung in Ablaufsteuerungen und Verknüpfungssteuerungen (s. Abschnitt 1.1) sowie in asynchron und synchron getaktete Steuerungen möglich.

- Man kann bei Steuerungen auch eine Klassifizierung gemäß ihres hierarchischen Aufbaus (Anordnung innerhalb der verschiedenen Ebenen) vornehmen. Als Stichworte seien hier die Einzelsteuerung, die Gruppensteuerung sowie die Prozesssteuerung erwähnt.
- Schließlich kann man Steuerungen auch gerätemäßig oder aufgabenmäßig einteilen.

1.1 Definitionen und Normen

In der DIN-Norm 19226 Teil 5 wird eine binäre Steuerung so definiert:

> „Eine *binäre Steuerung* ist eine Steuerung, die innerhalb der Signalverarbeitung mit binären Signalen arbeitet. Die binäre Steuerung verarbeitet binäre Eingangssignale vorwiegend mit Verknüpfungs-, Zeit- und Speichergliedern zu binären Ausgangssignalen."

Ein *binäres Signal* ist dabei ein digitales Signal mit nur zwei Wertebereichen des Informationsparameters.

Im Bild 1.3 ist die Grundstruktur einer (binären) Steuerung dargestellt. Über *Sensoren* erhält die Steuerung Messsignale des zu steuernden Prozesses. Über die *Bedienung* wird die Steuerung programmiert bzw. es wird im weitesten Sinn festgelegt, wie die Steuerung auf den Prozess einwirken soll (z.B. Abschalten einer Pumpe, wenn der Füllstand in einem Tank einen bestimmten Grenzwert überschreitet). Bestimmte Signale können dabei auch *angezeigt* werden (z.B. Einschalten einer Lampe, wenn ein Motor läuft). Über entsprechende *Aktoren* wirkt die Steuerung dann auf den jeweiligen Prozess ein.

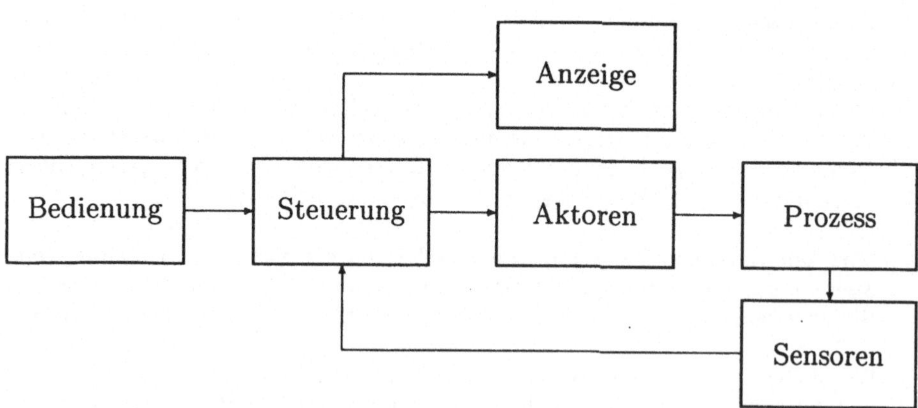

Bild 1.3 *Grundstruktur einer Steuerungseinrichtung*

Sensoren sind z.B. Endschalter, Näherungsinitiatoren, Druckschalter, Lichtschranken, Kopierwerke, Temperatur-, Überstrom- oder Niveauschalter. Motoren, pneumatische oder hydraulische Magnetventile, Leistungsschalter, Magnetkupplungen oder -bremsen, Relais, Schütze oder Pumpen gehören zu den *Aktoren*. Die *Bedienung* erfolgt unter anderem durch Schalter, Wahlschalter, Schlüsselschalter und -taster, Not-Aus-Schalter, Taster, Meisterschalter (Joystick), Tastatur oder Lichtgriffel. Als *Anzeigen* werden beispielsweise Kontrollampen (Glühlampen oder Leuchtdioden), Sichtmelderelais, Warnhupen sowie rechnergesteuerte Displays und Fließbilder verwendet.

Je nach Art der Beschreibung unterscheidet man zwischen einer *Verknüpfungssteuerung* und einer *Ablaufsteuerung*. In der DIN-Norm 19226 Teil 5 werden diese Steuerungen so definiert:

> „Eine *Verknüpfungssteuerung* ordnet den Zuständen der Eingangssignale durch Boolesche Verknüpfungen definierte Zustände der Ausgangssignale zu. Auch Steuerungen mit Verknüpfungsgliedern und einzelnen Speicher- und Zeitfunktionen ohne zwangsläufig schrittweisen Ablauf werden ebenso benannt."

> „Eine *Ablaufsteuerung* ist eine Steuerung mit zwangsläufig schrittweisem Ablauf, bei der der Übergang von einem Schritt auf den oder die programmgemäß folgenden abhängig von Übergangsbedingungen erfolgt. Die Schrittfolge kann in besonderer Weise programmiert sein, z.B. mit Sprüngen, Schleifen, Verzweigungen. Die Schritte der Steuerung entsprechen meist den prozessbedingt aufeinander folgenden Zuständen der zu steuernden Anlage."

Die Definition der Begriffe „Eingangssignale" sowie „Ausgangssignale" ist dabei insofern missverständlich, als in der Norm nicht festgelegt wird, worauf sich „Eingang" bzw. „Ausgang" beziehen (auf den zu steuernden Prozess nämlich), wobei Eingangssignale des Prozesses natürlich Ausgangssignale der Steuerung sind und umgekehrt. Als Beispiel für eine Ablaufsteuerung kann man das Schrittschaltwerk einer Waschmaschine nennen.

1.2 Beispiele für Anwendungen

Zum Abschluss dieses Kapitels sollen nun noch zwei sehr einfache Beispiele vorgestellt werden, um deutlich zu machen, wozu binäre Steuerungen verwendet werden bzw. wie in diesen beiden Fällen Lösungen aussehen könnten.

Beispiel 1.1

Im Bild 1.4 ist eine Stern-Dreieck-Umschaltung zum Betrieb eines Drehstrommotors in beiden Drehrichtungen sowie der Zeitverlauf der logischen Signale für die vier Schütze `c1` bis `c4` (1 = Schütz angezogen, 0 = Schütz abgefallen) dargestellt.

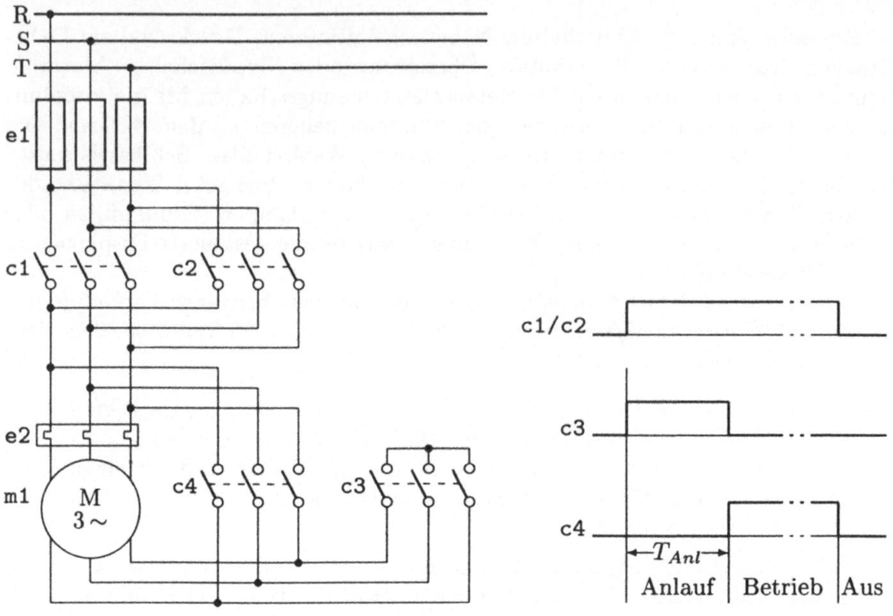

Bild 1.4 *Stern-Dreieck-Umschaltung mit Wendeschützen (links) sowie Zustand der Schütze* c1 *bis* c4 *(angezogen / abgefallen) während des Betriebs*

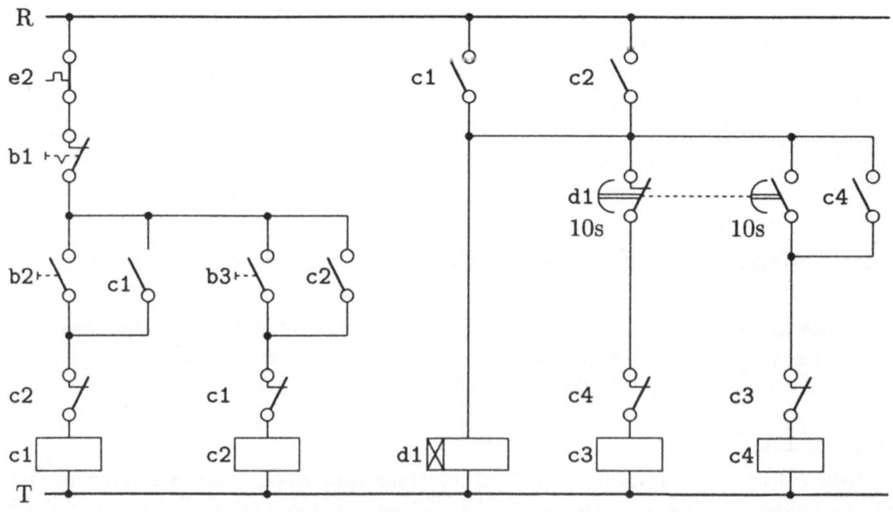

Bild 1.5 *Zugehöriger Stromlaufplan der Steuerung für die Stern-Dreieck-Umschaltung aus Bild 1.4*

Eine Steuerung wird benötigt, um den ordnungsgemäßen Betrieb des Motors zu realisieren und um dafür zu sorgen, dass die nötigen Sicherheitsverriegelungen für die Schütze eingehalten werden. Bild 1.5 zeigt den zugehörigen Stromlaufplan der Steuerung.

Im ausgeschalteten Zustand sind alle Schütze abgefallen. Neben der Überstromsicherung `e1` und dem thermisch ausgelösten Motorschutzschalter im Hauptstromkreis schaltet der Motorschutzschalter auch die Spannung aus, die zur Versorgung der Schütze benötigt wird, so dass bei Überbeanspruchung des Motors auch die Steuerung ausgeschaltet wird und damit in den Ausgangszustand zurückkehrt.

Je nachdem, welcher Schalter (`b2` für vorwärts und `b3` für rückwärts) betätigt wird, zieht eines der beiden Schütze `c1` bzw. `c2` an und hält sich anschließend über einen Hilfskontakt selbst. Außerdem wird durch einen Öffner die Spannungsversorgung des jeweils anderen Schützes unterbrochen. Dadurch verriegeln sich die beiden Schütze gegenseitig, so dass es nie möglich ist, dass `c1` *und* `c2` gleichzeitig angezogen sind, was einen Kurzschluss zur Folge hätte. Auch eine Fehlbedienung (z.B. Betätigung sowohl des Schalters `b2` als auch von `b3`) kann also nicht zu einem Kurzschluss führen.

Zum Anlauf wird der Motor zunächst in Sternschaltung betrieben, um den Anlaufstrom zu begrenzen. Dazu wird zunächst das Zeitrelais `d1` gestartet. Gleichzeitig zieht das Schütz `c3` an. Der Zeitpunkt zur Umschaltung auf Dreieckschaltung kann entweder vom Erreichen einer bestimmten Drehzahl des Motors, oder, wie hier dargestellt, vom Ablauf einer festgelegten Anlaufzeit (10 Sekunden) abhängig sein. Nach Ablauf der eingestellten Zeit wechselt der Ausgang von `d1` kurzzeitig. Dadurch fällt das Schütz `c3` ab und `c4` zieht an. Auch hier ist die Verriegelung zu beachten, dass nie `c3` und `c4` gleichzeitig angezogen sein dürfen. Diese Verriegelung ist wie bei den Schützen `c1` und `c2` durch zwei Öffner realisiert. Das Schütz `c4` hält sich wiederum durch einen Schließkontakt selbst, so dass, wenn der Kontakt des Zeitrelais wieder in die ursprüngliche Position zurückkehrt, der Motor in Dreieckschaltung weiterläuft. Wenn der Motor durch Betätigung des Tasters `b1` wieder ausgeschaltet wird, fallen auch die Schütze `c1` bzw. `c2` sowie `c3` oder `c4` ab. □

Beispiel 1.2

Bild 1.6 zeigt eine Zweihandeinrückung für einen Pneumatikzylinder und die Logikelemente, mit denen das Ventil zur Betätigung des Zylinders angesteuert wird. Hierbei soll die Presse nur betätigt werden können, wenn der Bediener mit beiden Händen gleichzeitig die zwei Taster `b1` und `b2` betätigt und anschließend auch beide jeweils wieder loslässt. Die letzte Bedingung ist notwendig, um zu vermeiden, dass durch Blockieren eines Tasters das gleichzeitige Drücken mit *beiden* Händen umgangen werden kann.

In der Grundstellung ist die Zuluft des Ventils gesperrt, die Presse startbereit in der oberen Stellung, die beiden Taster `b1` und `b2` zur Betätigung der Presse losgelassen und der Ausgang des oberen RS-Flipflops ist 1. Werden nun beide Taster `b1` und `b2` gleichzeitig gedrückt, so wird der Ausgang des UND-Gatters 1 und das untere RS-Flipflop wird gesetzt, wodurch ein Zeitglied mit der Zeitdauer t_1 gestartet wird. Gleichzeitig wird auch das obere RS-Flipflop wieder zurückgesetzt. Das Ventil

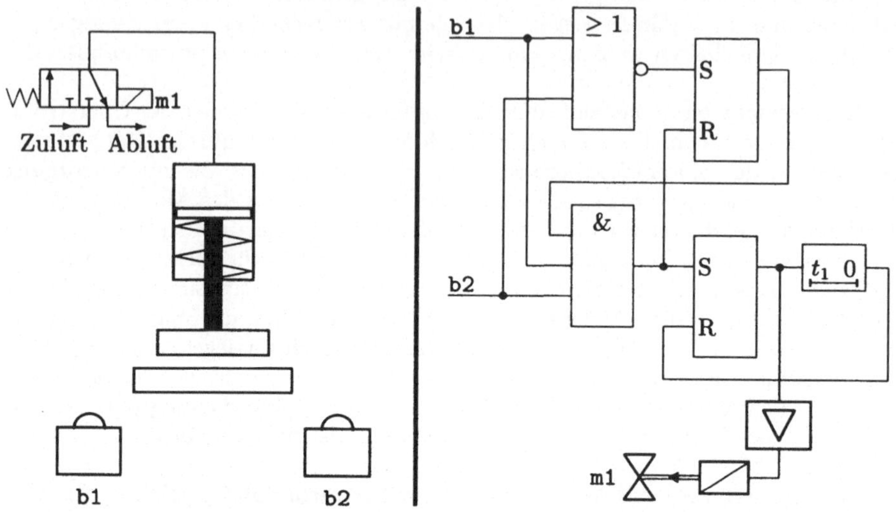

Bild 1.6 *Zweihandeinrückung eines Pneumatikzylinders (links) sowie Logikelemente der zugehörigen Steuerung*

wird angesteuert und der Presszylinder bewegt sich, da er mit Druck beaufschlagt wird, nach unten. Nach Ablauf der Zeit t_1 (diese Zeit wird so eingestellt, dass der Zylinder sicher seine Endstellung erreicht hat und der Pressvorgang abgeschlossen ist) wird durch das Zeitglied das untere RS-Flipflop wieder zurückgesetzt, wodurch das pneumatische Ventil wieder in seinen Ausgangszustand zurückkehrt. Die im Presszylinder enthaltene Luft kann entweichen und dieser bewegt sich durch die Rückstellfeder wieder nach oben in seine Grundstellung.

So lange nun mindestens einer der beiden Taster b1 oder b2 betätigt bleibt, ist der Ausgang des NOR-Gatters 0 und das obere Flipflop kann nicht wieder gesetzt werden. Erst wenn beide Taster gleichzeitig losgelassen werden, wird das obere Flipflop gesetzt. Nun befindet sich die Presse wiederum in der Grundstellung und ist bereit für einen neuen Pressvorgang.

Ist der Presszylinder einmal gestartet worden, haben die beiden Taster keinen Einfluss mehr auf die Bewegung, d.h. der Pressvorgang wird, ist er angestoßen worden, jedenfalls zu Ende geführt und der Bediener kann durch Loslassen einer oder beider Taster diese Bewegung nicht mehr stoppen. Soll das möglich sein, muss die Steuerung anders realisiert werden. □

2 Schaltalgebra und kombinatorische Schaltungen

In diesem Abschnitt werden zunächst die wesentlichen Grundlagen der Booleschen Aussagenlogik kurz vorgestellt und dann auf kombinatorische Schaltungen angewendet.

2.1 Grundbegriffe der Booleschen Aussagenlogik

Der zentrale Begriff der von GEORGE BOOLE (1815 – 1864) begründeten (s. [Boo47], [Boo54]) und daher nach ihm benannten Schaltalgebra ist die *Aussage*. Dabei ist nicht der eigentliche Inhalt dieser Aussage wesentlich, sondern ob diese *wahr* oder *falsch* ist. Die Boolesche Aussagenlogik gibt nun die Regeln dafür an, ob eine Aussage (die auch durch die Verknüpfung von verschiedenen Aussagen entstanden sein kann) wahr oder falsch ist. Eine wahre Aussage wird dabei durch eine 1, eine falsche durch eine 0 abgekürzt.

2.1.1 Logische Grundverknüpfungen

Die Definition der Booleschen Verknüpfungen erfolgt durch sogenannte Wahrheitstabellen. In den dazu folgenden Tabellen ist – sofern definiert – neben der entsprechenden Wahrheitstabelle auch noch das entsprechende Schaltzeichen gemäß IEC-Norm 617 Teil 12 (IEC = **I**nternational **E**lectrotechnical **C**ommission) angegeben.

Tabelle 2.1 zeigt die drei logischen Grundverknüpfungen. Sie werden durch folgende Symbole dargestellt: Die *Negation* durch einen darübergesetzten Querstrich ($\bar{A}$), die *Konjunktion* durch den Multiplikationspunkt bzw. durch Hintereinanderschreiben der Aussagen ($A \cdot B$ bzw. AB, manchmal wird für die Konjunktion auch das $\wedge$-Symbol verwendet) und die *Disjunktion* durch das +Zeichen ($A + B$, gebräuchlich ist hierfür auch das $\vee$-Symbol).

Die Negation ist dabei die einzige einstellige Verknüpfung, da sie sich nur auf eine einzige Aussage bezieht.

Natürlich können auch mehrere Aussagen konjunktiv oder disjunktiv miteinander verknüpft werden. Die Mehrfachkonjunktion wird entsprechend durch

$$\wedge_{i=1}^{n} A_i = A_1 A_2 \ldots A_n,$$

die Mehrfachdisjunktion durch

$$\vee_{i=1}^{n} A_i = A_1 + A_2 + \ldots + A_n$$

abgekürzt.

Alle weiteren Verknüpfungsvorschriften (s. Tabelle 2.2) lassen sich aus den Grundverknüpfungen ableiten.

Die Verknüpfungen NOR und NAND bestehen einfach nur aus den entsprechenden Grundverknüpfungen (ODER bzw. UND) mit nachgeschalteter Negation. Sie spielen deshalb eine Rolle, weil diese Verknüpfungen durch elektronische Bausteine (NOR- und NAND-Gatter) realisiert werden und Logikschaltungen, die mit diesen ICs aufgebaut werden, dann von NOR und NAND (und nicht von ODER bzw. UND) als Grundverknüpfung ausgehen.

Die ***Implikation*** entspricht dabei weitgehend unserem Empfinden für einen „wenn A, dann B“ Schluss. Das soll mit den beiden Aussagen A =„Es regnet“ und B =„Die Straße ist nass“ verdeutlicht werden.

1. Zeile: Die Aussage „Wenn es nicht regnet, dann ist die Straße nicht nass“ ist offensichtlich wahr ($\rightarrow 1$).
2. Zeile: Die hier stehende Aussage „Wenn es nicht regnet, dann ist die Straße nass“ wird gemäß *Vereinbarung* als wahr deklariert. Die Straße kann ja auch durch eine andere Ursache als Regen nass geworden sein.
3. Zeile: Die Aussage „Wenn es regnet, dann ist die Straße nicht nass“ ist falsch ($\rightarrow 0$).
4. Zeile: Die Aussage „Wenn es regnet, dann ist die Straße nass“ ist wiederum wahr.

Tabelle 2.1 *Grundverknüpfungen der Booleschen Aussagenlogik*

Name	Wahrheitstabelle	Schaltzeichen
Negation (NICHT)	A | $\bar{A}$ 0 | 1 1 | 0	A — [1] —○
Konjunktion (UND)	A | B | AB 0 | 0 | 0 0 | 1 | 0 1 | 0 | 0 1 | 1 | 1	A, B — [&] —
Disjunktion (ODER)	A | B | $A+B$ 0 | 0 | 0 0 | 1 | 1 1 | 0 | 1 1 | 1 | 1	A, B — [≥ 1] —

Tabelle 2.2 *Abgeleitete Verknüpfungen der Booleschen Aussagenlogik*

Name	Wahrheitstabelle	Schaltzeichen / Alternative
UND-NICHT (NAND)	A B $\overline{AB}$: 0 0 1; 0 1 1; 1 0 1; 1 1 0	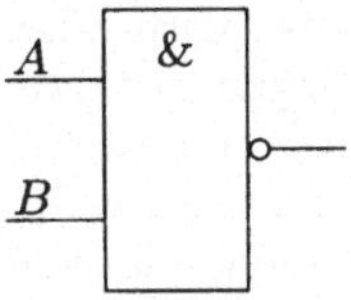 &
ODER-NICHT (NOR)	A B $\overline{A+B}$: 0 0 1; 0 1 0; 1 0 0; 1 1 0	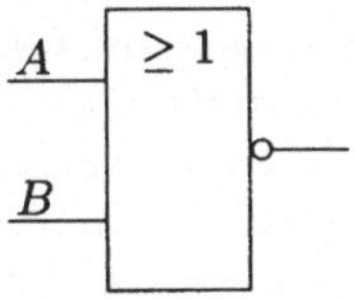 ≥ 1
Implikation	A B $A \to B$: 0 0 1; 0 1 1; 1 0 0; 1 1 1	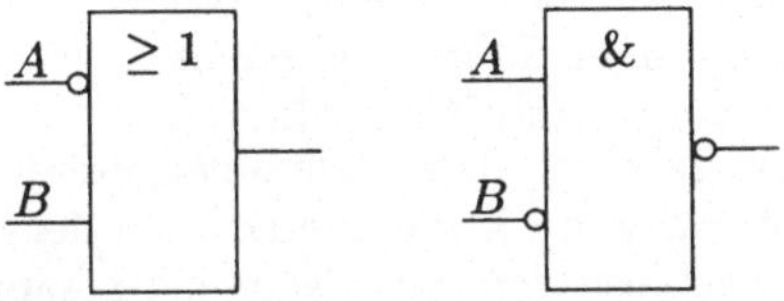 ≥ 1 / &
Äquivalenz	A B $A \equiv B$, $A \leftrightarrow B$: 0 0 1; 0 1 0; 1 0 0; 1 1 1	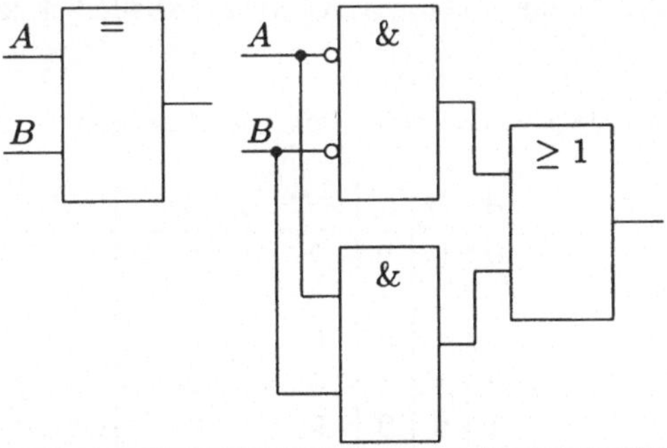 = / &, &, ≥ 1
Antivalenz (XOR)	A B $A \not\equiv B$, $\overline{A \leftrightarrow B}$: 0 0 0; 0 1 1; 1 0 1; 1 1 0	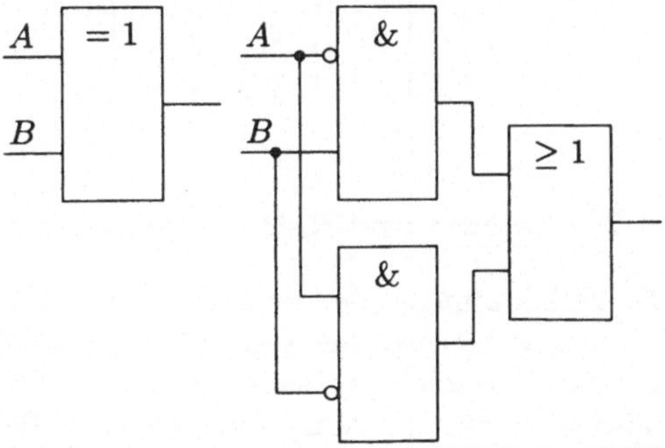 = 1 / &, &, ≥ 1

Bei dem Schaltzeichen für die *Äquivalenz* sind mehrere Eingänge möglich. Der Ausgang ist dann 1 und damit die Äquivalenz gegeben, wenn alle Eingänge entweder 0 oder 1 sind, d.h. die Aussagen, die auf Äquivalenz überprüft werden sollen, sind entweder alle falsch oder alle wahr. Beim EXKLUSIV-ODER bzw. der *Antivalenz* können dagegen nur zwei Aussagen miteinander verknüpft werden, d.h. das Schaltzeichen kann nur zwei Eingänge aufweisen. Der Ausgang ist dann 1 und damit die Antivalenz von zwei Aussagen wahr, wenn der Wahrheitsgehalt der beiden Aussagen, die miteinander verknüpft werden, jeweils unterschiedlich ist.

Von einer *Tautologie* (s. Tabelle 2.3) spricht man dann, wenn eine zusammengesetzte Aussage immer wahr ist. Das Gegenteil einer Tautologie ist die Kontradiktion (eine zusammengesetzte Aussage ist immer falsch). Die Negation einer Tautologie ergibt somit immer eine Kontradiktion und umgekehrt. Zwei zusammengesetzte Aussagen sind dann *gleich* oder *logisch äquivalent*, wenn beide immer dann denselben Wahrheitswert annehmen, wenn für die Einzelaussagen, aus denen sie zusammengesetzt sind, auch jeweils der gleiche Wahrheitswert eingesetzt wird. Tabelle 2.4 zeigt ein entsprechendes Beispiel.

Tabelle 2.3 *Tautologie* $(AB) \to (\bar{A} \to B)$

A	B	AB	$\bar{A}$	$\bar{A} \to B$	$(AB) \to (\bar{A} \to B)$
0	0	0	1	0	1
0	1	0	1	1	1
1	0	0	0	1	1
1	1	1	0	1	1

Tabelle 2.4 *Gleichheit von zwei Aussagen*

A	B	C	AB	$B \to C$	$A \to (B \to C)$	$(AB) \to C$
0	0	0	0	1	1	1
0	0	1	0	1	1	1
0	1	0	0	0	1	1
0	1	1	0	1	1	1
1	0	0	0	1	1	1
1	0	1	0	1	1	1
1	1	0	1	0	0	0
1	1	1	1	1	1	1

2.1.2 Axiome und Rechenregeln der Booleschen Algebra

Alle Verknüpfungen der Booleschen Aussagenlogik können auf die Verknüpfungen UND und ODER sowie die Negation zurückgeführt werden. Die Boolesche Algebra besteht aus Variablen (Aussagen A, B, C...) mit ihren zugehörigen Belegungen oder Wahrheitswerten 1 (wahr) und 0 (falsch), die konjunktiv („UND") sowie disjunktiv („ODER") miteinander verknüpft werden können, wobei diese Verknüpfungen den folgenden Axiomen genügen:

Für die Elemente 0 und 1 gilt

$$A \cdot 1 = A \tag{2.1a}$$
$$A + 0 = A. \tag{2.1b}$$

Zu jeder Aussage A existiert dessen Negation oder Komplement $\bar{A}$, für das

$$A \cdot \bar{A} = 0 \tag{2.2a}$$
$$A + \bar{A} = 1 \tag{2.2b}$$

gilt. Es gilt das kommutative Gesetz

$$A \cdot B = B \cdot A \tag{2.3a}$$
$$A + B = B + A \tag{2.3b}$$

sowie das konjunktive und das disjunktive Distributivgesetz

$$A \cdot (B + C) = (A \cdot B) + (A \cdot C) \tag{2.4a}$$
$$A + (B \cdot C) = (A + B) \cdot (A + C). \tag{2.4b}$$

Aus diesen Axiomen, Gl. (2.1) bis (2.4), kann man bereits das *Dualitätsprinzip* der Booleschen Algebra bezüglich der konjunktiven und der disjunktiven Verknüpfung erkennen, das dann selbstverständlich auch bei den aus den Axiomen abgeleiteten Rechenregeln (s.u.) wiederzufinden ist: Man erhält das duale Axiom bzw. die duale Rechenregel, wenn man die Konjunktion durch die Disjunktion und den Schaltwert 0 durch 1 ersetzt (und umgekehrt).

Aus den Axiomen ergeben sich dann die folgenden *Rechenregeln*: Für die Schaltwerte gilt das Theorem

$$A \cdot 0 = 0 \tag{2.5a}$$
$$A + 1 = 1. \tag{2.5b}$$

Die Gleichungen

$$A \cdot A = A \tag{2.6a}$$
$$A + A = A \tag{2.6b}$$

bezeichnet man als *Redundanzen*. Die *Absorptionstheoreme* sind durch

$$A \cdot (A + B) = A \tag{2.7a}$$
$$A + (A \cdot B) = A \tag{2.7b}$$

gegeben, die mit Hilfe des disjunktiven Distributivgesetzes, Gl. (2.4a) sowie der Redundanz aus Gl. (2.6a) durch $A \cdot (A + B) = (A \cdot A) + (A \cdot B) = A + (A \cdot B)$ leicht ineinander überführt werden können. Ihre Gültigkeit lässt sich sofort erkennen: Hat A die Belegung 1, so ergibt sich mit Hilfe der Gln. (2.1a) und (2.5b) $1 + (1 \cdot B) = 1 + B = 1$, was der Belegung von A entspricht, hat A dagegen den Wahrheitswert 0, so folgt mit (2.1b) sowie (2.5a) ganz analog $0 + (0 \cdot B) = 0 \cdot B = 0$.

Des Weiteren gelten die *assoziativen Gesetze*

$$A \cdot (B \cdot C) = (A \cdot B) \cdot C \tag{2.8a}$$
$$A + (B + C) = (A + B) + C \tag{2.8b}$$

und die *Kürzungsregel*

$$(A \cdot B) + (A \cdot \bar{B}) = A \tag{2.9a}$$
$$(A + B) \cdot (A + \bar{B}) = A, \tag{2.9b}$$

die insbesondere bei der Minimierung von Schaltfunktionen (s. Abschnitt 2.3) eine wichtige Rolle spielt. Die Kürzungsregel (2.9a) lässt sich unter Zuhilfenahme der Axiome (2.4a), (2.2b) und (2.1a) durch $AB + A\bar{B} = A \cdot (B + \bar{B}) = A \cdot 1 = A$ ableiten, und analog erhält man mit den dualen Axiomen (2.4b), (2.2a) und (2.1b) Gl. (2.9b) über $(A + B)(A + \bar{B}) = A + (B \cdot \bar{B}) = A + 0 = A$.

Bezüglich der *Negation von Verknüpfungen* gilt das Theorem von DE MORGAN:

$$\overline{A \cdot B \cdot C \ldots} = \bar{A} + \bar{B} + \bar{C} + \ldots \tag{2.10a}$$
$$\overline{A + B + C \ldots} = \bar{A} \cdot \bar{B} \cdot \bar{C} \cdot \ldots, \tag{2.10b}$$

das von SHANNON allgemeiner durch

$$\overline{(A, B, \ldots, 0, 1, +, \cdot)} = (\bar{A}, \bar{B}, \ldots, 1, 0, \cdot, +) \tag{2.11}$$

angegeben wurde.

Eine wichtige Folgerung dieses Theorems ist, dass bereits eine *einzige* Grundverknüpfung (UND oder ODER) sowie die Negation zum Aufbau aller anderen Verknüpfungen ausreichend ist. Im Bild 2.1 ist beispielsweise dargestellt, wie man die Grundverknüpfungen UND sowie ODER mit Hilfe von NOR- bzw. NAND-Gattern realisieren kann.

2.2 Kombinatorische Schaltungen

Eine *kombinatorische* Schaltung besitzt n binäre Eingänge $x_1, \ldots, x_n$ und einen binären Ausgang y. Sie ordnet infolge ihrer inneren Struktur jeder möglichen der 2^n Eingangsbelegungen die Ausgangsbelegung 0 oder 1 zu. Da im Unterschied zu den sequentiellen Schaltungen (s. Kapitel 3) kombinatorische Schaltungen keine Speicher enthalten, ist ihr Ausgang eine eindeutige Funktion der gerade anstehenden Eingangsbelegung. Eine kombinatorische Schaltung wird also durch die *zweiwertige* Funktion

$$y = F(x_1, \ldots, x_n) \tag{2.12}$$

beschrieben, wobei, wie bereits dargestellt, die Eingänge ebenfalls nur die beiden Werte 0 bzw. 1 annehmen können. Üblicherweise werden die bei n Eingängen

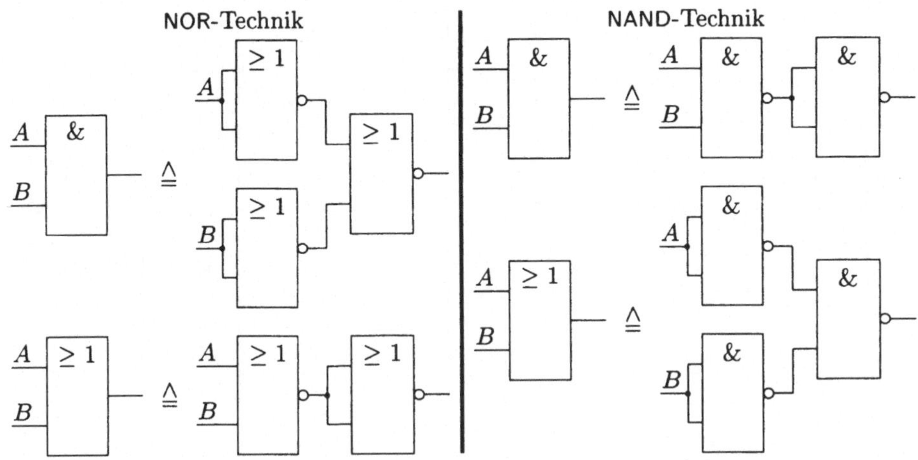

Bild 2.1 *Realisierung der Grundverknüpfungen* UND *sowie* ODER *durch* NOR- *bzw.* NAND-*Gatter*

möglichen 2^n Eingangsbelegungen durch das entsprechende Dezimaläquivalent dargestellt: Jeder einzelne Eingang $i, 1 \leq i \leq n$ hat die Belegung s_i, wobei s_i entweder 0 oder 1 ist. Das Dezimaläquivalent j ist daher durch

$$j = \sum_{i=1}^{n} s_i 2^{n-i} \tag{2.13}$$

gegeben und durchläuft, je nachdem welche Eingänge mit 0 und welche mit 1 belegt sind, die Werte von 0 bis $2^n - 1$.

Durch den Entwicklungssatz von SHANNON (s. [Sha38]) kann man nun eine durch Gl. (2.12) gegebene Schaltfunktion umformulieren. Dazu zieht man zunächst entsprechend Bild 2.2 den i-ten Eingang aus der Funktion heraus: Ist die Belegung des i-ten Eingangs 1, so wird der obere Zweig zum Ausgang durchgeschaltet, ist sie 0, so wird der untere Zweig auf den Ausgang gegeben. Es ergibt sich also

$$\begin{aligned} F(x_1, \ldots, x_i, \ldots, x_n) &= x_i\, F(x_1, \ldots, x_{i-1}, 1, x_{i+1}, \ldots, x_n) \\ &\quad + \overline{x}_i\, F(x_1, \ldots, x_{i-1}, 0, x_{i+1}, \ldots, x_n). \end{aligned} \tag{2.14}$$

Wendet man diese Vorgehensweise schrittweise auf alle Eingänge an, so erhält man

$$\begin{aligned} F(x_1, \ldots, x_n) &= x_1 x_2 \ldots x_{n-1} x_n\, F(1,1, \ldots, 1,1) \\ &\quad + x_1 x_2 \ldots x_{n-1} \overline{x}_n\, F(1,1, \ldots, 1,0) \\ &\quad \vdots \\ &\quad + \overline{x}_1 \overline{x}_2 \ldots \overline{x}_{n-1} x_n\, F(0,0, \ldots, 0,1) \\ &\quad + \underbrace{\overline{x}_1 \overline{x}_2 \ldots \overline{x}_{n-1} \overline{x}_n}_{k_j(n) = \wedge_{i=1}^{n} s_i} \underbrace{F(0,0, \ldots, 0,0).}_{y_j \in \{0,1\}} \end{aligned} \tag{2.15}$$

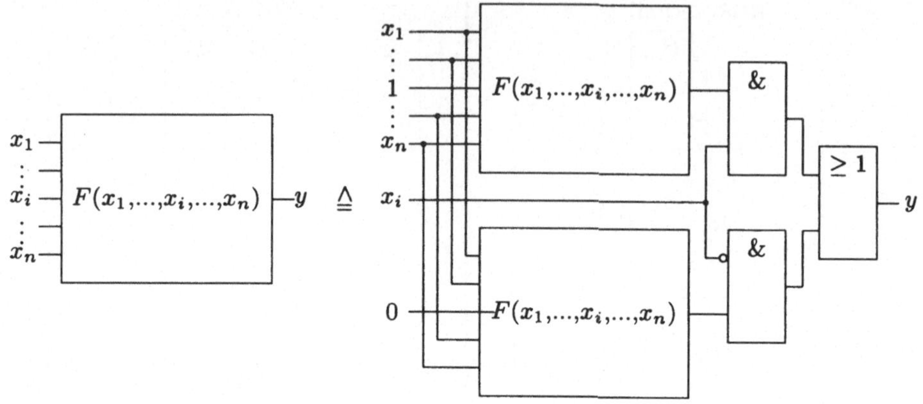

Bild 2.2 *Zur Beschreibung kombinatorischer Schaltungen mit dem Entwicklungssatz von* SHANNON

Gl. (2.15) besteht also aus insgesamt 2^n Zeilen: Alle möglichen Eingangsbelegungen werden zunächst konjunktiv mit der dazugehörigen Ausgangsbelegung verknüpft und dann disjunktiv aneinandergefügt.

Eine konjunktive Verknüpfung *aller* n Eingänge in negierter oder nicht negierter Form wird als *Minterm* $k_j(n)$ bezeichnet. Gleichung (2.15) enthält also alle bei n Eingängen möglichen 2^n Minterme, wobei das zugehörige Dezimaläquivalent j, durch das jeder mögliche Minterm genau angegeben wird, von oben nach unten von 2^{n-1} schrittweise bis auf 0 fällt. Bezeichnet man nun noch die durch Einsetzen der jeweiligen Eingangsbelegungen sich am Ausgang einstellenden zugehörigen Funktionswerte mit y_j (wobei der Ausgang immer entweder 0 oder 1 ist), kann man Gleichung (2.15) auch in der Form

$$F(x_1,\ldots,x_n) = \vee_{j=0}^{2^n-1} k_j(n) \cdot y_j \tag{2.16}$$

angeben.

Diese *Mintermform* zur Beschreibung der Funktion einer kombinatorischen Schaltung lässt sich aber noch weiter vereinfachen. Wie bereits ausgeführt ist eine kombinatorische Schaltung dadurch definiert, dass jeder gerade anstehenden Eingangsbelegung j genau ein bestimmter Funktionswert $y_j \in \{0,1\}$ zugeordnet werden kann. Man kann daher zweckmäßigerweise die Menge M der möglichen 2^n Eingangsbelegungen

$$M = \{j \mid j = 0,1,\ldots,2^{n-1}\} \tag{2.17}$$

in zwei komplementäre Untermengen M_0 und M_1 aufteilen, wobei M_0 die Menge derjenigen Eingangsbelegungen ist, die am Ausgang eine 0 hervorrufen und analog M_1 die Menge der Eingangsbelegungen ist, die den Ausgang 1 implizieren:

$$M_0 := \{j \mid y_j = 0\} \tag{2.18a}$$
$$M_1 := \{j \mid y_j = 1\}. \tag{2.18b}$$

Basierend auf diesen beiden Mengen kann man nun die beiden Booleschen Funktionen μ_0 und μ_1 definieren. Sie stellen die disjunktive Verknüpfung aller Minterme einer kombinatorischen Schaltung dar, die am Ausgang eine 0 bzw. 1 hervorrufen:

$$\mu_0 := \vee_{j \in M_0} k_j(n) \tag{2.19a}$$

$$\mu_1 := \vee_{j \in M_1} k_j(n). \tag{2.19b}$$

Es ist, da die beiden Mengen M_0 und M_1 keine gemeinsamen Elemente enthalten, sofort erkennbar, dass für diese beiden Funktionen μ_0 und μ_1 $\overline{\mu}_0 = \mu_1$ und $\overline{\mu}_1 = \mu_0$ gelten muss. Außerdem erhält man durch Negieren der Funktionen mit Hilfe der Beziehungen nach De Morgan, Gl. (2.10)

$$\overline{\mu}_0 := \wedge_{j \in M_0} d_j(n) \tag{2.20a}$$

$$\overline{\mu}_1 := \wedge_{j \in M_1} d_j(n). \tag{2.20b}$$

Dabei ist $d_j(n)$ durch

$$d_j(n) := \overline{k_j(n)} \tag{2.21}$$

definiert und kennzeichnet den durch die entsprechende Eingangsbelegung festgelegten *Maxterm*, also die *disjunktive* Verknüpfung aller n Eingänge in negierter bzw. nicht negierter Form. Tabelle 2.5 enthält die Minterme und Maxterme sowie den Ausgang einer kombinatorischen Schaltung mit 2 Eingängen.

Tabelle 2.5 *Minterme und Maxterme bei 2 Eingängen*

j	x_1	x_2	y	Minterm	Maxterm
0	0	0	1	$k_0 = \overline{x}_1\overline{x}_2$	$d_0 = x_1 + x_2$
1	0	1	1	$k_1 = \overline{x}_1 x_2$	$d_1 = x_1 + \overline{x}_2$
2	1	0	0	$k_2 = x_1\overline{x}_2$	$d_2 = \overline{x}_1 + x_2$
3	1	1	1	$k_3 = x_1 x_2$	$d_3 = \overline{x}_1 + \overline{x}_2$

Aufgrund der Rechenregel (2.5a) können in Gleichung (2.16) nur diejenigen Eingangsbelegungen einen Beitrag liefern, die eine 1 am Ausgang implizieren. Daher kann Gl. (2.16) mit Hilfe der oben eingeführten Mengen und Booleschen Funktionen auch durch

$$F(x_1, \ldots, x_n) = \vee_{j \in M_1} k_j(n) = \mu_1 \tag{2.22}$$

angegeben werden, wobei wegen Axiom (2.1a) der entsprechende Ausgang j, der ja 1 ist, weggelassen wurde.

Gl. (2.22) stellt die *disjunktive Normalform* einer kombinatorischen Schaltung mit n Eingängen dar, die sich also aus der disjunktiven Verknüpfung aller Minterme ergibt, die am Ausgang eine 1 hervorrufen.

Aufgrund des bereits angesprochenen Dualitätsprinzips gibt es natürlich auch eine konjunktive Normalform, die man wie folgt herleiten kann:
Negation der Gl. (2.16) ergibt, wenn dabei das Theorem von De Morgan aus Gl. (2.10a) verwendet und die Definition nach Gl. (2.21) eingesetzt wird,

$$\overline{F(x_1, \ldots, x_n)} = \wedge_{j=0}^{2^n-1} (\overline{k_j(n)} + \overline{y}_j) = \wedge_{j=0}^{2^n-1} (d_j(n) + \overline{y}_j). \tag{2.23}$$

Gl. (2.23) wird negiert, indem man dem Ausgang y eine Negation nachschaltet. Algebraisch wird das dadurch ausgedrückt, dass in Gl. (2.23) die Schaltwerte y_j negiert werden:

$$F(x_1,\ldots,x_n) = \wedge_{j=0}^{2^n-1} (d_j(n) + y_j). \tag{2.24}$$

Hier tritt nun der umgekehrte Fall ein wie bei der Vereinfachung von Gl. (2.16): Man kann die Maxterme weglassen, die am Ausgang eine 1 hervorrufen, da wegen Gl. (2.5b) die disjunktive Verknüpfung einer Aussage mit einer 1 wiederum 1 ergibt und man wegen Axiom (2.1a) bei der konjunktiven Verknüpfung einer Aussage mit einer 1 wiederum die Aussage erhält. Man kann also die Funktion statt mit Gl. (2.24) auch durch

$$F(x_1,\ldots,x_n) = \wedge_{j\in M_0} d_j(n) \tag{2.25}$$

beschreiben. Dies ist die *konjunktive Normalform*, die man erhält, wenn man alle Maxterme, die am Ausgang eine 0 implizieren, konjunktiv miteinander verknüpft.

Insgesamt kann festgehalten werden, dass man eine kombinatorische Schaltung durch

$$F(x_1,\ldots,x_n) = \vee_{j\in M_1} k_j(n) = \wedge_{j\in M_0} d_j(n)$$

und ihre Negation durch

$$\overline{F(x_1,\ldots,x_n)} = \vee_{j\in M_0} k_j(n) = \wedge_{j\in M_1} d_j(n)$$

angeben kann.

Beispiel 2.1

Der beschriebene Sachverhalt kann anhand der in Tabelle 2.5 angegebenen kombinatorischen Schaltung erläutert werden: Die Eingangsbelegungen mit dem Dezimaläquivalent 0, 1 und 3 implizieren am Ausgang eine 1. Damit ist die disjunktive Normalform durch

$$\begin{aligned} y &= \vee_{j=0}^{3} k_j(2) y_j \\ &= k_0 y_0 + k_1 y_1 + k_2 y_2 + k_3 y_3 \\ &= (k_0 \cdot 1) + (k_1 \cdot 1) + (k_2 \cdot 0) + (k_3 \cdot 1) \\ &= k_0 + k_1 + k_3 = \vee_{j\in M_1} k_j(2) \\ &= \overline{x}_1\overline{x}_2 + \overline{x}_1 x_2 + x_1 x_2 \end{aligned}$$

gegeben. Ganz analog ergibt sich die konjunktive Normalform aus

$$\begin{aligned} y &= \wedge_{j=0}^{3} (d_j(2) + y_j) \\ &= (d_0 + y_0)\cdot(d_1 + y_1)\cdot(d_2 + y_2)\cdot(d_3 + y_3) \\ &= (d_0 + 1)\cdot(d_1 + 1)\cdot(d_2 + 0)\cdot(d_3 + 1) \\ &= 1 \cdot 1 \cdot d_2 \cdot 1 = d_2 = \wedge_{j\in M_0} d_j(2) \\ &= \overline{x}_1 + x_2 = \overline{x_1\overline{x}_2} = \overline{k}_2. \end{aligned}$$

□

2.3 Minimierung von Schaltfunktionen

Das Ziel bei der Schaltungsminimierung ist die Einsparung von Verknüpfungselementen in kombinatorischen Schaltungen. Dabei macht man sich zu Nutze, dass eine kombinatorische Schaltfunktion $F(x_1, \ldots, x_i, \ldots, x_n)$ in ihrem Innern durch verschiedene Kombinationen von Verknüpfungen realisiert werden kann, wie schon das am Ende des Abschnitts 2.2 angegebene Beispiel 2.1 der konjunktiven und der disjunktiven Normalform der Schaltung aus Tabelle 2.5 deutlich gemacht hat.

Wird eine kombinatorische Schaltung in Halbleitertechnik realisiert, spielt die Schaltungsminimierung zwar wegen der sehr niedrigen Kosten für entsprechende Gatterbausteine keine so wesentliche Rolle. Wenn die Schaltung aus irgend einem Grund jedoch aus fluidischen oder pneumatischen Komponenten bestehen muss, lassen sich durch eine entsprechende Schaltungsminimierung durchaus Kosteneinsparungen erzielen. Dabei kommt es selbstverständlich auch darauf an, in welchen Stückzahlen die Schaltung produziert werden soll.

Zunächst werden in einem ersten Unterabschnitt einige Grundbegriffe eingeführt. In den beiden darauf folgenden Abschnitten werden mit dem KARNAUGH-Diagramm sowie dem Verfahren nach QUINE und MCCLUSKEY ein graphisches und ein algebraisches Verfahren zur Schaltungsminimierung vorgestellt. Abschließend werden dann kurz die Hazards betrachtet, die man sich durch eine Schaltungsminimierung „einhandeln" kann.

2.3.1 Grundbegriffe der Schaltungsminimierung

Die bei der Schaltungsminimierung stets verwendete Rechenregel ist die Kürzungsregel Gl. (2.9), die in disjunktiver Form ja durch $AB + A\bar{B} = A$ und in konjunktiver Form durch $(A+B)(A+\bar{B}) = A$ gegeben ist. Wegen des Dualitätsprinzips sind alle Minimierungsverfahren grundsätzlich sowohl in disjunktiver als auch in konjunktiver Form formulierbar. *Hier* wird im Folgenden allerdings nur die disjunktive Form betrachtet.

Zunächst werden einige Begriffe eingeführt bzw. zusammengefasst dargestellt: Bei einer kombinatorischen Schaltung mit n Eingängen besteht ein *Minterm* aus der disjunktiven Verknüpfung aller Eingangsbelegungen in negierter oder nicht negierter Form. Wird die Eingangsbelegung des i-ten Eingangs, die entweder 0 oder 1 sein kann, mit $s_i \in \{0,1\}$ bezeichnet, so gilt für einen Minterm $k_j(n) = \wedge_{i=1}^{n} s_i$, wobei j das entsprechende Dezimaläquivalent des zugehörigen Minterms ist. Beispielsweise ist für $n = 4$ $k_{11}(4) = x_1\bar{x}_2x_3x_4$ ein Minterm.

Im Unterschied zum Minterm muss ein *Term* bzw. *gekürzter Term* nicht *alle* Eingangsbelegungen (negiert oder nicht negiert) disjunktiv miteinander verknüpfen. Ein solcher Term wird durch $k(n-q)$ mit $q \in \{0,1,2,\ldots,n-1\}$ gekennzeichnet. Bei $n = 4$ Eingängen wäre z.B. $k(4-2) = x_1\bar{x}_4$ ein solcher (gekürzter) Term. Die Menge aller Terme umfasst also auch die Menge aller Minterme, enthält aber wesentlich mehr Elemente.

Ein Term $k(n-q)$ ist *Implikant*, wenn bei Anlegen dieser Eingangsbelegung am Ausgang der kombinatorischen Schaltung eine 1 impliziert wird. Die Menge aller Implikanten soll mit M_1^* bezeichnet werden. Da M_1^* nicht nur aus Mintermen bestehen muss, sondern auch gekürzte Terme enthalten kann, ist die im Abschnitt 2.2 in Gl. (2.18b) eingeführte Menge M_1 meist eine Teilmenge von M_1^*, kann aber auch mit ihr identisch sein, d.h. es gilt

$$M_1^* = \{k(n-q) \mid k(n-q) \rightarrow y = 1\}, \quad M_1 \subseteq M_1^*. \tag{2.26}$$

Wenn ein Implikant $k(n-q)$ aus einer konjunktiven Verknüpfung eines anderen Implikanten $k(n-s)$ mit $s > q$ und einem beliebigen anderen Term $k(n-t)$ gebildet werden kann, spricht man davon, dass der Implikant $k(n-s)$ den Implikanten $k(n-q)$ „enthält". Ein einfaches Beispiel macht das deutlich: Für eine bestimmte kombinatorische Schaltung mit 3 Eingängen seien sowohl $\overline{x}_1 x_2 \overline{x}_3$ als auch $\overline{x}_1 x_2$ Implikanten. Es gilt

$$\underbrace{\overline{x}_1 x_2 \overline{x}_3}_{k_2(3)} = \underbrace{\overline{x}_1 x_2}_{k(3-1)} \cdot \underbrace{\overline{x}_3}_{k(3-2)} , \tag{2.27}$$

mit $q = 0$, $s = 1$ und $t = 2$, und entsprechend ist $\overline{x}_1 x_2 \overline{x}_3$ in $\overline{x}_1 x_2$ enthalten. Das liegt daran, dass bei dieser Schaltung mit $n = 3$ Eingängen aufgrund der Kürzungsregel $\overline{x}_1 x_2 = \overline{x}_1 x_2 x_3 + \overline{x}_1 x_2 \overline{x}_3$ gilt, d.h. wenn $\overline{x}_1 x_2$ Implikant ist, dann sind $\overline{x}_1 x_2 x_3$ und $\overline{x}_1 x_2 \overline{x}_3$ ebenfalls Implikanten. $\overline{x}_1 x_2$ enthält also sowohl $\overline{x}_1 x_2 x_3$ als auch $\overline{x}_1 x_2 \overline{x}_3$.

Lässt sich nun für eine Schaltung ein Implikant $k(n-s)$ finden, der nicht mehr in einem anderen Implikanten enthalten ist, für den also kein anderer Implikant mit einer geringeren Anzahl von Variablen gefunden werden kann, so nennt man diesen auch *Primimplikanten* $p(n-s)$. Die Menge aller Primimplikanten, die mit M_{1p}^* bezeichnet werden soll, ist normalerweise eine Teilmenge der Menge aller Implikanten M_1^*, kann aber in Ausnahmefällen auch mit ihr identisch sein, d.h. es gilt $M_{1p}^* = \{p(n-s)\} \subseteq M_1^*$.

Man könnte nun leicht auf den Gedanken kommen, dass die Minimalform für eine kombinatorische Schaltung aus der disjunktiven Verknüpfung aller Primimplikanten besteht, d.h., dass

$$y = F(x_1, \ldots, x_n) = \vee_{p \in M_{1p}^*} p(n-s) \tag{2.28}$$

die minimal mögliche Realisierung dieser Schaltung sei. Dem ist jedoch nicht so! Die Minimalform wird zwar ausschließlich aus Primimplikanten bestehen. Die Minimalform *kann*, muss jedoch nicht *alle* Primimplikanten enthalten.

Eine Minimalform besteht zunächst aus den Primimplikanten, die in jeder Minimalform vorkommen müssen, weil nur sie bestimmte Minterme aus der Menge M_1 enthalten bzw. abdecken. Diese Primimplikanten werden auch *Kernprimimplikanten* genannt. Außerdem enthält die Minimalform dann noch eine minimale Auswahl aus der Menge der *wählbaren Primimplikanten*, diese Menge kann allerdings auch leer sein.

M_1 Menge der Minterme, die y=1 implizieren

M_1^* Menge der Implikanten

M_{1p}^* Menge der Primimplikanten

M_{1p} Minimalform: Disjunktion des Kerns mit einer minimalen Auswahl aus den wählbaren Primimplikanten

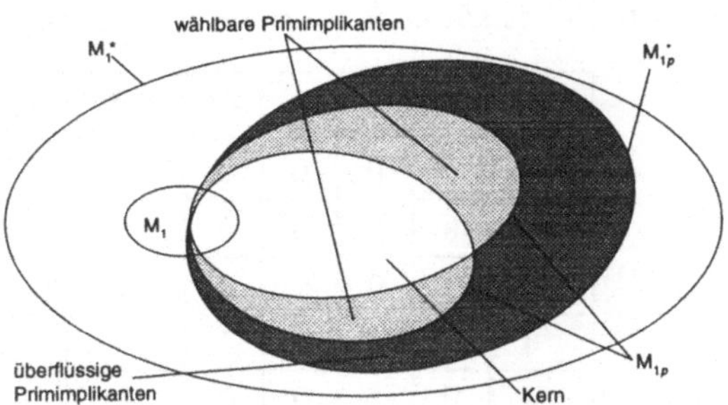

Bild 2.3 *Bildung einer Minimalform für kombinatorische Schaltungen*

Im Bild 2.3 sind diese Verhältnisse aus mengentheoretischer Sicht dargestellt. Aus dieser Darstellung wird nochmals deutlich, dass auch ein zur Menge M_1 gehörender Minterm Primimplikant sein *kann*. In dem dort dargestellten Beispiel gibt es – ähnlich wie im Beispiel 2.3 aus Tabelle 2.7 – zwei Möglichkeiten, eine minimale Schaltung zu realisieren, die jeweils aus den Kernprimimplikanten und einem Satz wählbarer Primimplikanten bestehen, die die in den Kernprimimplikanten nicht enthaltenen, zur Menge M_1 gehörenden Minterme abdecken.

In den Tabellen 2.6 und 2.7 sind zwei einfache Beispiele 2.2 und 2.3 zur Minimierung zweier kombinatorischer Schaltungen mit jeweils $n = 4$ Eingängen dargestellt. Für alle möglichen 16 Eingangsbelegungen ist jeweils angegeben, wann welcher Term 1 wird. Am Ausgang wird jeweils dann eine 1 impliziert, wenn einer dieser Terme 1 ist.

Beispiel 2.2

Bei der Schaltung gemäß

$$y = F(x_1, \ldots, x_4) = F(4) = \overline{x}_1\overline{x}_4 + x_1\overline{x}_3 + \overline{x}_3\overline{x}_4 + x_1\overline{x}_3x_4 \tag{2.29}$$

erkennt man aus Tabelle 2.6 unmittelbar, dass die Terme $\overline{x}_1\overline{x}_4$, $x_1\overline{x}_3$ und $\overline{x}_3\overline{x}_4$ Primimplikanten sind, da sie nicht in anderen Termen enthalten sind. Der Term $x_1\overline{x}_3x_4$ dagegen ist im Primimplikanten $x_1\overline{x}_3$ enthalten und kann weggelassen werden. Da die Minterme 2 und 6 nur vom Primimplikanten $\overline{x}_1\overline{x}_4$, und die Minterme 9 und 13 nur vom Primimplikanten $x_1\overline{x}_3$ abgedeckt werden, stellen diese beiden Primimplikanten die *Kernprimimplikanten* dar, die in jeder minimalen Schaltungsrealisierung vorhanden sein müssen. Da für die Eingangsbelegungen, für die $\overline{x}_3\overline{x}_4$ am Ausgang eine 1 hervorruft, entweder $\overline{x}_1\overline{x}_4$ oder $x_1\overline{x}_3$ ebenfalls eine 1 am Ausgang implizieren, ist der Primimplikant $\overline{x}_3\overline{x}_4$ überflüssig und kann weggelassen werden. In diesem Fall besteht also die Minimalform der Schaltung aus den Kernprimimplikanten, und die Menge der wählbaren Primimplikanten ist leer, es gilt also

$$y = F_{min}(4) = \overline{x}_1\overline{x}_4 + x_1\overline{x}_3. \tag{2.30}$$

□

Tabelle 2.6 *Minimale Realisierung der Schaltung* $F(4)=\overline{x}_1\overline{x}_4+x_1\overline{x}_3+\overline{x}_3\overline{x}_4+x_1\overline{x}_3x_4$

j	x_1	x_2	x_3	x_4	$\overline{x}_1\overline{x}_4$	$x_1\overline{x}_3$	$\overline{x}_3\overline{x}_4$	$x_1\overline{x}_3x_4$	y
0	0	0	0	0	1		1		1
1	0	0	0	1					
2	0	0	1	0	1				1
3	0	0	1	1					
4	0	1	0	0	1		1		1
5	0	1	0	1					
6	0	1	1	0	1				1
7	0	1	1	1					
8	1	0	0	0		1	1		1
9	1	0	0	1		1		1	1
10	1	0	1	0					
11	1	0	1	1					
12	1	1	0	0		1	1		1
13	1	1	0	1		1		1	1
14	1	1	1	0					
15	1	1	1	1					

Kernprim-implikanten (Spalten $\overline{x}_1\overline{x}_4$, $x_1\overline{x}_3$) — überflüssiger Primimplikant (Spalte $\overline{x}_3\overline{x}_4$)
Primimplikanten
Implikanten

Beispiel 2.3
Bei der Schaltung in Tabelle 2.7, beschrieben durch

$$y = F(x_1,\ldots,x_4) = F(4) = \overline{x}_1\overline{x}_3 + x_1x_3 + x_1\overline{x}_4 + \overline{x}_3\overline{x}_4 + \overline{x}_1\overline{x}_3\overline{x}_4 \tag{2.31}$$

sind alle Terme bis auf $\overline{x}_1\overline{x}_3\overline{x}_4$, der sowohl in $\overline{x}_1\overline{x}_3$ als auch in $\overline{x}_3\overline{x}_4$ enthalten ist, Primimplikanten. Sowohl $\overline{x}_1\overline{x}_3$ als auch x_1x_3 sind dabei Kernprimimplikanten, da nur durch sie die Minterme 0, 1, 4 und 5 (markiert durch ein Quadrat) bzw. 10, 11, 14 und 15 (markiert durch ein Dreieck) abgedeckt werden. Mit diesen beiden Kernprimimplikanten werden bis auf die beiden Minterme 8 und 12 (markiert durch einen Kreis) alle notwendigen Einsen am Ausgang impliziert. Die beiden Minterme 8 und 12 werden sowohl von $x_1\overline{x}_4$ als auch von $\overline{x}_3\overline{x}_4$ abgedeckt. Diese beiden Primimplikanten sind somit wählbare Primimplikanten. In Gl. (2.32) sind die zwei möglichen minimalen Realisierungen für diese kombinatorische Schaltung angegeben:

Tabelle 2.7 *Minimale Realisierung der Schaltung* $F(4)=\overline{x}_1\overline{x}_3+x_1x_3+x_1\overline{x}_4+\overline{x}_3\overline{x}_4+\overline{x}_1\overline{x}_3\overline{x}_4$

j	x_1	x_2	x_3	x_4	$\overline{x}_1\overline{x}_3$	x_1x_3	$x_1\overline{x}_4$	$\overline{x}_3\overline{x}_4$	$\overline{x}_1\overline{x}_3\overline{x}_4$	y
0	0	0	0	0	$\boxed{1}$			1 ⟷	1	$\boxed{1}$
1	0	0	0	1	$\boxed{1}$					$\boxed{1}$
2	0	0	1	0						
3	0	0	1	1						
4	0	1	0	0	$\boxed{1}$			1 ⟷	1	$\boxed{1}$
5	0	1	0	1	$\boxed{1}$					$\boxed{1}$
6	0	1	1	0						
7	0	1	1	1						
8	1	0	0	0			①	①		①
9	1	0	0	1						
10	1	0	1	0		△1	1			△1
11	1	0	1	1		△1				△1
12	1	1	0	0			①	①		①
13	1	1	0	1						
14	1	1	1	0		△1	1			△1
15	1	1	1	1		△1				△1

$$F_{min,1} = \overline{x}_1\overline{x}_3 + x_1x_3 + x_1\overline{x}_4 \tag{2.32a}$$

$$F_{min,2} = \overline{x}_1\overline{x}_3 + x_1x_3 + \overline{x}_3\overline{x}_4. \tag{2.32b}$$

□

Tabelle 2.8 *Prinzipielles Vorgehen bei der Schaltungsminimierung*

Schritt	**Bemerkungen**
1. Bestimmung aller Primimplikanten $p(n-s) \in M_{1p}^*$ durch Anwendung der Kürzungsregel Gl. (2.9a)	Alle Primimplikanten sind gefunden, wenn von den verbleibenden Implikanten keiner in einem anderen Implikanten enthalten ist.
2. Bestimmung aller Kernprimimplikanten	Kernprimimplikanten müssen in jeder minimalen Form vorhanden sein, da nur sie bestimmte Minterme abdecken.
3. Bestimmung eines minimalen Satzes von Primimplikanten, wodurch alle durch die Kernprimimplikanten nicht erfassten Minterme abgedeckt werden	Alle Minterme müssen jetzt abgedeckt sein.

In Tabelle 2.8 ist die generelle Vorgehensweise bei der Erstellung einer disjunktiven Minimalform für eine gegebene kombinatorische Schaltung schrittweise zusammengefasst. Nachdem die 3 dort angegebenen Schritte durchgeführt wurden, kann man eine minimale Lösung für die kombinatorische Schaltung angeben. Dabei ist jedoch zu beachten, dass eine *eindeutige* Lösung – wie in dem Beispiel 2.2 aus Tabelle 2.6 – nur gefunden werden kann, wenn bereits nach dem 2. Schritt alle Minterme abgedeckt sind, es also keine wählbaren Primimplikanten gibt. Im Allgemeinen kann man sich sonst eine der minimalen Lösungen aussuchen, die jeweils aus der disjunktiven Verknüpfung aller Kernprimimplikanten sowie einem minimalen Satz weiterer Implikanten zur Abdeckung der noch fehlenden Minterme bestehen.

2.3.2 Schaltungsminimierung im Karnaugh-Diagramm

Mit Hilfe des KARNAUGH-Diagramms kann der Wert des Ausgangs einer kombinatorischen Schaltung (0 oder 1) für jede Eingangsbelegung in einem rasterförmigen Diagramm dargestellt werden. Diese Darstellungsmöglichkeit wurde 1952 von E.W. VEITCH vorgeschlagen [Vei52] und ein Jahr später von M. KARNAUGH modifiziert und verbessert [Kar53]. Es ist zur Schaltungsminimierung insbesondere dann geeignet, wenn die Anzahl der Eingangsvariablen nicht zu groß ist (maximal etwa 6 Eingänge), wobei dieser Wert natürlich hauptsächlich von der Erfahrung des jeweiligen Anwenders im Umgang mit diesem Diagramm abhängt.

Bezüglich der Anordnung der Eingangsbelegungen sowie dem Ausfüllen der Felder gelten die folgenden Regeln (s. Bild 2.4):

1. Beim Übergang von einem Feld zum Nachbarfeld ändert sich nur die Belegung von *einer* Variablen.
2. Die Randfelder gelten immer als benachbart.
3. Jedes Feld enthält den Funktionswert {0,1}, je nachdem ob die entsprechende Eingangsbelegung am Ausgang der Schaltung eine 0 oder eine 1 hervorruft.

Unter Verwendung der Kürzungsregel Gl. (2.9a) kann man wegen der Bildungsregeln 1 und 2 des KARNAUGH-Diagramms eine graphische Schaltungsminimierung vornehmen, indem man Felder von Mintermen zu 2er, 4er, 8er,... 2^{n-1}er Blöcken zusammenfasst und so neue Implikanten bildet. Dabei spielt die Form der gebildeten Blöcke keine Rolle (lediglich einander gegenüberliegende Begrenzungskanten müssen die gleiche Länge aufweisen), es kann sich also um Zeilen, Spalten oder Quadrate handeln. Da die Randfelder als benachbart gelten, kann ein 4 Felder umfassender Block auch beispielsweise aus 2 Feldern in der ersten und 2 Feldern in der letzten Spalte bestehen.

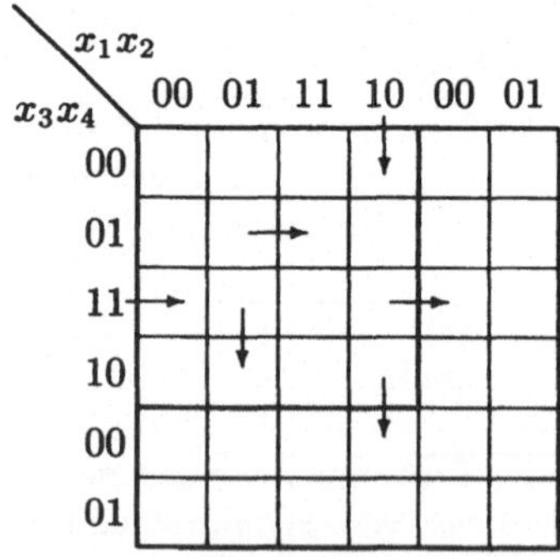

Bild 2.4 *Eigenschaften und Aufbau des KARNAUGH-Diagramms*

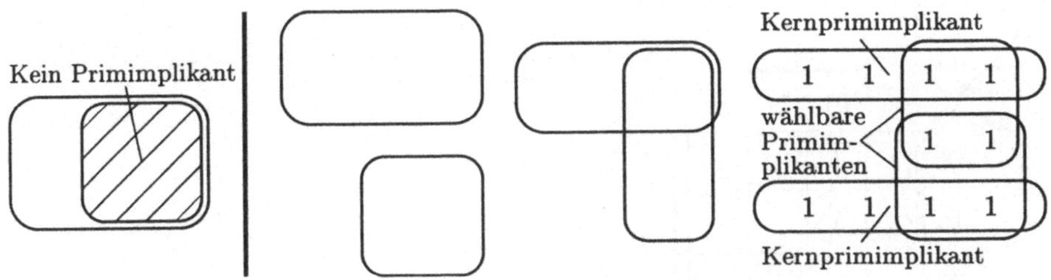

Bild 2.5 *Prim- und Kernprimimplikanten im* KARNAUGH-*Diagramm*

Der Ausdruck, dass ein Term einen anderen enthält besagt ja, dass die Anzahl seiner Eingangsvariablen kleiner ist. Im KARNAUGH-Diagramm bedeutet dies, dass für einen solchen Term ein größerer Block gebildet werden kann. Entsprechend ist ein Primimplikant ein Block, der nicht mehr in einem anderen Block enthalten ist. Von diesen „größten Blöcken" im KARNAUGH-Diagramm sind diejenigen die Kernprimimplikanten, die als einzige bestimmte Minterme abdecken (s. Bild 2.5).

Eine weitere Vereinfachung ist möglich, wenn von bestimmten Eingangsbelegungen implizierte Funktionswerte redundant sind (*don't care*), weil beispielsweise sichergestellt ist, dass diese Kombination der Eingangsbelegungen gar nicht auftreten kann. In einem solchen Fall spielt es also keine Rolle, welchen Wert der Ausgang für diese Eingangsbelegung annimmt. Als Beispiel seien zwei Endschalter x_1 und x_2 eines translativen Vorschubs genannt, wo aus physikalischen Gründen die Eingangsbelegung x_1x_2 (beide Endschalter gleichzeitig betätigt) gar nicht auftreten kann. Für solche Eingangsbelegungen kann man im KARNAUGH-Diagramm statt 0 oder 1 in dem jeweils zugehörigen Feld ein „r" eintragen. Bei der Minimierung kann man dann, um möglichst große Blöcke bilden zu können, die „r"-Felder entweder den Null-Feldern oder den Eins-Feldern zuordnen.

Die Bilder 2.6 und 2.7 zeigen für die in den Tabellen 2.6 und 2.7 angegebenen Beispiele 2.2 und 2.3 die Schaltungsminimierung im KARNAUGH-Diagramm. Der

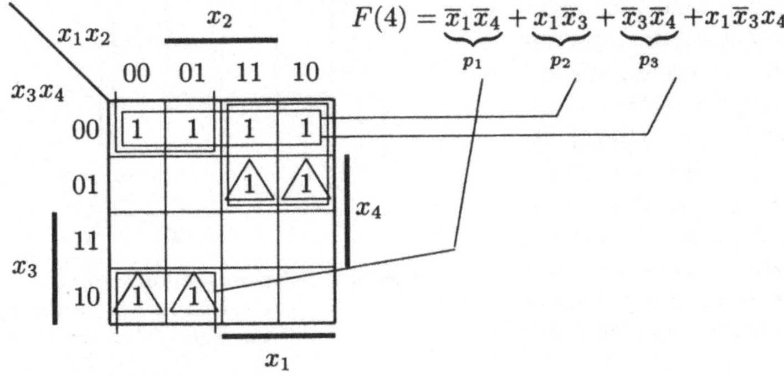

Bild 2.6 *Schaltungsminimierung im* KARNAUGH-*Diagramm für das Beispiel 2.2 aus Tab. 2.6*

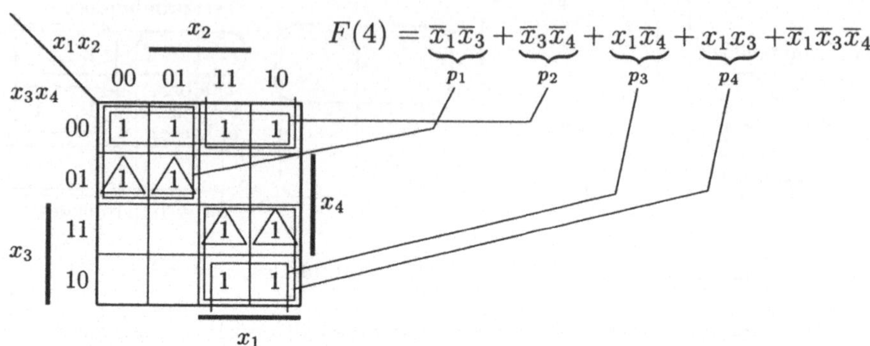

Bild 2.7 *Schaltungsminimierung im* KARNAUGH-*Diagramm für das Beispiel 2.3 aus Tab. 2.7*

Term $x_1\overline{x}_3x_4$ im Bild 2.6 ist bereits im Primimplikanten p_2 enthalten, daher kein Primimplikant und kann weggelassen werden. p_3 ist ein überflüssiger Primimplikant, da er keine neuen Felder abdeckt. Durch Dreiecke sind jeweils diejenigen Minterme markiert, die nur durch die Kernprimimplikanten abgedeckt werden.

Im Bild 2.7 ist der Term $\overline{x}_1\overline{x}_3\overline{x}_4$ überflüssig, da er sowohl in p_1 als auch in p_2 enthalten ist. Auch hier sind wieder die Minterme, die nur durch *einen* Primimplikante abgedeckt werden, durch Dreiecke markiert. Daraus ergibt sich für dieses Beispiel, dass p_1 und p_4 Kernprimimplikanten sind. Durch die Kernprimimplikanten werden lediglich die beiden Minterme in der rechten oberen Ecke ($x_1\overline{x}_3\overline{x}_4$) nicht abgedeckt. Um dies zu erreichen, kann sowohl p_2 als auch p_3 herangezogen werden, die somit die alternativ wählbaren Primimplikanten darstellen.

Beispiel 2.4

Das in Tabelle 2.7 angegebene Beispiel 2.3 soll in *Maxtermform* minimiert werden. Dazu müssen im KARNAUGH-Diagramm nun größte Blöcke gebildet werden, die nur Nullen enthalten. Dies ist, wie aus Bild 2.8 hervorgeht, sehr einfach möglich: Die beiden Primimplikanten $p_1{=}\overline{x}_1x_3$ sowie $p_2{=}x_1\overline{x}_3x_4$ sind gleichzeitig die Kernprimimplikanten, alternativ wählbare Primimplikanten treten nicht auf. Die minimale Maxtermform dieser Schaltung ist damit gegeben durch

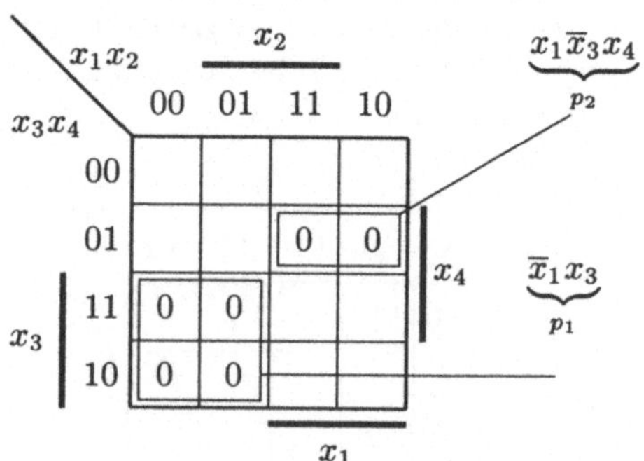

Bild 2.8 *Schaltungsminimierung im* KARNAUGH-*Diagramm für das Beispiel 2.3 aus Tab. 2.7 in Maxtermform*

$$F(4) = (x_1+\overline{x}_3)\,(\overline{x}_1+x_3+\overline{x}_4).$$

□

2.3.3 Das algebraische Verfahren nach Quine und McCluskey

Diese, von Quine 1955 vorgestellte [Qui55] und durch McCluskey 1956 [McC56] erweiterte und verbesserte *algebraische* Methode ist neben dem Karnaugh-Diagramm das bekannteste Verfahren zur Schaltungsminimierung. Es ist zwar aufwendiger und nicht so anschaulich wie das Karnaugh-Diagramm, aber es hat den großen Vorteil, dass es auch bei einer großen Anzahl von Eingängen anwendbar und vor allem programmierbar ist. Die grundsätzliche Idee dabei ist wiederum die wiederholte Anwendung der Kürzungsregel auf die Minterme, die am Ausgang der Schaltung eine 1 implizieren. Die Anwendung des Verfahrens erfolgt in 6 Schritten:

1. Zunächst wird die disjunktive Normalform aufgestellt.

2. Die Minterme werden in Gruppen mit jeweils gleicher Anzahl von Einsen zusammengefasst. Dadurch müssen, um die Kürzungsregel anwenden zu können, jeweils nur Minterme aus benachbarten Gruppen miteinander verglichen werden.

3. Alle Minterme einer Gruppe werden mit denen der nächsten Gruppe verglichen. Ist die Kürzungsregel Gl. (2.9a) anwendbar, so werden die gekürzten Terme (der bei der Kürzung herausfallende Eingang wird nun statt durch 0 bzw. 1 mit „x“ gekennzeichnet) in neuen Gruppen zusammengefasst.
   Vor jedem Term gibt man die Dezimaläquivalente derjenigen Terme an, die bislang zusammengefasst wurden; andererseits werden diejenigen Terme abgehakt, die mit anderen zusammengefasst werden konnten.

4. Schritt 3 wird so lange wiederholt, bis keine Zusammenfassung mehr möglich ist.

5. Es werden die Kernprimimplikanten ermittelt, also die Primimplikanten, welche als einzige bestimmte Minterme abdecken. Dazu wird eine Primimplikanten-Eingangsbelegungs-Tabelle aufgestellt.

6. Im letzten Schritt werden die zusätzlich notwendigen Primimplikanten bestimmt. Das Ergebnis kann dabei sowohl aus einer einzigen, eindeutigen Lösung als auch aus mehreren Alternativlösungen bestehen.

Beispiel 2.5

Zur anschaulichen Darstellung des Verfahrens wird es auf das in Tabelle 2.7 angegebene Beispiel 2.3 angewendet:

$$F(4) = \overline{x}_1\overline{x}_3 + x_1x_3 + x_1\overline{x}_4 + \overline{x}_3\overline{x}_4 + \overline{x}_1\overline{x}_3\overline{x}_4.$$

Im ersten Schritt werden für alle Implikanten aus der angegebenen Gleichung die Minterme ermittelt, die in ihnen enthalten sind:

Schritt 2:			Schritte 3 und 4:		
G_0	0	0000 ✓	0,1	000x ✓	0,1,4,5
G_1	1	0001 ✓	0,4	0x00 ✓	0,4,8,12
	4	0100 ✓	0,8	x000 ✓	8,10,12,14
	8	1000 ✓	1,5	0x01 ✓	10,11,14,15
G_2	5	0101 ✓	4,5	010x ✓	
	10	1010 ✓	4,12	x100 ✓	
	12	1100 ✓	8,10	10x0 ✓	0x0x=$\overline{x}_1\overline{x}_3=p_1$
G_3	11	0111 ✓	8,12	1x00 ✓	xx00=$\overline{x}_3\overline{x}_4=p_2$
	14	1110 ✓	10,11	101x ✓	1xx0=$x_1\overline{x}_4=p_3$
G_4	15	1111 ✓	10,14	1x10 ✓	1x1x=$x_1x_3=p_4$
			12,14	11x0 ✓	
			11,15	1x11 ✓	
			14,15	111x ✓	

Bild 2.9 *Schritte 2 bis 4 bei der Schaltungsminimierung nach* QUINE-MCCLUSKEY *für das Beispiel 2.3 aus Tab. 2.7*

$$\begin{aligned}
\overline{x}_1\overline{x}_3 &\rightarrow \overline{x}_1\overline{x}_2\overline{x}_3\overline{x}_4\ (k_0),\ \overline{x}_1\overline{x}_2\overline{x}_3x_4\ (k_1),\ \overline{x}_1x_2\overline{x}_3\overline{x}_4\ (k_4),\ \overline{x}_1x_2\overline{x}_3x_4\ (k_5)\\
x_1x_3 &\rightarrow x_1\overline{x}_2x_3\overline{x}_4\ (k_{10}),\ x_1\overline{x}_2x_3x_4\ (k_{11}),\ x_1x_2x_3\overline{x}_4\ (k_{14}),\ x_1x_2x_3x_4\ (k_{15})\\
x_1\overline{x}_4 &\rightarrow x_1\overline{x}_2\overline{x}_3\overline{x}_4\ (k_8),\ x_1\overline{x}_2x_3\overline{x}_4\ (k_{10}),\ x_1x_2\overline{x}_3\overline{x}_4\ (k_{12}),\ x_1x_2x_3\overline{x}_4\ (k_{14})\\
\overline{x}_3\overline{x}_4 &\rightarrow \overline{x}_1\overline{x}_2\overline{x}_3\overline{x}_4\ (k_0),\ \overline{x}_1x_2\overline{x}_3\overline{x}_4\ (k_4),\ x_1\overline{x}_2\overline{x}_3\overline{x}_4\ (k_8),\ x_1x_2\overline{x}_3\overline{x}_4\ (k_{12})\\
\overline{x}_1\overline{x}_3\overline{x}_4 &\rightarrow \overline{x}_1\overline{x}_2\overline{x}_3\overline{x}_4\ (k_0),\ \overline{x}_1x_2\overline{x}_3\overline{x}_4\ (k_4).
\end{aligned}$$

Damit ergibt sich die disjunktive Normalform zu

$$F(4) = k_0 + k_1 + k_4 + k_5 + k_8 + k_{10} + k_{11} + k_{12} + k_{14} + k_{15}. \tag{2.33}$$

Die Schritte 2 bis 4 sind im Bild 2.9 dargestellt. Es ergeben sich insgesamt 4 Primimplikanten, die jeweils zwei Eingänge der Schaltung in negierter oder nicht negierter Form enthalten. Eine weitere Vereinfachung ist nicht mehr möglich. Bild 2.10 enthält die Schritte 5 und 6 des Verfahrens. Aus der Primimplikanten-Eingangsbelegungs-Tabelle geht hervor, dass die Minterme 1 und 5 nur durch den Primimplikanten p_1 und die Minterme 11 und 15 nur durch den Primimplikanten p_4 abgedeckt

Schritt 5: Primimplikanten-Eingangsbelegungs-Tabelle

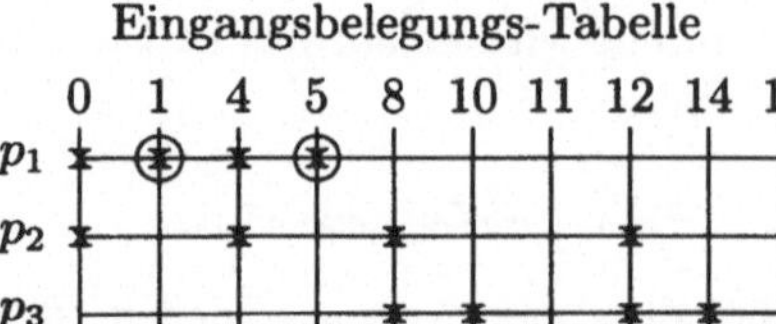

Schritt 6: Auswahl der alternativen Primimplikanten

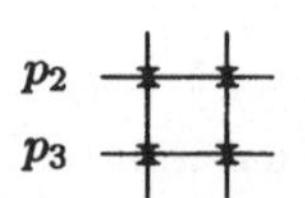

Bild 2.10 *Schritte 5 und 6 bei der Schaltungsminimierung nach* QUINE-MCCLUSKEY *für das Beispiel 2.3 aus Tab. 2.7*

werden. Damit sind mit p_1 und p_4 die Kernprimimplikanten dieser Schaltung ermittelt. Entfernt man alle Minterme, die durch p_1 und p_4 abgedeckt werden, also die Minterme k_0, k_1, k_4, k_5, k_{10}, k_{11}, k_{14} und k_{15}, so bleiben nur noch die Minterme k_8 und k_{12} übrig. Eine Abdeckung dieser beiden Minterme ist aber sowohl mit p_2 als auch mit p_3 möglich. Die beiden möglichen minimalen Lösungen sind also durch

$$F(4) = p_1 + p_4 + \begin{cases} p_2 \\ p_3 \end{cases} = \overline{x}_1\overline{x}_3 + x_1x_3 + \begin{cases} \overline{x}_3\overline{x}_4 \\ x_1\overline{x}_4 \end{cases} \qquad (2.34)$$

gegeben. □

Beispiel 2.6

Analog zu der in Beispiel 2.4 im KARNAUGH-Diagramm ausgeführten Schaltungsminimierung soll das in Tabelle 2.7 angegebene Beispiel 2.3 in Maxtermform minimiert werden.

Schritt 2:	G_1	2	$\overline{0010}$ ✓	Schritte	2,3	$\overline{001x}$ ✓	2,3,6,7	$\overline{0x1x}=\overline{\overline{x}_1x_3}$
	G_2	3	$\overline{0011}$ ✓	3 und 4:	2,6	$\overline{0x10}$ ✓		$=x_1+\overline{x}_3=p_1$
		6	$\overline{0110}$ ✓		3,7	$\overline{0x11}$ ✓	9,13	$\overline{1x01}=\overline{x_1\overline{x}_3x_4}$
		9	$\overline{1001}$ ✓		6,7	$\overline{011x}$ ✓		$=\overline{x}_1+x_3+\overline{x}_4=p_2$
	G_3	7	$\overline{0111}$ ✓		9,13	$\overline{1x01}$ ✓		
		13	$\overline{1101}$					

Bild 2.11 *Schritte 2 bis 4 bei der Schaltungsminimierung nach* QUINE-MCCLUSKEY *für das Beispiel 2.3 aus Tab. 2.7 in Maxtermform*

Die disjunktive Normalform nach Gl. (2.33) enthält von maximal 16 möglichen Mintermen 10, nämlich k_0, k_1, k_4, k_5, k_8, k_{10}, k_{11}, k_{12}, k_{14} und k_{15}. Damit besteht die konjunktive Normalform aus den 6 Maxtermen mit den in der disjunktiven Normalform „fehlenden" Dezimaläquivalenten, also aus $d_2 = \overline{\overline{x}_1\overline{x}_2x_3\overline{x}_4} = x_1 + x_2 + \overline{x}_3 + x_4$, $d_3 = \overline{\overline{x}_1\overline{x}_2x_3x_4} = x_1 + x_2 + \overline{x}_3 + \overline{x}_4$, $d_6 = \overline{\overline{x}_1x_2x_3\overline{x}_4} = x_1 + \overline{x}_2 + \overline{x}_3 + x_4$, $d_7 = \overline{\overline{x}_1x_2x_3x_4} = x_1 + \overline{x}_2 + \overline{x}_3 + \overline{x}_4$, $d_9 = \overline{x_1\overline{x}_2\overline{x}_3x_4} = \overline{x}_1 + x_2 + x_3 + \overline{x}_4$ und $d_{13} = \overline{x_1x_2\overline{x}_3x_4} = \overline{x}_1 + \overline{x}_2 + x_3 + \overline{x}_4$. Die Bilder 2.11 sowie 2.12 zeigen die Anwendung der Schritte 2 bis 4 bzw. 5 des Verfahrens in Maxtermform. Die Schritte 2 bis 4 werden genauso durchgeführt wie bei der Mintermform, nur dass nun die Kürzungsregel Gl. (2.9b) angewendet wird. Wie aus der Primimplikanten-Eingangsbelegungs-Tabelle im Bild 2.12 entnommen werden kann, sind sowohl p_1 als auch p_2 Primimplikanten und Schritt 6 (Suche nach alternativ wählbaren Primimplikanten) entfällt. Die minimierte Schaltung in Maxtermform ist also, genau wie bei der entsprechenden Minimierung mit Hilfe des KARNAUGH-Diagramms, durch

$$F(4) = (x_1 + \overline{x}_3)\,(\overline{x}_1 + x_3 + \overline{x}_4)$$

gegeben. □

Schritt 5: Primimplikanten-Eingangsbelegungs-Tabelle

	2	3	6	7	9	13
p_1	⊛	⊛	⊛	⊛		
p_2					⊛	⊛

Bild 2.12 *Schritt 5 bei der Schaltungsminimierung nach* QUINE-MCCLUSKEY *für das Beispiel 2.3 aus Tab. 2.7 in Maxtermform*

Beispiel 2.7

Die durch

$$F(x_1,x_2,x_3,x_4,x_5) = k_0 + k_2 + k_3 + k_5 + k_6 + k_7 + k_9 + k_{10} + k_{11} + k_{13} + \\ + k_{14} + k_{15} + k_{16} + k_{18} + k_{19} + k_{21} + k_{23} + k_{25} + k_{29}$$

bereits in disjunktiver Normalform gemäß Gl. (2.22) gegebene kombinatorische Schaltfunktion ist zu minimieren.

Der erste Schritt des Verfahrens entfällt, da die zu minimierende Schaltfunktion bereits in disjunktiver Normalform angegeben ist. Die Schritte 2 bis 4 sind

Schritt 2:

Gruppe		
G_0	0	00000 ✓
G_1	2	00010 ✓
	16	10000 ✓
G_2	3	00011 ✓
	5	00101 ✓
	6	00110 ✓
	9	01001 ✓
	10	01010 ✓
	18	10010 ✓
G_3	7	00111 ✓
	11	01011 ✓
	13	01101 ✓
	14	01110 ✓
	19	10011 ✓
	21	10101 ✓
	25	11001 ✓
G_4	15	01111 ✓
	23	10111 ✓
	29	11101 ✓

Schritte 3 und 4:

0,2	000x0 ✓
0,16	x0000 ✓
2,3	0001x ✓
2,6	00x10 ✓
2,10	0x010 ✓
2,18	x0010 ✓
16,18	100x0 ✓
3,7	00x11 ✓
3,11	0x011 ✓
3,19	x0011 ✓
5,7	001x1 ✓
5,13	0x101 ✓
5,21	x0101 ✓
6,7	0011x ✓
6,14	0x110 ✓
9,11	010x1 ✓
9,13	01x01 ✓
9,25	x1001 ✓
10,11	0101x ✓
10,14	01x10 ✓
18,19	1001x ✓
7,15	0x111 ✓
7,23	x0111 ✓
11,15	01x11 ✓
13,15	011x1 ✓
13,29	x1101 ✓
14,15	0111x ✓
19,23	10x11 ✓
21,23	101x1 ✓
21,29	1x101 ✓
25,29	11x01 ✓

0,2,16,18	x00x0=p_1
2,3,6,7	00x1x ✓
2,3,10,11	0x01x ✓
2,3,18,19	x001x=p_2
2,6,10,14	0xx10 ✓
3,7,11,15	0xx11 ✓
3,7,19,23	x0x11=p_3
5,7,13,15	x0x11=p_4
5,7,21,23	x01x1=p_5
5,13,21,29	xx101=p_6
6,7,14,15	0x11x ✓
9,11,13,15	01xx1=p_7
9,13,25,29	x1x01=p_8
10,11,14,15	01x1x ✓
2,3,6,7,10,11,14,15	0xx1x=p_9

x00x0= $\overline{x}_2\overline{x}_3\overline{x}_5=p_1$

x001x= $\overline{x}_2\overline{x}_3x_4=p_2$

x0x11= $\overline{x}_2x_4x_5=p_3$

0x1x1= $\overline{x}_1x_3x_5=p_4$

x01x1= $\overline{x}_2x_3x_5=p_5$

xx101= $x_3\overline{x}_4x_5=p_6$

01xx1= $\overline{x}_1x_2x_5=p_7$

x1x01= $x_2\overline{x}_4x_5=p_8$

0xx1x= $\overline{x}_1x_4=p_9$

Bild 2.13 *Schritte 2 bis 4 bei der Schaltungsminimierung nach* QUINE-MCCLUSKEY *für das Beispiel 2.7*

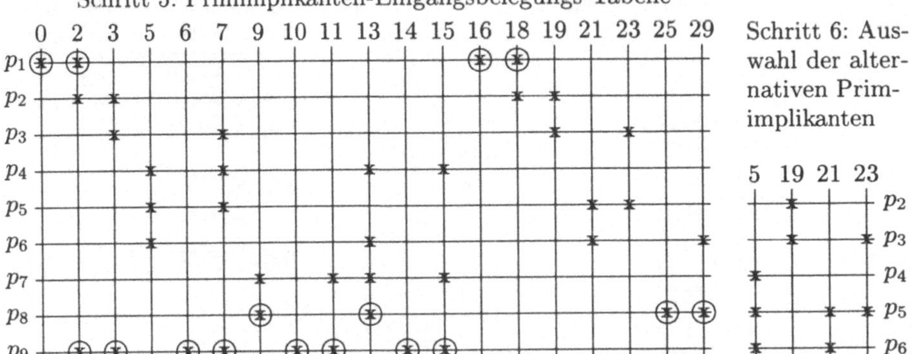

Bild 2.14 *Schritte 5 und 6 bei der Schaltungsminimierung nach* QUINE-MCCLUSKEY *für das Beispiel 2.7*

im Bild 2.13 zusammengefasst. Wie man sich leicht überlegen und dem in diesem Bild dargestellten Beispiel entnehmen kann, lassen sich alle diejenigen Minterme benachbarter Gruppen jeweils miteinander kombinieren, bei denen das Dezimaläquivalent des Minterms aus der Gruppe mit der größeren Anzahl von Einsen um 2^i, $0 \leq i < n$ größer ist. Die ersten vier Schritte des Verfahrens liefern insgesamt neun verschiedene Primimplikanten. Diese werden in der im Bild 2.14 dargestellten Primimplikanten-Eingangsbelegungs-Tabelle über allen Mintermen der disjunktiven Normalform aufgetragen. Aus Bild 2.14 wird deutlich, dass die Minimalform dieser kombinatorischen Schaltung drei Kernprimimplikanten aufweist: Die Minterme k_0 und k_{16} werden lediglich durch p_1, k_{25} nur durch p_8 sowie k_6, k_{10} und k_{14} nur durch p_9 abgedeckt. Entfernt man alle die durch die Kernprimimplikanten bereits abgedeckten Minterme, so erkennt man, dass die Minterme k_5, k_{19}, k_{21} und k_{23} bislang noch nicht abgedeckt sind (s. Bild 2.14). Daraus ergibt sich zunächst, dass p_4 und p_7 überflüssige Primimplikanten sind, die weggelassen werden können. Insgesamt erhält man die drei Alternativlösungen

$$\begin{aligned}
F_{min,1} &= p_1 + p_8 + p_9 + p_2 + p_5 \\
&= \overline{x}_2\overline{x}_3\overline{x}_5 + x_2\overline{x}_4x_5 + \overline{x}_1x_4 + \overline{x}_2\overline{x}_3x_4 + \overline{x}_2x_3x_5 \\
F_{min,2} &= p_1 + p_8 + p_9 + p_3 + p_5 \\
&= \overline{x}_2\overline{x}_3\overline{x}_5 + x_2\overline{x}_4x_5 + \overline{x}_1x_4 + \overline{x}_2x_4x_5 + \overline{x}_2x_3x_5 \\
F_{min,3} &= p_1 + p_8 + p_9 + p_3 + p_6 \\
&= \overline{x}_2\overline{x}_3\overline{x}_5 + x_2\overline{x}_4x_5 + \overline{x}_1x_4 + \overline{x}_2x_4x_5 + x_3\overline{x}_4x_5.
\end{aligned}$$

Will man dagegen die Schaltfunktion in Maxtermform minimieren, stellt man zunächst alternativ die konjunktive Normalform

$$F(x_1,x_2,x_3,x_4,x_5) = d_1 \cdot d_4 \cdot d_8 \cdot d_{12} \cdot d_{17} \cdot d_{20} \cdot d_{22} \cdot d_{24} \cdot d_{26} \cdot d_{27} \cdot d_{28} \cdot d_{30} \cdot d_{31}$$

Schritt 2:

Gruppe	Nr.	Belegung	
G_1	1	$\overline{00001}$	✓
	4	$\overline{00100}$	✓
	8	$\overline{01000}$	✓
G_2	12	$\overline{01100}$	✓
	17	$\overline{10001}$	✓
	20	$\overline{10100}$	✓
	24	$\overline{11000}$	✓
G_3	22	$\overline{10110}$	✓
	26	$\overline{11010}$	✓
	28	$\overline{11100}$	✓
G_4	27	$\overline{11011}$	✓
	30	$\overline{11110}$	✓
G_5	31	$\overline{11111}$	✓

Schritte 3 und 4:

Nr.	Belegung	
1,17	$\overline{x0001}$	$=p_1$
4,12	$\overline{0x100}$	✓
4,20	$\overline{x0100}$	✓
8,12	$\overline{01x00}$	✓
8,24	$\overline{x1000}$	✓
12,28	$\overline{x1100}$	✓
20,22	$\overline{101x0}$	✓
20,28	$\overline{1x100}$	✓
24,26	$\overline{110x0}$	✓
24,28	$\overline{11x00}$	✓
22,30	$\overline{1x110}$	✓
26,27	$\overline{1101x}$	✓
26,30	$\overline{11x10}$	✓
28,30	$\overline{111x0}$	✓
27,31	$\overline{11x11}$	✓
30,31	$\overline{1111x}$	✓

Nr.	Belegung	
4,12,20,28	$\overline{xx100}$	$=p_2$
8,12,24,28	$\overline{x1x00}$	$=p_3$
20,22,28,30	$\overline{1x1x0}$	$=p_4$
24,26,28,30	$\overline{11xx0}$	$=p_5$
26,27,30,31	$\overline{11x1x}$	$=p_6$

$\overline{x0001}=\overline{\overline{x}_2\overline{x}_3\overline{x}_4x_5}$
$=x_2+x_3+x_4+\overline{x}_5=p_1$

$\overline{xx100}=\overline{x_3\overline{x}_4\overline{x}_5}=\overline{x}_3+x_4+x_5=p_2$

$\overline{x1x00}=\overline{x_2\overline{x}_4\overline{x}_5}=\overline{x}_2+x_4+x_5=p_3$

$\overline{1x1x0}=\overline{x_1x_3\overline{x}_5}=\overline{x}_1+\overline{x}_3+x_5=p_4$

$\overline{11xx0}=\overline{x_1x_2\overline{x}_5}=\overline{x}_1+\overline{x}_2+x_5=p_5$

$\overline{11x1x}=\overline{x_1x_2x_4}=\overline{x}_1+\overline{x}_2+\overline{x}_4=p_6$

Bild 2.15 *Schritte 2 bis 4 bei der Schaltungsminimierung nach* QUINE-MCCLUSKEY *für das Beispiel 2.7 in Maxtermform*

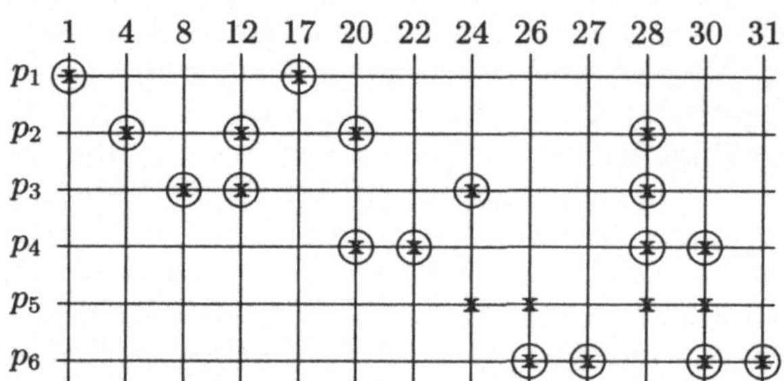

Bild 2.16 *Schritt 5 (Primimplikanten-Eingangsbelegungs-Tabelle) bei der Schaltungsminimierung nach* QUINE-MCCLUSKEY *für das Beispiel 2.7 in Maxtermform*

auf. Die Schritte 2 bis 4 des Verfahrens können Bild 2.15 entnommen werden, woraus sich sechs Primimplikanten ergeben.

Die im Bild 2.16 dargestellte Primimplikanten-Eingangsbelegungs-Tabelle macht klar, dass die Primimplikanten p_1, p_2, p_3, p_4 und p_6 die fünf Kernprimimplikanten dieser kombinatorischen Schaltung sind: Die Maxterme d_1 und d_{17} werden nur durch p_1, d_4 und d_8 wird nur durch p_2 bzw. p_3, d_{22} nur durch p_4 und die Maxterme d_{27} und d_{31} werden nur durch p_6 abgedeckt. Mit diesen fünf Kernprimimplikanten werden bereits alle Maxterme abgedeckt. Somit ist p_5 ein überflüssiger Primimplikant. Die minimale Lösung ergibt sich daher aus der konjunktiven Verknüpfung der Kernprimimplikanten p_1, p_2 p_3, p_4 und p_6:

$$F_{min} = p_1 \cdot p_2 \cdot p_3 \cdot p_4 \cdot p_6$$
$$= (x_2+x_3+x_4+\overline{x}_5) \cdot (\overline{x}_3+x_4+x_5) \cdot (\overline{x}_2+x_4+x_5) \cdot (\overline{x}_1+\overline{x}_3+x_5) \cdot (\overline{x}_1+\overline{x}_2+\overline{x}_4) \quad \square$$

2.3.4 Hazards

In kombinatorischen Schaltungen versteht man unter *Hazards* Fehler im Übergangsverhalten, so dass die Ausgangssignale vorübergehend den Gesetzen der Schaltalgebra widersprechen. Verschiedene Autoren (u.a. HUFFMAN, [Huf57]) haben sich etwa seit Mitte der fünfziger Jahre sehr systematisch mit diesem Problem beschäftigt. Im Zusammenhang dieses Buches werden in diesem Abschnitt jedoch nur die einfachsten Formen der Hazards vorgestellt und besprochen.

Die Ursache der Hazards liegt darin, dass man beim Entwurf einer kombinatorischen Schaltung das *Zeitverhalten* ihrer Komponenten (also der logischen Elemente, durch die die Verknüpfungen realisiert werden) nicht beachtet. Es wird stillschweigend immer davon ausgegangen, dass sich die internen Signale innerhalb der Schaltung alle gleichzeitig ändern, was jedoch durchaus nicht zutreffen muss. Durch diese Unterschiede im Zeitverhalten der einzelnen logischen Elemente kann es dann vorkommen, dass der Ausgang der Schaltung kurzzeitig 0 ist, obwohl er entsprechend der anliegenden Eingangsbelegung 1 sein müsste und umgekehrt.

Ob man ein solches fehlerhaftes Übergangsverhalten tolerieren kann oder nicht, hängt vor allem von der nachgeordneten Schaltung ab. Wird mit dem Ausgang der Schaltung beispielsweise ein Motor angesteuert, so ist es sicher unerwünscht, wenn dieser kurzzeitig angeschaltet wird, obwohl er sowohl bei der vorhergehenden als auch bei der aktuellen Eingangsbelegung eigentlich ausgeschaltet bleiben müsste.

Unangenehm ist vor allem, dass durch eine vorher durchgeführte Schaltungsminimierung das Problem der Hazards verstärkt auftreten kann (nicht muss). Ob überhaupt ein Hazard entsteht, hängt zudem, wie bereits erwähnt, von den Verzögerungszeiten der einzelnen Verknüpfungselemente ab. Durch die Streubreite bei den Anzugszeiten von Relais beispielsweise kann bei der Serienfertigung einer kombinatorischen Schaltung der Fall eintreten, dass Hazards nur sporadisch bei bestimmten Schaltungen auftreten, nämlich dann, wenn die Kombination der Laufzeitunterschiede der Einzelkomponenten gerade ungünstig ist.

Das soeben Gesagte soll zunächst an einem Beispiel für einen *statischen* Hazard erläutert werden. Von einem solchen statischen Hazard spricht man, wenn beim Übergang von einer Eingangsbelegung zu einer anderen der Ausgang eigentlich unverändert bei 1 bzw. 0 bleiben müsste, jedoch kurzzeitig ein Einbruch des Ausgangs bzw. ein Peak zu beobachten ist.

Beispiel 2.8

Bild 2.17 zeigt eine kombinatorische Schaltung mit dem zugehörigen KARNAUGH-Diagramm und dem Zeitverlauf für die angegebenen Signale. Die Mintermform der Schaltung ist

$$y = F(3) = \overline{x}_1\overline{x}_2x_3 + \overline{x}_1x_2x_3 + x_1x_2x_3 + x_1x_2\overline{x}_3. \tag{2.35}$$

Daraus lässt sich, ebenfalls aus dem KARNAUGH-Diagramm, leicht die disjunktive Minimalform

$$y = F(3) = \overline{x}_1x_3 + x_1x_2 \tag{2.36}$$

ermitteln. Die Realisierung dieser Normalform ist im Bild 2.17 oberhalb der gestrichelten Linie angegeben. Nimmt man nun für diese Schaltung an, dass die erste UND-Verknüpfung die Verzögerungszeit T_1 und die zweite die Verzögerungszeit T_2 mit $T_1 > T_2$ aufweist, so ergibt sich für den Fall, dass der Eingang x_1 von 0 nach 1 wechselt, x_2 und x_3 jedoch unverändert 1 bleiben, das rechts angegebene Zeitverhalten.

Der angenommene Wechsel der Eingangsbelegung entspricht im KARNAUGH-Diagramm genau dem Übergang an der durch Pfeile gekennzeichneten Stelle von links nach rechts. Der Ausgang y müsste sowohl vor als auch nach der Änderung des Eingangs x_1 eigentlich 1 bleiben. Da jedoch wegen der kleineren Verzögerungszeit T_2 die entsprechende UND-Verknüpfung eher von 1 nach 0 wechselt als die andere UND-Verknüpfung von 0 nach 1, liegt am Eingang der ODER-Verknüpfung kurzzeitig an beiden Eingängen 0 an und der bricht ein.

Dieser statische Hazard entsteht, weil nicht alle Einsen überlappend miteinander in Verbindung stehen. Man kann ihn durch Hinzufügen des redundanten Terms x_2x_3 (der im Sinne der Booleschen Algebra eigentlich überflüssig ist) vermeiden: Fügt man eine entsprechende UND-Verknüpfung zur Schaltung hinzu, wie unterhalb der gestrichelten Linie angedeutet, und verwendet eine ODER-Verknüpfung mit drei Eingängen, die mit allen Ausgängen der UND-Verknüpfungen verbunden werden, tritt für den hier dargestellten Wechsel der Eingangsbelegung x_1 kein Hazard auf. Da sich ja weder x_2 noch x_3 ändern und beide 1 bleiben, bleibt der untere Eingang der ODER-Verknüpfung und damit der Ausgang 1. □

Im Sinne einer Vermeidung von (statischen) Hazards kann es also ungünstig sein, die Minimalform einer Schaltung zu realisieren. Für den sicher am häufigsten auftretenden Fall, dass sich gleichzeitig nur *eine* Eingangsvariable ändert, kann man statische Hazards vermeiden, wenn man dafür sorgt, dass im KARNAUGH-Diagramm

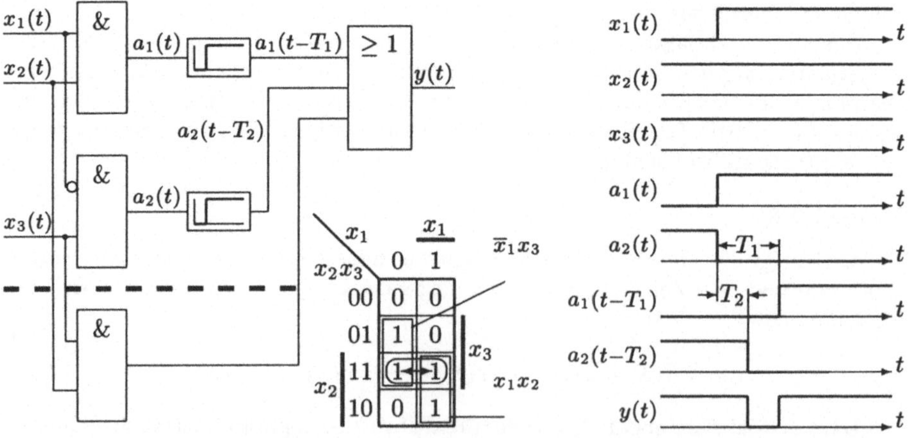

Bild 2.17 *Auftreten eines statischen Hazards bei einer kombinatorischen Schaltung*

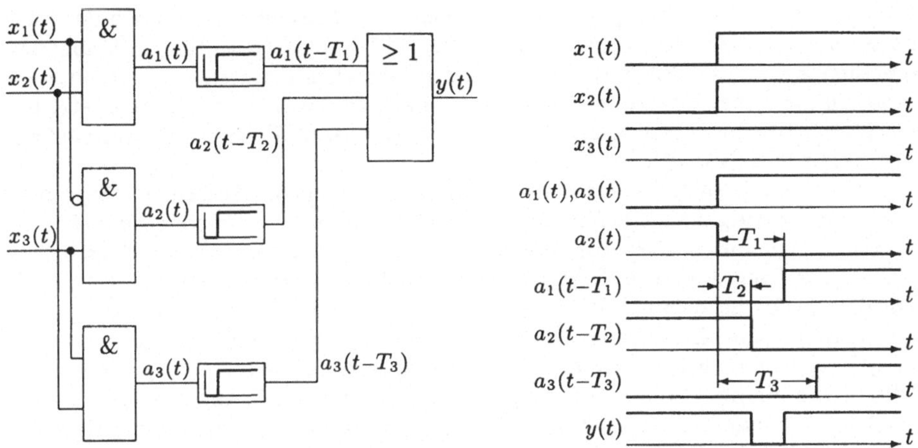

Bild 2.18 *Auftreten eines statischen Hazards bei einer kombinatorischen Schaltung, wenn sich zwei Eingänge gleichzeitig ändern*

benachbarte Einsen stets überlappend miteinander verbunden sind. Für die bereits häufig betrachteten Beispiele 2.2 und 2.3 aus den Tabellen 2.6 und 2.7 bedeutet dies z.B., dass eine Schaltungsrealisierung ohne statische Hazards jeweils alle Primimplikanten enthalten muss (im Falle des Beispiels 2.2 aus Tabelle 2.6 also sowohl die Kernprimimplikanten p_1 und p_2 als auch den Primimplikanten p_3, im Beispiel 2.3 aus Tabelle 2.7 die Kernprimimplikanten p_1 und p_2 und *beide* wählbaren Primimplikanten p_3 und p_4), damit alle Einsen sich überlappen. Statische Hazards kann man also ausschließen, wenn man bei der Minimierung nur alle Primimplikanten ermittelt und diese dann disjunktiv miteinander verknüpft, ohne zu untersuchen, ob einige dieser Primimplikanten im Sinne der Booleschen Schaltalgebra eigentlich redundant sind.

Allerdings gilt dies nur für den Fall, dass sich *gleichzeitig* nur *eine* Eingangsvariable ändert, dass also die Schaltung jedenfalls schon eingeschwungen ist, bevor erneut eine Änderung eines Eingangs auftritt. Ändern sich zwei oder noch weitere Eingänge gleichzeitig, kann man statische Hazards durch Hinzufügen redundanter Terme nicht mehr zwingend verhindern. Dies wird aus Bild 2.18 deutlich, das die gleiche Schaltung wie Bild 2.17 enthält, wo jedoch der redundante Term x_2x_3 bereits hinzugefügt wurde. Diese UND-Verknüpfung soll nun mit T_3 die größte Verzögerungszeit aufweisen, d.h. es gilt $T_3 > T_1 > T_2$. Betrachtet wird diesmal das Schaltverhalten, wenn x_1 und x_2 gleichzeitig bzw. kurz hintereinander von 0 auf 1 wechseln, während x_3 unverändert 1 bleibt.

Da T_2 die kürzeste Verzögerungszeit ist, fällt das Signal hinter der mittleren UND-Verknüpfung sehr schnell von 1 auf 0 ab. Damit bricht auch der Ausgang kurzzeitig ein, bis nach Ablauf von T_1 wegen des Wechsels von $a_1(t-T_1)$ am oberen

Eingang der ODER-Verknüpfung wiederum eine 1 anliegt und damit auch der Ausgang erneut 1 wird. Im Gegensatz zu der im Bild 2.17 dargestellten Änderung nur des Eingangs x_1, wo durch Hinzufügen der zusätzlichen redundanten Verknüpfung x_2x_3 ein statischer Hazard verhindert wird, hat sich dieser Term bei dem jetzt betrachteten Übergang wegen der großen Verzögerungszeit T_3 der UND-Verknüpfung überhaupt nicht auswirken können.

Von *dynamischen* Hazards spricht man, wenn bei einem Wechsel der Eingangsbelegung der Ausgang nicht einmalig von 0 auf 1 bzw. von 1 auf 0, sondern *mehrmals* wechselt. Dynamische Hazards treten nur auf, wenn sich 2 oder mehr Eingangsvariablen gleichzeitig ändern. Bild 2.19 zeigt ein Beispiel. Es handelt sich prinzipiell um die gleiche Schaltung wie in den Bildern 2.17 und 2.18. Diesmal jedoch wird die Negation am Eingang der zweiten UND-Verknüpfung durch ein separates Verknüpfungsglied realisiert, das mit der Verzögerungszeit T_2 behaftet ist, während die UND-Verknüpfung selbst verzögerungsfrei angenommen wird. Alle drei Eingangsvariablen der Schaltung wechseln gleichzeitig von 0 nach 1. Aus dem Zeitverlauf der Signale ergibt sich für $T_3 > T_1 > T_2$, dass der Ausgang zunächst gemäß den Booleschen Gleichungen von 0 auf 1 wechselt, dann aber nochmals kurzzeitig einbricht. Wiederum wirkt sich hier, wie im Bild 2.18, der zusätzliche redundante Term x_2x_3 wegen der großen Verzögerung T_3 überhaupt nicht aus.

Das Hinzufügen redundanter Terme kann also dynamische Hazards nicht verhindern. Man kann sich das anschaulich auch mit Hilfe des KARNAUGH-Diagramms klarmachen: Das Hinzufügen redundanter Terme bringt eine Überlappung der Einsen mit sich. Wenn sich nun lediglich *eine* Eingangsvariable ändert, wobei der Ausgang vorher und nachher 1 ist, wird wegen dieser Überlappung wenigstens *eine* logische Verknüpfung ihren Wert beibehalten. Damit liegt an *einem* Eingang der

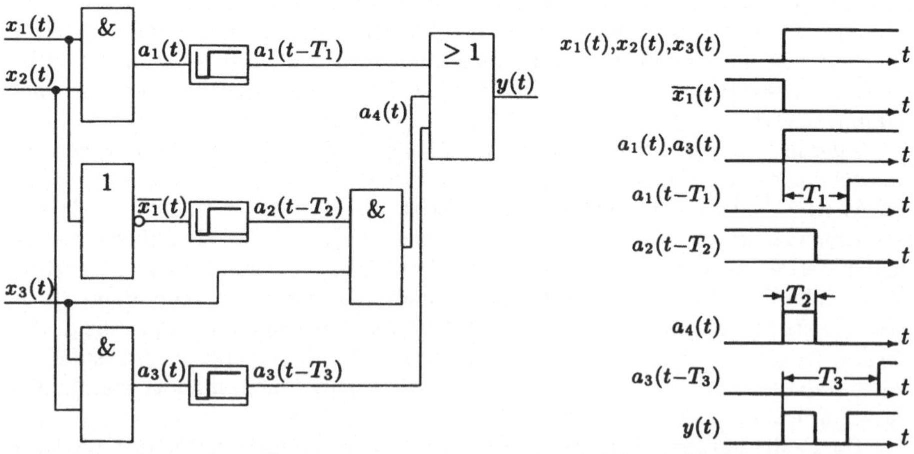

Bild 2.19 *Auftreten eines dynamischen Hazards bei einer kombinatorischen Schaltung*

ODER-Verknüpfung aber immer eine Eins an und der Ausgang ändert sich nicht. Dynamische Hazards treten aber auf, wenn der Ausgang sich ändert. Da man aber im KARNAUGH-Diagramm Felder mit Nullen nicht mit Feldern zusammenfassen darf, die eine Eins enthalten, ist es gar nicht möglich, Terme hinzuzufügen, die einen dynamischen Hazard verhindern könnten. Entsprechendes gilt bei statischen Hazards, wenn sich 2 oder mehr Eingangsvariablen gleichzeitig ändern. Es hängt vom Zeitverhalten der einzelnen Verknüpfungsglieder ab, welchen „Weg" die Schaltung im KARNAUGH-Diagramm zurücklegt, um von dem Ausgangsfeld (Eingangsbelegung vor der Änderung) zum Zielfeld (Eingangsbelegung nach der Änderung) zu gelangen. Ist der Ausgang beispielsweise vor und nach der Änderung 1, so wird ein kurzzeitiger Einbruch des Ausgangs erfolgen, wenn auf diesem Weg ein Feld „überquert" wird, wo der Ausgang 0 ist.

Wie aus den Ausführungen deutlich geworden ist, ist das Problem der Hazards unter anderem deshalb so schwierig, weil es sowohl vom Signalübergang (welche Eingangssignale sich ändern) als auch vom Laufzeitverhalten der betroffenen logischen Verknüpfungen abhängt, ob ein Hazard auftritt oder nicht. Für den wahrscheinlichsten Fall, dass sich gleichzeitig nur eine Eingangsvariable ändert, kann man die dann möglichen statischen Hazards durch Hinzufügen redundanter Terme verhindern. Will man jedoch ganz sichergehen, dass keine Hazards auftreten können, bietet sich die Verwendung von ***getakteter Logik*** an. Damit werden nur zu bestimmten Zeitpunkten Änderungen der Eingänge an die kombinatorische Schaltung weitergegeben, das gleiche gilt für den Ausgang der Schaltung. Wählt man den Taktzyklus dabei so groß, dass die Schaltung nach Ablauf dieser Taktzeit sicher eingeschwungen ist, können Hazards nicht mehr auftreten. Erkaufen muss man sich diesen Vorteil mit einer etwas größeren Reaktionszeit der Schaltung auf Änderungen der Eingangsvariablen (maximal die Dauer eines Taktes).

2.4 Realisierung von kombinatorischen Schaltungen

Für die Realisierung von Schaltungen stehen verschiedene Technologien zur Verfügung. Welche davon angewendet wird, hängt sowohl von den Anforderungen, als auch von den Umgebungsbedingungen, unter denen die Schaltung arbeitet und natürlich von dem Aufwand ab. Im Rahmen dieses Buches wird auf diesen Aspekt der Steuerungstechnik nur kurz eingegangen. Im Zusammenhang mit der Schütz- und Relaistechnik wird dabei insbesondere die Stromlaufplandarstellung behandelt.

Pneumatische Elemente haben gegenüber der Schütz- und Relaistechnik den Vorteil der Unempfindlichkeit gegenüber Umwelteinflüssen (sehr hohe oder sehr niedrige Temperaturen, alle Arten von Strahlungen, Explosionssicherheit). Steuerungen wird man auch dann ggf. mit pneumatischen Elementen ausführen, wenn Druckluftnetze vorhanden sind und pneumatische Regelungen bereits installiert sind und mit Steuerungssystemen kombiniert werden müssen. Ein weiteres Argument kann sein, dass die Stellglieder ebenfalls pneumatisch ausgeführt werden sollen.

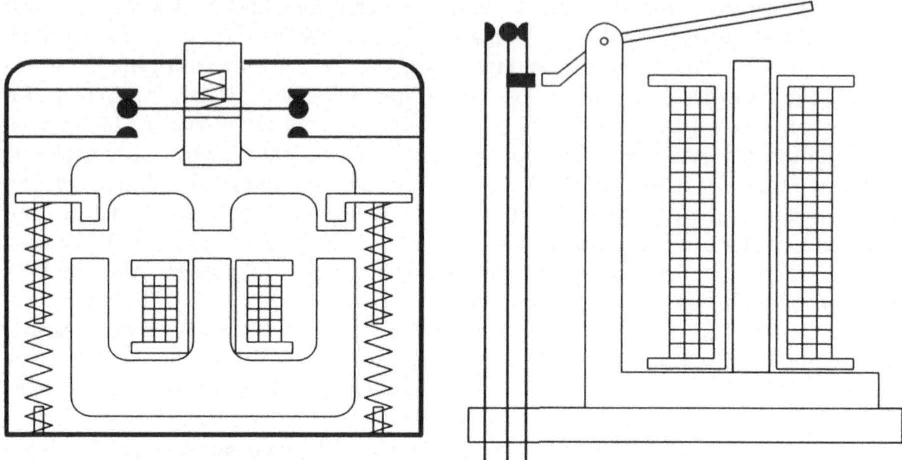

Bild 2.20 *Funktionsweise eines Schützes (links) und eines Relais (rechts) mit schließenden und öffnenden Kontakten*

Nachteilig ist, dass pneumatische Elemente größer und langsamer sind. Gegenüber der Halbleitertechnik sind sie auch deutlich teurer.

Die früher sehr wichtige *Schütz- und Relaistechnik* hat infolge der Entwicklung der Halbleitertechnik stark an Bedeutung verloren. Bild 2.20 zeigt Schnittbilder eines Schützes und eines Relais. Sie werden dort noch verwendet, wo der logische Aufwand gering, die im Millisekundenbereich liegende Schaltzeit ausreichend und die Schalthäufigkeit niedrig ist, oder wo eine galvanische Trennung zwischen Ein- und Ausgangssignalen erforderlich ist. Nach wie vor werden sie auch eingesetzt, wenn höhere Leistungen mit geringem Aufwand geschaltet werden sollen, z.B. zur Motoransteuerung.

Bei den *elektronischen* Schaltelementen ging die Entwicklung von der Diodentechnik über die resistor-transistor-logic (RTL-Technik) Ende der fünfziger bis Mitte der sechziger Jahre und die diode-transistor-logic (DTL-Technik, etwa 1964 bis 1974) bis zur transistor-transistor-logic (TTL-Technik), die seit Mitte der siebziger Jahre eingesetzt wird. Für alle Arten von Verknüpfungen gibt es Standard-IC's, mit denen man kombinatorische Schaltungen sehr leicht diskret aufbauen kann. Der Vorteil dieser Technik ist der sehr günstige Preis und die kleine Baugröße. Ist der Spannungsabstand ($5V$ bei TTL-Technik) nicht ausreichend oder soll die Schaltung besonders schnell sein und wenig Leistung benötigen, kann man sie auch in CMOS-Technik (complementary metal-oxide semiconductor, $15V$-Pegel) ausführen.

2.5 Stromlaufpläne und Wirkschaltpläne

In diesem Abschnitt werden die wichtigsten Elemente insbesondere der Stromlaufplandarstellung vorgestellt. Bild 2.21 zeigt den Wirkschaltplan und den Stromlaufplan einer einfachen Ansteuerung eines Drehstrommotors, der in einer Drehrichtung arbeitet. Der Motor wird durch Betätigung des Tasters b2 gestartet: Die Spule des Schützes c1 wird stromdurchflossen und zieht an, wodurch die drei Schließkontakte und der Hilfskontakt betätigt werden. Dadurch wird der Motor mit dem Drehstromnetz verbunden. Gleichzeitig hält sich das Schütz nun selbst, d.h. auch nach Loslassen von b2 läuft der Motor weiter. Durch Öffnen des Handschalters b1 wird der Motor abgeschaltet, weil die Spule von c1 stromlos wird und das Schütz wieder abfällt.

Der Motor ist über e1 dreiphasig abgesichert. Eine zusätzliche thermische Sicherung e3 trennt bei Überhitzung des Motors den Hilfsstromkreis, der selbst auch durch die Sicherung e2 geschützt ist, und schaltet dadurch den Motor ab. Solange der Motor zu heiß ist, lässt er sich auch nicht mehr einschalten. Die Kontrollampe h1 zeigt an, wenn der Motor läuft.

Während aus dem *Wirkschaltplan* vor allem das Wirkprinzip erkennbar werden soll (deutlich sind die Schützspule mit den den durch sie betätigten Kontakten zu erkennen, es ist auch ein noch vorhandener Öffner eingezeichnet, der für diese Schaltung gar nicht benötigt wird) stehen beim *Stromlaufplan* logische Gesichtspunkte im Vordergrund: Der Hilfsstromkreis ist vom Hauptstromkreis getrennt und aus der

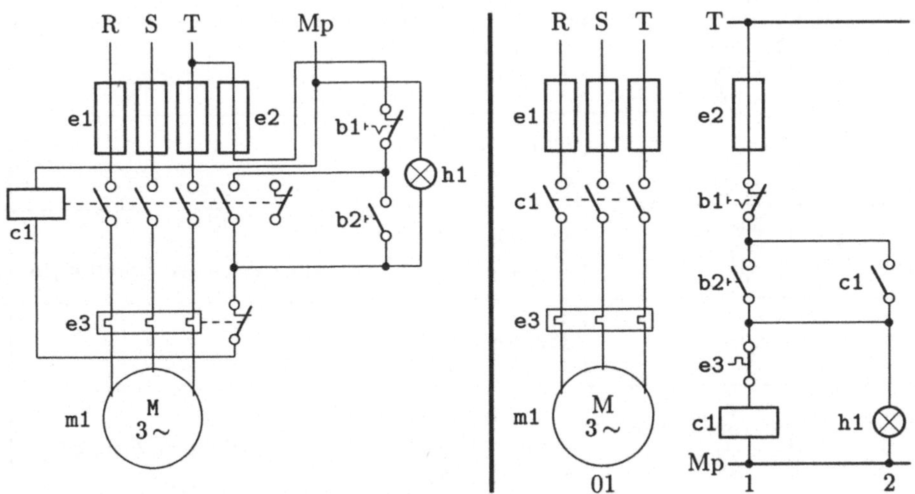

Bild 2.21 *Wirkschaltplan (links) und Stromlaufplan (rechts) für eine einfache Motoransteuerung*

Serienschaltung (logisches UND) bzw. Parallelschaltung (logisches ODER) von Kontakten sowie den betätigten Ausgängen unten kann man gleich die kombinatorischen Gleichungen der Schaltung bestimmen. In diesem Fall erhält man

$$\mathtt{c1} = \mathtt{e2} \cdot \overline{\mathtt{b1}} \cdot (\mathtt{b2} + \mathtt{c1}) \cdot \mathtt{e3}$$

und

$$\mathtt{h1} = \mathtt{e2} \cdot \overline{\mathtt{b1}} \cdot (\mathtt{b2} + \mathtt{c1}).$$

Die Tabellen 2.9 bis 2.13 enthalten, nach Gruppen geordnet, einige wichtige Elemente der Stromlaufplandarstellung. In Tabelle 2.14 schließlich sind noch einige Beispiele angegeben. Zum Abschluss zeigt Tabelle 2.15, mit welchen Buchstaben einzelne Komponenten in Stromlaufplänen bezeichnet werden.

Tabelle 2.9 *Elemente der Stromlaufplandarstellung – Kontakte*

Darstellung	Name / Funktion
	Schließer
	Öffner
1 2	Schließer 1 schließt vor 2
1 2	Öffner 1 öffnet vor 2
	Wischkontakt Kontaktgabe bei Bewegung in beiden Richtungen
	Trennschalter
1 0 2	zweipoliger Tastschalter handbetätigt, für 3 Schalterstellungen, Grundstellung in Stellung 0
1 2 3 4	einpoliger Stellschalter handbetätigt, mit Kennzeichnung der Schalterstellungen

Tabelle 2.10 *Elemente der Stromlaufplandarstellung – Antriebe*

Darstellung	Name / Funktion
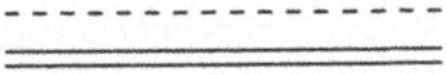	Wirkverbindung
	Handantrieb allgemein
	Handantrieb Betätigung durch Drücken / Ziehen / Drehen
	Fußantrieb
	abnehmbarer Handantrieb (Schlüssel)
	Fühler zur mechanischen Betätigung (Endschalter)
	Kraftantrieb allgemein
	Schaltschloss mit mechanischer Freigabe
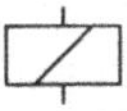	elektromechanischer Antrieb
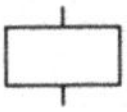	Schütz- oder Relaisspule
	Verzögerung bei Bewegung nach rechts
	Verzögerung bei Bewegung nach links
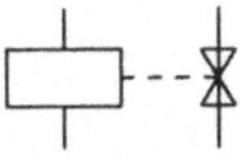	Elektromagnetisch betätigtes Ventil Ventil geöffnet
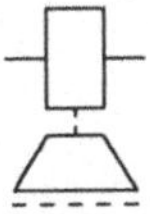	Elektromagnetisch betätigbare Bremse
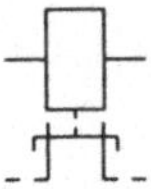	Elektromagnetisch betätigte Kupplung gekuppelt
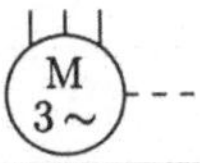 M 3∼	Drehstrommotor allgemein

Tabelle 2.11 *Elemente der Stromlaufplandarstellung – Sperren*

Darstellung	Name / Funktion
	Bewegung in einer Richtung sperrend
	Bewegung in beiden Richtungen sperrend

Tabelle 2.12 *Elemente der Stromlaufplandarstellung – Sicherungselemente*

Darstellung	Name / Funktion
	Sicherung allgemein
	Sicherungstrennschalter
$I\gg$ $I\gg$ $I\gg$	dreipoliger Schalter mit elektrothermischen Überstrom- und elektromagnetischen Kurzschlussauslösern (z.B. Motorschutzschalter)

Tabelle 2.13 *Elemente der Stromlaufplandarstellung – Auslösungsarten*

Darstellung	Name / Funktion
, $I >$	Überstrom
, $I <$	Unterstrom
, $U >$	Überspannung
, $U <$	Unterspannung
, $I\rightarrow$	Rückstrom
,	thermisch

Tabelle 2.14 *Elemente der Stromlaufplandarstellung – Beispiele*

Darstellung	Name / Funktion
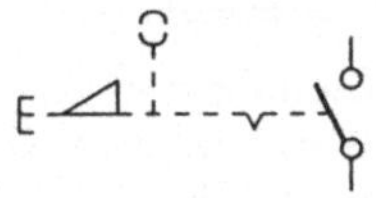 E	Bewegung in einer Richtung sperrend durch abnehmbaren Handantrieb (in Aus-Stellung abschließbarer Schalter)
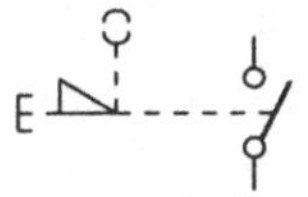 E	Not-Aus-Taster mit Schlüsselfreigabe
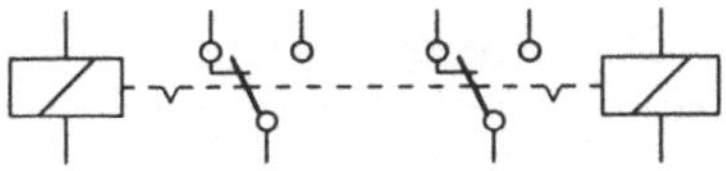	Kipprelais
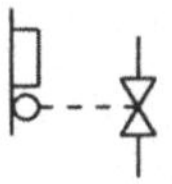	Ventil mit Fühler und Antrieb durch Nocken
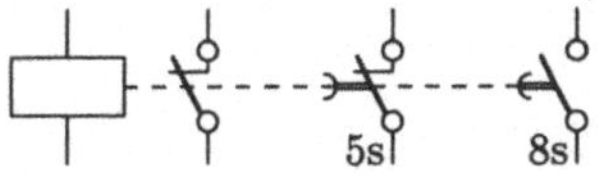 5s 8s	Zeitrelais, ein Öffner öffnet und schließt ohne Verzögerung, ein Öffner öffnet ohne und schließt mit Verzögerung (5s), der Schließer schließt mit und öffnet ohne Verzögerung (8s)
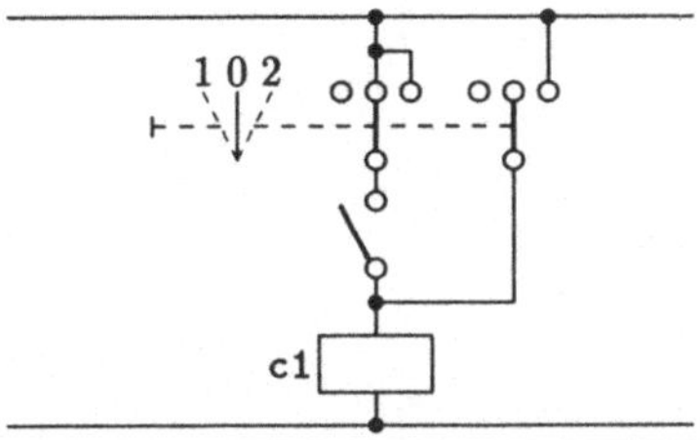 1 0 2 c1	Ein-/Aus-Taster

Tabelle 2.15 *Bezeichnersysteme der Stromlaufplandarstellung*

Bezeichner	steht für	Bezeichner	steht für
a	Schalter, Schutzschalter, Hauptschalter	b	Hilfsschalter, Taster, Wahlschalter, Endschalter, Druckschalter
c	Leistungsschütze	d	Hilfsschütze
e	Sicherungen, Motorschutzrelais	f	Messwandler, Spannungswandler, Stromwandler, Temperaturwandler

Tabelle 2.15 *Bezeichnersysteme der Stromlaufplandarstellung (Fortsetzung)*

Bezeichner	steht für	Bezeichner	steht für
g	Messgeräte, z.B. Spannungs- und Strommesser	h	Signalgeber, Kontrollampen, Hupen, Fallklappenrelais, Zählwerke
k	Kondensatoren, Drosseln	m	Motoren, Trafos, Generatoren
n	Gleichrichter	p	Röhren
r	Widerstände	s	Magnetventile
u	Abgeschlossene Einheiten, Schrittschaltwerke, Elektronische Komponenten		

3 Sequentielle Schaltungen

Bei einer kombinatorischen Schaltung mit n Eingängen kann man die Menge M der möglichen 2^n Eingangsbelegungen (s. Gl. 2.17) in zwei komplementäre Untermengen M_0 und M_1 aufteilen, nämlich in die löschenden und in die setzenden Eingangsbelegungen (vergl. Gl. 2.18). Der wesentliche Unterschied gegenüber den kombinatorischen Schaltungen besteht nun darin, dass es jetzt noch *speichernde* Eingangsbelegungen gibt, bei denen der alte Funktionswert beibehalten wird, der Ausgang sich also nicht ändert:

$$M_y := \{j^k \mid y_j^k = y^{k-1}\}, \tag{3.1}$$

wobei in Gl. (3.1) der Index k den Zeitpunkt kennzeichnet, j^k ist die aktuell anliegende Eingangsbelegung, y^{k-1} der Ausgang, den eine beliebige vorhergehende Eingangsbelegung j^{k-1} hervorgerufen hat.

Ganz analog zu Gl. (2.19), wo die beiden Funktionen μ_0 und μ_1 festgelegt wurden, kann man nun eine Boolesche Funktion μ_y definieren, die genau dann 1 ist, wenn eine speichernde Eingangsbelegung anliegt:

$$\mu_y := \vee_{j \in M_y} k_j(n). \tag{3.2}$$

Beispiel 3.1

Anhand eines RS-Flipflops wird das Gesagte verdeutlicht. Liegt die Eingangsbelegung $R = 0$ und $S = 1$ an, wird der Ausgang gesetzt. Bei $R = 1$ und $S = 0$ wird der Ausgang wieder zurückgesetzt. Die Eingangsbelegung $R = 1$ und $S = 1$ ist nicht erlaubt. $R = 0$ und $S = 0$ schließlich ist hier die speichernde Eingangsbelegung, d.h. der Ausgang ändert sich dann nicht. Es gilt also $\mu_0 = x_R\overline{x}_S$, $\mu_1 = \overline{x}_R x_S$ und $\mu_y = \overline{x}_R\overline{x}_S$. □

Tabelle 3.1 *RS-Flipflop*

R	S	Q^k
0	0	Q^{k-1}
0	1	1
1	0	0
1	1	?

Hierbei gelten für Speicherfunktionen nun die folgenden Eigenschaften:

Die Vereinigung aller Untermengen M_0, M_1 und M_y ergibt die Menge M aller Eingangsbelegungen.

$$M_0 \cup M_1 \cup M_y = M \tag{3.3a}$$

Eine Eingangsbelegung ist immer vorhanden: Da alle Eingangsbelegungen einer der drei Funktionen zugeordnet werden, ist die disjunktive Verknüpfung aller möglichen Eingangsbelegungen 1.

$$\mu_0 + \mu_1 + \mu_y = 1 \tag{3.3b}$$

Die Untermengen M_0, M_1 und M_y haben keine gemeinsamen Elemente.

Der Ausgang wird nicht zurückgesetzt, wenn eine setzende oder eine speichernde Eingangsbelegung anliegt.

$$\overline{\mu}_0 = \mu_1 + \mu_y \quad (3.4a)$$

Der Ausgang wird zurückgesetzt, wenn keine setzende und keine speichernde Eingangsbelegung anliegt.

$$\mu_0 = \overline{\mu}_1 \, \overline{\mu}_y \quad (3.4b)$$

Der Ausgang wird nicht gesetzt, wenn eine löschende oder eine speichernde Eingangsbelegung anliegt.

$$\overline{\mu}_1 = \mu_0 + \mu_y \quad (3.5a)$$

Der Ausgang wird gesetzt, wenn keine löschende und keine speichernde Eingangsbelegung anliegt.

$$\mu_1 = \overline{\mu}_0 \, \overline{\mu}_y \quad (3.5b)$$

Der Ausgang wird nicht gespeichert, wenn eine löschende oder eine setzende Eingangsbelegung anliegt.

$$\overline{\mu}_y = \mu_0 + \mu_1 \quad (3.6a)$$

Der Ausgang wird gespeichert, wenn keine löschende und keine setzende Eingangsbelegung anliegt.

$$\mu_y = \overline{\mu}_0 \, \overline{\mu}_1 \quad (3.6b)$$

3.1 Allgemeine Speichergleichung

Mit Hilfe der Untermengen M_0, M_1 und M_y wird die Speicherfunktion nun definiert: Eine Schaltfunktion mit n Eingangs- und einer Ausgangsvariablen ist eine Speicherfunktion, wenn
- alle 2^n Eingangsbelegungen diesen drei Untermengen zugeordnet werden können und
- jede der drei Untermengen mindestens eine Eingangsbelegung enthält.

Die Ausgangsvariable y ist dann 1, wenn

a) eine setzende Eingangsbelegung $j^k \in M_1$ anliegt oder

b) eine speichernde Eingangsbelegung $j^k \in M_y$ ansteht *und* die Ausgangsvariable bei der vorhergehenden Eingangsbelegung 1 war, also $y^{k-1} = 1$ gilt.

Diese Aussage führt zu der Speichergleichung

$$y^k = \mu_1^k + (\mu_y^k \cdot y^{k-1}). \quad (3.7)$$

Man kann jedoch für diese Speichergleichung noch eine einfachere Form finden. Formal definiert man dazu eine zunächst noch nicht näher spezifizierte Untermenge der setzenden Eingangsbelegungen $M_{1u} \subseteq M_1$ mit der zugehörigen Booleschen Funktion $\mu_{1u} = \vee_{j \in M_{1u}} k_j(n)$. Aus dieser Definition folgt die Beziehung

$$\mu_1 + \mu_{1u} = \mu_1, \quad (3.8)$$

die Boolesche Funktion $\mu_1 + \mu_{1u}$ ruft den gleichen Ausgang hervor wie die Funktion μ_1.

Setzt man Gl. (3.8) in Gl. (3.7) ein, ergibt sich

$$y^k = \mu_1^k + \mu_{1u}^k + (\mu_y^k \cdot y^{k-1}). \tag{3.9}$$

Wendet man auf Gl. (3.9) das Absorptionstheorem, Gl. (2.7b) an, wobei $A = \mu_{1u}^k$ und $B = y^{k-1}$ gesetzt wird, erhält man

$$y^k = \underbrace{\mu_1^k + \mu_{1u}^k}_{\mu_1^k \text{wegen Gl. (3.8)}} + (\mu_{1u}^k \cdot y^{k-1}) + (\mu_y^k \cdot y^{k-1}). \tag{3.10}$$

Diese Gleichung kann man unter Anwendung des konjunktiven Distributivgesetzes, Gl. (2.4a), umformen zu

$$y^k = \mu_1^k + \left[\left(\mu_{1u}^k + \mu_y^k\right) \cdot y^{k-1}\right]. \tag{3.11}$$

Gleichung (3.11) bezeichnet man als die *allgemeine Speichergleichung*. Obwohl sie auf den ersten Blick aufwendiger aussieht, hat sie gegenüber Gl. (3.7) einige Vorteile:

- Durch geeignete Wahl der Untermenge M_{1u} ist $\mu_{1u}^k + \mu_y^k$ meist ein einfacherer Ausdruck als μ_y^k
- Man kann für den Fall, dass der Ausgang 1 bleibt, statische Hazards zwischen speichernden und setzenden Eingangsbelegungen vermeiden. Für $M_{1u} \subset M_1$ ist dabei eine teilweise, für $M_{1u} = M_1$ eine vollständige Vermeidung solcher statischen Hazards möglich.

Anschaulich lässt sich das sehr leicht dadurch erklären, dass es für den Ausgang der Speicherschaltung keine Rolle spielt, wenn man zusätzlich zu den speichernden auch noch einige setzende Eingangsbelegungen mit dem Ausgang y^{k-1} verknüpft. Betrachtet man das KARNAUGH-Diagramm, kann man aber eine teilweise (für $M_{1u} \subset M_1$) oder eine vollständige (für $M_{1u} = M_1$) Überlappung zwischen setzenden und speichernden Eingangsbelegungen und damit entsprechende Hazardfreiheit erreichen. Außerdem ist durch diese mögliche Zusammenfassung von setzenden und speichernden Eingangsbelegungen die Realisierung von $\mu_{1u}^k + \mu_y^k$ in aller Regel einfacher.

Beispiel 3.2

Bild 3.1 zeigt zur Veranschaulichung der geschilderten Sachverhalte bezüglich der allgemeinen Speichergleichung das KARNAUGH-Diagramm einer Speicherfunktion mit vier Eingängen. Die minimale Form der Booleschen Funktion μ_1, die setzenden Eingangsbelegungen also, lässt sich daraus zu

$$\mu_1^k = (\overline{x}_2 x_3 + x_3 \overline{x}_4 + x_1 x_2 \overline{x}_4 + x_1 \overline{x}_2 x_4)^k$$

bestimmen. Für die minimale Form der Booleschen Funktion μ_y ergibt sich entsprechend

$$\mu_y^k = (x_2 x_3 x_4 + x_1 x_2 x_4)^k.$$

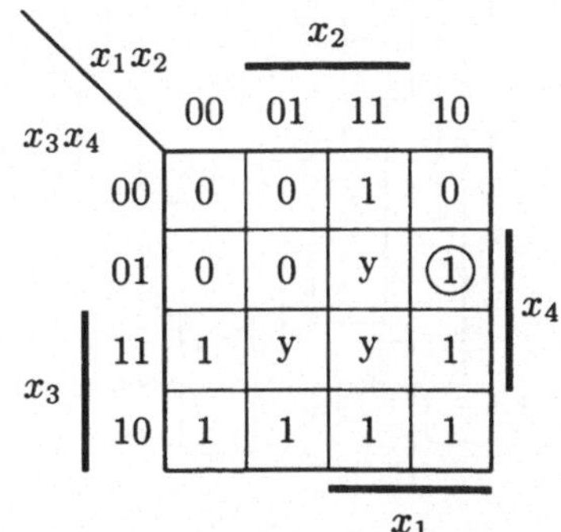

Bild 3.1 KARNAUGH-*Diagramm einer Speicherfunktion*

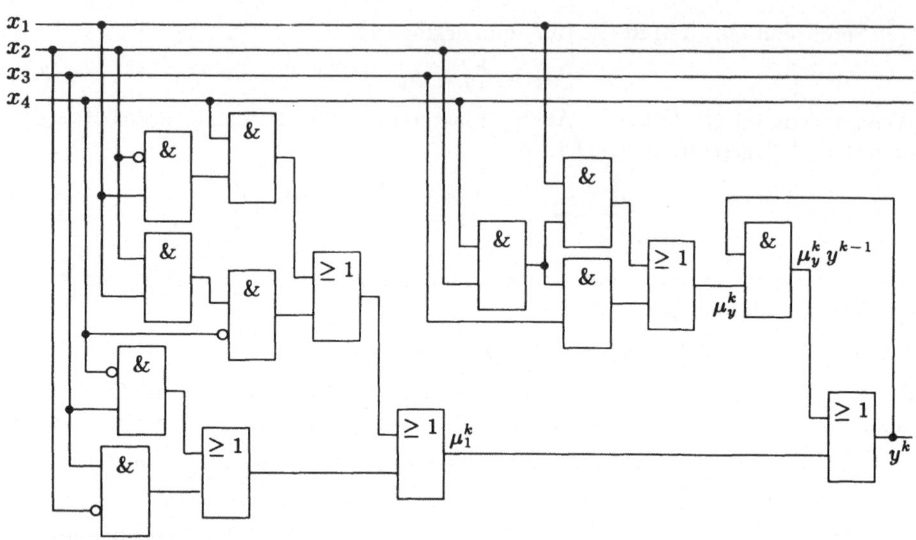

Bild 3.2 *Realisierung der Speicherfunktion des Beispiels 3.2 gemäß Gl. (3.7)*

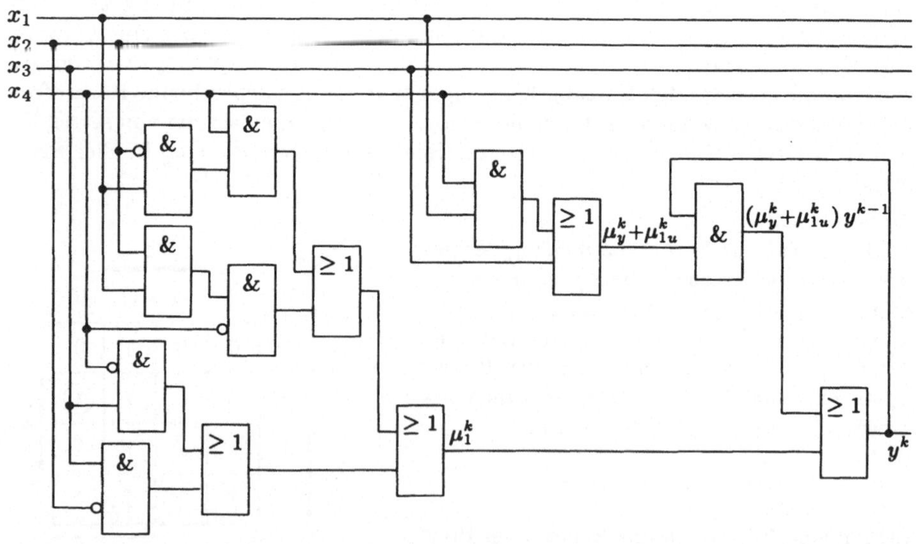

Bild 3.3 *Realisierung der Speicherfunktion des Beispiels 3.2 gemäß der allgemeinen Speichergleichung (3.11)*

Für Beispiel 3.2 ergibt sich eine besonders leicht zu beschreibende Fläche, wenn man μ_{1u} zu

$$\mu_{1u}^k = (\overline{x}_2 x_3 + x_3 \overline{x}_4 + x_1 x_2 \overline{x}_4)^k ,$$

also gleich den setzenden Eingangsbelegungen ohne die ① wählt: Dann erhält man für $\mu_{1u}^k + \mu_y^k$ nämlich gerade

$$\mu_{1u}^k + \mu_y^k = (x_3 + x_1 x_2)^k ,$$

was im Vergleich zu dem Term $\mu_y^k = (x_2 x_3 x_4 + x_1 x_2 x_4)^k$, der gemäß Gl. (3.7) einzusetzen wäre, ein wesentlich einfacherer Ausdruck ist. Die allgemeine Speichergleichung für Beispiel 3.2 ist damit

$$y^k = (\overline{x}_2 x_3 + x_3 \overline{x}_4 + x_1 x_2 \overline{x}_4 + x_1 \overline{x}_2 x_4)^k + \left[(x_3 + x_1 x_2)^k \cdot y^{k-1} \right] .$$

Die Bilder 3.2 und 3.3 zeigen den Unterschied, der sich bei der Realisierung der Speicherfunktion ergibt.

Eine nach dieser Gleichung realisierte Schaltung ist allerdings nicht vollständig hazardfrei: Beim Übergang von der Eingangsbelegung $x_1 \overline{x}_2 \overline{x}_3 x_4$ zur Eingangsbelegung $x_1 x_2 \overline{x}_3 x_4$ (bzw. umgekehrt für den Fall, dass der Ausgang 1 ist) kann noch ein statischer Hazard (kurzer Einbruch des Ausgangssignals der Schaltung auf 0) auftreten. Will man dies sicher vermeiden, muss man statt des Terms $x_3 + x_1 x_2$ den Ausdruck $x_3 + x_1 x_2 + x_1 x_4$ verwenden. Dadurch erreicht man eine vollständige Überlappung zwischen setzenden und speichernden Eingangsbelegungen. Beim Übergang von einer setzenden zu einer speichernden Eingangsbelegung bzw. umgekehrt für den Fall, dass der Ausgang bereits 1 ist, ist damit Hazardfreiheit garantiert, wenn sich bei diesem Übergang nur *eine* Eingangsvariable ändert. □

3.2 Analyse und Synthese sequentieller Schaltungen

3.2.1 Mealy-Automat

Bei einer allgemeinen sequentiellen Schaltung geht man von einer Modellvorstellung aus, die dem MEALY-Automat (s. Bild 3.4) entspricht. Er unterscheidet sich von dem sogenannten MOORE-Automaten dadurch, dass der Vektor mit den Eingangsvariablen $\boldsymbol{x}$ nicht nur auf die Überführungsfunktion $F(\boldsymbol{x},\boldsymbol{s})$, sondern auch auf die Ausgabe- oder Ausgangsfunktion $G(\boldsymbol{x},\boldsymbol{s})$ einwirkt.

Für den MEALY-Automaten gelten also die beiden Gleichungen

$$\boldsymbol{s} = F(\boldsymbol{x},\boldsymbol{s}) \tag{3.12a}$$

und

$$\boldsymbol{y} = G(\boldsymbol{x},\boldsymbol{s}). \tag{3.12b}$$

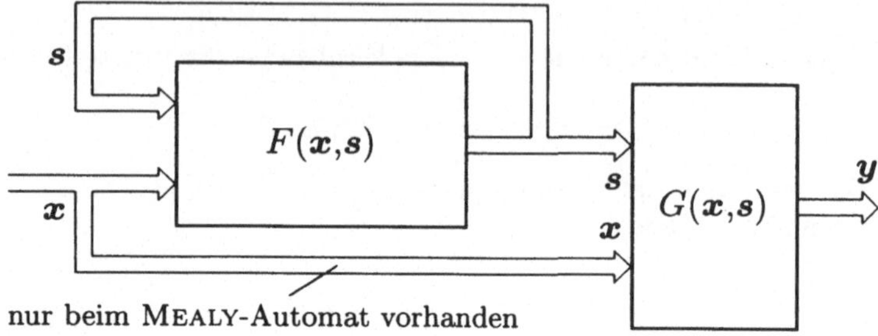

Bild 3.4 MEALY- *bzw.* MOORE-*Automat*

Typisch für eine sequentielle Schaltung ist das *speichernde* Verhalten, das sowohl beim MEALY- als auch beim MOORE-Automaten durch die Rückführung des Vektors mit den Speichersignalen erreicht wird.

Beispiel 3.3

Bei der im Bild 3.5 dargestellten „Eins vor Zwei"-Schaltung besteht der Vektor der Eingangsvariablen aus den beiden Komponenten x_1 und x_2. Das Speichersignal ist im Allgemeinen auch ein Vektor, hier jedoch nur ein Skalar. Für die Gln.(3.12) ergibt sich also hier

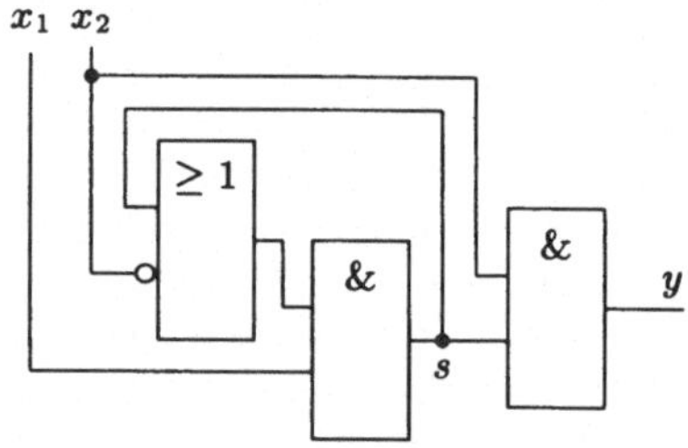

$$s = F(x_1,x_2;s) = x_1\cdot(\overline{x}_2 + s) \quad (3.13a)$$

und

$$y = G(x_2;s) = x_2\cdot s. \quad (3.13b)$$

Bild 3.5 *„Eins vor Zwei"-Schaltung*

Diese „Eins vor Zwei"-Schaltung dient zur Flankenanstiegsdetektion von x_2, allerdings wird die positive Flanke von x_2 nur dann detektiert, wenn x_1 *vorher* von 0 auf 1 gewechselt ist: Der Ausgang ist wegen Gl. (3.13b) immer 0, wenn x_2 Null ist. Geht man von dem Ausgangszustand $x_1 = x_2 = s = 0$ aus, so erkennt man, dass eine Änderung von s und damit des Ausgangs erst möglich wird, wenn x_1 von 0 auf 1 wechselt. Wenn x_1 0 bleibt und x_2 von 0 auf 1 oder umgekehrt wechselt, bleibt s unverändert Null. Hat x_1 dagegen seinen Wert von Null nach Eins geändert und bleibt auch auf diesem Wert, so wird der Ausgang genau dann Eins, wenn x_2 nun auch von Null nach Eins wechselt, und zwar so lange, wie $x_1 = x_2 = 1$ gilt. Wechselt hingegen x_2 *vor* x_1 von Null auf Eins, ist eine Veränderung von s von Null auf Eins wiederum nicht möglich.

Diese serielle Schaltung wird jedoch nur durch *beide Gln. (3.13) zusammen* richtig beschrieben. Wird Gl. (3.13a) in Gl. (3.13b) eingesetzt, entsteht ein Informationsverlust, da ohne Gl. (3.13a) der Speicher s nicht erklärt ist, er wurde gewissermaßen „herausgekürzt" und es wird nicht mehr die gesamte Schaltung beschrieben:

$$y = x_2\cdot s \neq x_2\cdot x_1\cdot(\overline{x}_2 + s) = x_2x_1\overline{x}_2 + x_2x_1s = 0 + x_2x_1s = x_2x_1s. \qquad \square$$

3.2.2 Huffman-Verfahren zur Analyse und Synthese

Bei dem von D.A. HUFFMAN entwickelten Verfahren (s. [Huf54], [Huf55]) wird zur Analyse von sequentiellen Schaltungen der Wirkungskreis des Automatenmodells aufgeschnitten und das Verhalten des offenen und damit nur noch kombinatorischen Restsystems wird betrachtet (s. Bild 3.6). Diese Vorgehensweise ist ähnlich wie in der Regelungstechnik, wo man beispielsweise zur Analyse der Stabilität eines geschlossenen Regelkreises diesen auftrennt und die Übertragungsfunktion G_0 des *offenen* Regelkreises untersucht, woraus man dann Aussagen zur Stabilität des geschlossenen Regelkreises gewinnen kann.

Ein wesentlicher Vorteil des HUFFMAN-Verfahrens ist, dass es für Schaltungen beliebiger Dimension in gleicher Weise handhabbar ist. Dabei versteht man unter der *Dimension* einer Schaltung die Anzahl der Zustände, die zur Beschreibung einer Schaltung mindestens notwendig sind. So ist beispielsweise bei einer dreidimensionalen Schaltung nicht nur die aktuelle Eingangsbelegung zum Zeitpunkt k erforderlich, um den aktuellen Ausgang der Schaltung ermitteln zu können, sondern auch die vorhergehenden Eingangsbelegungen zum Zeitpunkt $k-1$ und $k-2$. Aus dieser Definition der Dimension folgt, dass kombinatorische Schaltungen *eindimensional* sind (allein durch die aktuelle Eingangsbelegung ist der Ausgang festgelegt), während sequentielle Schaltungen die Dimension zwei oder höher haben.

Bereits nach der *einfachen* Auftrennung liegt keine speichernde oder sequentielle Schaltung mehr vor. Für die Funktionen F und G gilt:

$$\boldsymbol{s} = F(\boldsymbol{x},\boldsymbol{s}') \tag{3.14a}$$

$$\boldsymbol{y} = G(\boldsymbol{x},\boldsymbol{s}). \tag{3.14b}$$

G ist also bereits jetzt eine *kombinatorische* Schaltung mit den beiden Eingangsvektoren $\boldsymbol{x}$ und $\boldsymbol{s}$. Allerdings ist der Vektor $\boldsymbol{s}$ nicht von $\boldsymbol{x}$ unabhängig. Daher erreicht man die Unabhängigkeit der Eingangsbelegungen $\boldsymbol{s}$ und $\boldsymbol{x}$ für die Funktion G, was eine ganz allgemeine Annahme bei kombinatorischen Schaltungen ist, erst nach der *doppelten* Auftrennung:

$$\boldsymbol{s} = F(\boldsymbol{x},\boldsymbol{s}') \tag{3.15a}$$

$$\boldsymbol{y} = G(\boldsymbol{x},\boldsymbol{s}'). \tag{3.15b}$$

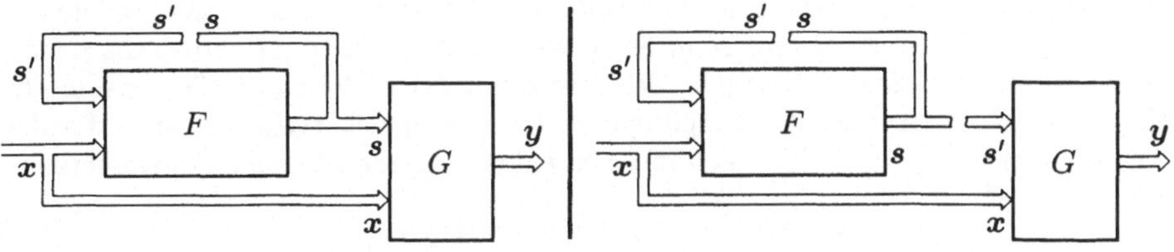

Bild 3.6 *Einfach aufgetrenntes Modell (links) und zweifach aufgetrenntes Modell (rechts)*

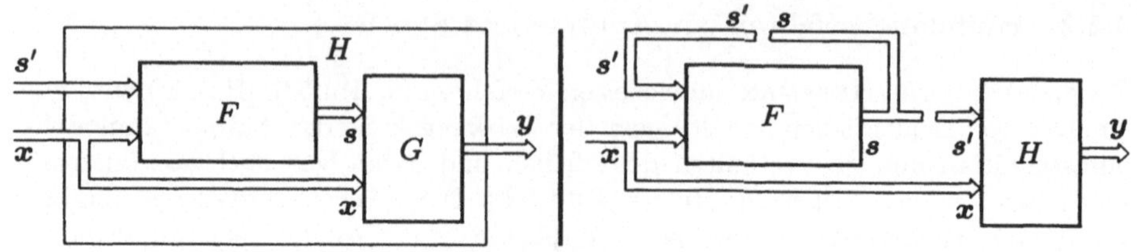

Bild 3.7 *Darstellung von Gl. (3.17) (links) sowie Verwendung der Ersatzausgangsfunktion H im einfach aufgetrennten Modell (rechts)*

Nunmehr ist eine Analyse der kombinatorischen Schaltfunktionen F und G möglich. Die Beschreibung des Gesamtverhaltens der sequentiellen Schaltung ergibt sich jedoch erst zusammen mit der *Schließbedingung*

$$s' = s, \tag{3.16}$$

da dem Eingangsvektor s' der Funktion G ja ein viel größerer Freiheitsgrad eingeräumt wurde, als er in s tatsächlich besitzt.

Setzt man Gl. (3.16) in Gl. (3.15b) ein, so ergibt sich das Gleichungssystem (3.14) des einfach aufgetrennten Modells. Setzt man hingegen Gl. (3.14a) in Gl. (3.14b) ein, so erhält man

$$y = G(x,s) = G(x,F(x,s')) = H(x,s'). \tag{3.17}$$

Dabei bezeichnet man $H(x,s')$ als die sogenannte *Ersatzausgangsfunktion*, diese im Bild 3.7 dargestellte *kombinatorische* Schaltung beschreibt also das Verhalten der Ausgangsfunktion G innerhalb der sequentiellen Gesamtschaltung, da, wie bereits oben erwähnt, bei einer gegebenen Belegung des Eingangsvektors x bestimmte Belegungen von s gar nicht vorkommen können.

Die zusätzlichen Freiheitsgrade, die man dadurch beim Aufstellen von G hat, kann man bei der Synthese von Schaltungen zur Schaltungsminimierung sowie zur Vermeidung von Hazards nutzen. Man kann dadurch, wie später noch gezeigt werden wird, auch eine schnellere Umschaltung des Ausgangs y der sequentiellen Schaltung erreichen.

Zur Analyse einer Schaltung mit Hilfe des HUFFMAN-Verfahrens empfiehlt es sich, die Funktionen F, G und H in Form von KARNAUGH-Diagrammen darzustellen, da es sich um kombinatorische Schaltungen handelt. Wenn die Dimension des Eingangsvektors (Anzahl der Eingänge) n, die des Speichervektors l und die des Ausgangsvektors m ist, ergibt sich mit den entsprechenden Dezimaläquivalenten

$$\begin{aligned} j(x_i) &\in 0,1,\ldots,2^n - 1, \qquad 1 \leq i \leq n \\ j(s_p) &\in 0,1,\ldots,2^l - 1, \qquad 1 \leq p \leq l \\ j(y_q) &\in 0,1,\ldots,2^m - 1, \qquad 1 \leq q \leq m \end{aligned}$$

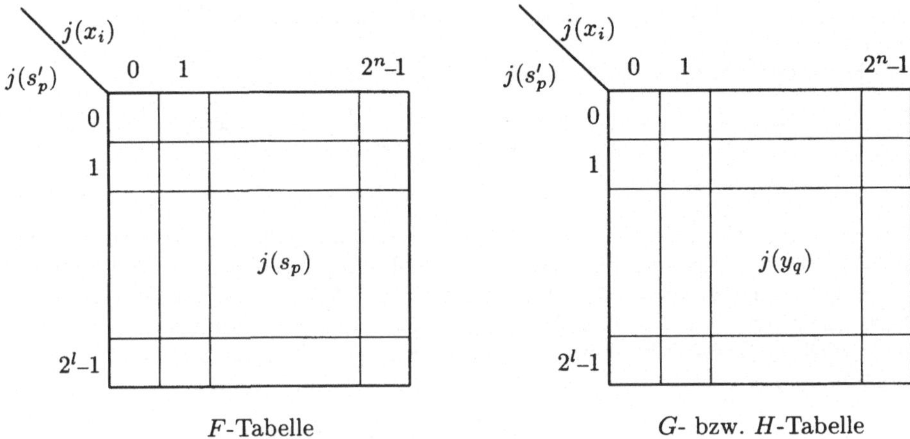

Bild 3.8 *Aufbau der F- sowie der G- bzw. H-Tabelle bei der Analyse nach dem* HUFFMAN-*Verfahren*

die im Bild 3.8 dargestellte F- bzw. G-Tabelle. Die H-Tabelle besitzt dabei den gleichen Aufbau wie die G-Tabelle. Zu beachten ist, dass die F-Tabelle oder Überführungstabelle insgesamt l KARNAUGH-Diagramme gleichzeitig enthält.

Beispiel 3.4

Die im Bild 3.9 angegebene Schaltung soll nun mit Hilfe des HUFFMAN-Verfahrens analysiert werden. Zum Aufstellen der Überführungstabelle sind die Rückführungen aufzutrennen, es müssen also die Schnitte ① und ② vorgenommen werden. Um dagegen die G-Tabelle bilden zu können, ist bereits Schnitt ③ ausreichend. Anschließend

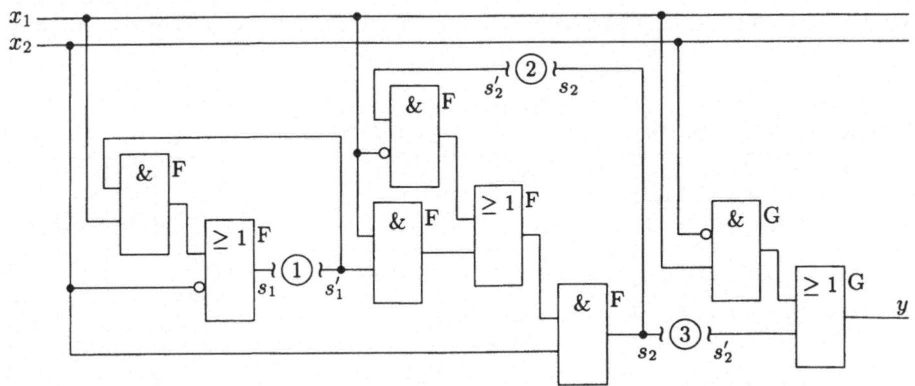

Bild 3.9 *Schaltung für das Beispiel 3.4 zur Analyse nach dem* HUFFMAN-*Verfahren*

kann eingezeichnet werden (s. Bild), welche Verknüpfungen zur F-Tabelle und welche zur G-Tabelle gehören.

Für diese Schaltung ergeben sich die beiden Gleichungen

$$s = F(\boldsymbol{x},\boldsymbol{s}') = \begin{bmatrix} s_1 \\ s_2 \end{bmatrix} = \begin{bmatrix} \overline{x}_2 + x_1 s_1' \\ x_1 x_2 s_1' + \overline{x}_1 x_2 s_2' \end{bmatrix} = \begin{bmatrix} \overline{x}_2 + x_1 s_1' \\ (x_1 s_1' + \overline{x}_1 s_2') x_2 \end{bmatrix} \quad (3.18a)$$

$$y = G(\boldsymbol{x},\boldsymbol{s}') = x_1 \overline{x}_2 + s_2'. \quad (3.18b)$$

Die zugehörige F- und G-Tabelle ist im Bild 3.10 dargestellt. Die sogenannten ***stabilen*** Zustände – das sind für jede Eingangsbelegung diejenigen Zustände, für die $\boldsymbol{s} = \boldsymbol{s}'$ gilt (s. hierzu auch den folgenden Abschnitt 3.2.2.1) – sind dabei durch einen Kreis gekennzeichnet. Die H-Tabelle ergibt sich durch Anwendung von Gl. (3.17). Dazu wird die Schließbedingung $s_2' = s_2$ für Schnitt ③ angewendet und die Beziehung für s_2 aus Gl. (3.18a) in Gl. (3.18b) eingesetzt. Man erhält

$$y = H(\boldsymbol{x},\boldsymbol{s}') = x_1 \overline{x}_2 + x_1 x_2 s_1' + \overline{x}_1 x_2 s_2'. \quad (3.19)$$

Bei der H-Tabelle wird berücksichtigt, bei welchen Eingangsbelegungen die Speichervariable s_2', die in Gl. (3.18b) disjunktiv mit dem Term $x_1 \overline{x}_2$ verknüpft wird, im nicht aufgetrennten Zustand überhaupt 1 wird. Die Funktion H beschreibt also, wie bereits erwähnt, das Verhalten der Ausgangsfunktion G innerhalb der sequentiellen Gesamtschaltung. Unterschiede zwischen der G- und der H-Tabelle können also nur dort auftreten, wo die ***Speicher*** eingehen. Die G-Tabelle kann dort anders sein als die H-Tabelle (letztere berücksichtigt, dass bestimmte Belegungen von $\boldsymbol{s}$ für bestimmte Eingangsbelegungen nicht vorkommen). Dabei fällt auf, dass solche Unterschiede aber nur die ***instabilen*** Zustände betreffen (und auch nur diese betreffen dürfen). Im Bild 3.10 sind diese Unterschiede in der H-Tabelle durch eckige Umrahmungen gekennzeichnet.

Wie man bei der Synthese die G-Tabelle für die instabilen Zustände wählt, ist für das Funktionieren des Automaten ohne Belang. Bei der hier vorliegenden Schaltung kam es offensichtlich bei der Ausgabefunktion auf eine möglichst einfache Realisierung (→ Schaltungsminimierung) an. Will man dagegen erreichen, dass

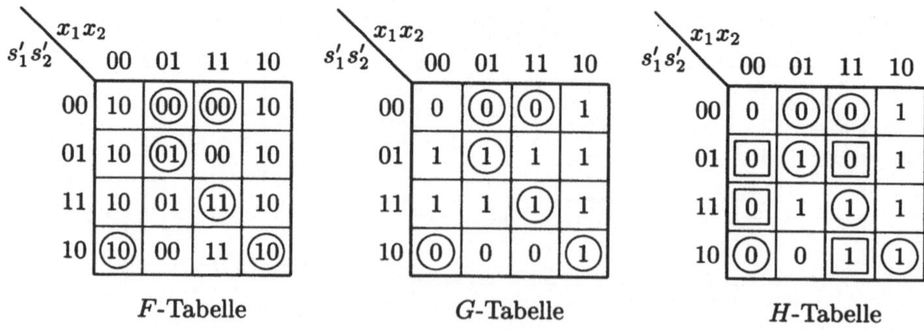

$s_1's_2'$ \ x_1x_2	00	01	11	10
00	10	00	00	10
01	10	01	00	10
11	10	01	11	10
10	10	00	11	10

F-Tabelle

$s_1's_2'$ \ x_1x_2	00	01	11	10
00	0	0	0	1
01	1	1	1	1
11	1	1	1	1
10	0	0	0	1

G-Tabelle

$s_1's_2'$ \ x_1x_2	00	01	11	10
00	0	0	0	1
01	0	1	0	1
11	0	1	1	1
10	0	0	1	1

H-Tabelle

Bild 3.10 *Aufbau der F-, G- und H-Tabelle für das Beispiel 3.4 aus Bild 3.9*

der Automat sehr schnell reagiert, so dass bei einem Wechsel der Eingangsbelegung, also einem Wechsel der Spalte, der Ausgang sofort den Wert annimmt, den er auch nach Erreichen des stabilen Endzustandes aufweisen wird, ist die Ausgabefunktion gemäß der H-Tabelle zu realisieren. Das Gleiche gilt, wenn der Automat keine Hazards am Ausgang aufweisen soll, d.h. bei einem Wechsel der Eingangsbelegung tritt zwischendurch kein Peak am Ausgang auf, wenn der Wert des Ausgangs für den zu erreichenden stabilen Endzustand gleich bleibt. □

3.2.2.1 Autonomes Verhalten sequentieller Schaltungen

Die Überführungstabelle gibt für jeden Schaltzustand $j(s'_p)$ und jede Eingangsbelegung $j(x_i)$ den Folgezustand des Speichers $j(s_p)$ an. Unter dem autonomen Verhalten eines Automaten versteht man das Verhalten seiner inneren Speicher, wenn bei einer beliebigen, aber konstant anliegenden Eingangsbelegung das zunächst offene System geschlossen wird. Dies bedeutet, dass man die *Spalten* der den Automaten beschreibenden Tabellen untersuchen muss. Ein Schaltzustand ist dabei ***stabil***, wenn $j(s'_p) = j(s_p)$ gilt, wenn also – für eine bestimmte Eingangsbelegung – die inneren Speicher des Automaten sich nicht verändern, oder anders formuliert, wenn für die hervorgerufene Speicherbelegung die Schließbedingung bereits erfüllt ist. Zur Verdeutlichung kennzeichnet man in der F-Tabelle solche stabilen Zustände durch einen Kreis ○, während ein instabiler Zustand durch einen Punkt ● dargestellt und außerdem durch einen Pfeil der jeweilige Folgezustand angegeben wird.

Für die sequentielle Schaltung aus Bild 3.9, deren F-Tabelle im Bild 3.10 angegeben ist, ergibt sich daher das im Bild 3.11 dargestellte autonome Verhalten.

Beim autonomen Verhalten einer Schaltung können nun zwei unangenehme Fehlschaltungen auftreten, nämlich ein *Schwingungszustand* oder sogenannte *Wettlauferscheinungen.* Von einem Schwingungszustand spricht man dann, wenn sich für eine bestimmte Eingangsbelegung ein Zyklus ergibt, also kein stabiler Endzustand erreicht werden kann. Im Bild 3.12 ist der einfachste Fall einer Schaltung dargestellt, die zu einem solchen Schwingungszustand führt. Das Auftreten solcher Schwingungszustände muss natürlich unbedingt vermieden werden.

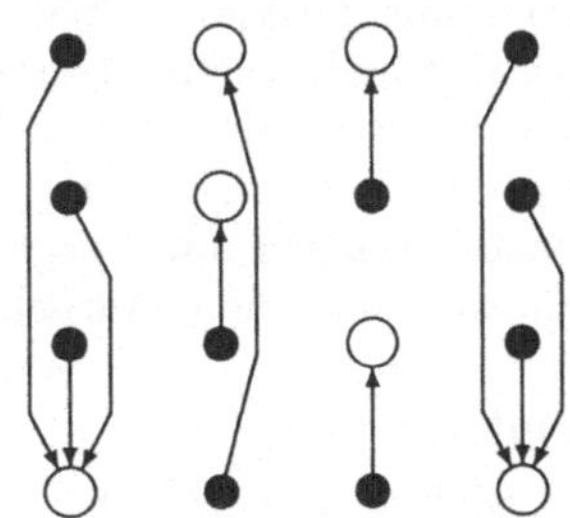

Bild 3.11 *Autonomes Verhalten der sequentiellen Schaltung aus Bild 3.9*

Wettläufe sind nur für asynchrone (nicht getaktete) sequentielle Schaltungen relevant. Wettlauferscheinungen sind möglich, wenn sich bei einem Zustandsübergang *mehrere* Speichersignale *gleichzeitig* ändern: Wegen unterschiedlich großer Signallaufzeiten können sich dann falsche Folgezustände ergeben. Ist dabei mehr als ein stabiler Endzustand erreichbar, spricht man von einem *kritischen* Wettlauf, sonst handelt es sich um einen sogenannten *unkritischen* Wettlauf. Kritische Wettläufe

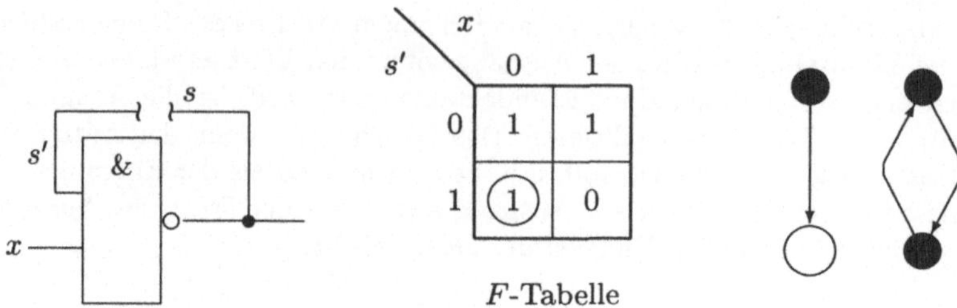

Bild 3.12 *Einfache schwingungsfähige Schaltung*

müssen – wie Schwingungszustände – unbedingt vermieden werden. Unkritische Wettläufe haben keine Auswirkungen auf das Folgeverhalten des Automaten, allerdings ist es möglich, dass am Ausgang der Schaltung Hazards auftreten, was man durch Analyse der H-Tabelle ermitteln kann.

Kritische Wettläufe können nur auftreten, wenn es in einer Spalte der Überführungstabelle zwei oder mehr stabile Zustände gibt. Zu unkritischen Wettläufen kommt es dagegen meist dann, wenn bei zwei oder mehr Speichervariablen nur ein stabiler Zustand pro Spalte existiert.

Beispiel 3.5

Es wird erneut die Schaltung aus Beispiel 3.4 (s. Bild 3.9) betrachtet. Hier enthalten die erste und die vierte Spalte nur einen stabilen Zustand, folglich treten dort auch unkritische Wettläufe auf (s. Bild 3.13), die aber bei der hier realisierten Ausgabefunktion keinen Hazard am Ausgang verursachen, mithin also „ungefährlich“ sind. □

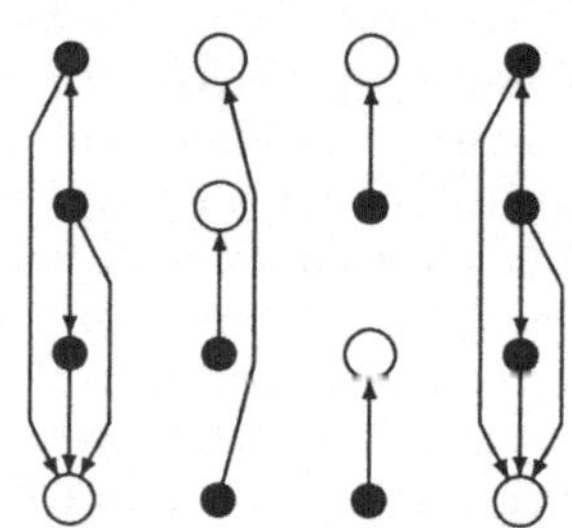

Bild 3.13 *Unkritische Wettläufe bei der sequentiellen Schaltung aus Bild 3.9*

Beispiel 3.6

Die im Bild 3.14 gegebene F-Tabelle soll untersucht werden. Dort tritt allerdings in der ersten Spalte ein kritischer Wettlauf auf: Der Folgezustand von $s_1's_2' = 01$ ist $s_1s_2 = 10$ (zwei Speichervariablen ändern sich), und je nachdem, welches Speichersignal sich zuerst ändert (das erste von 0 auf 1 oder das zweite von 1 auf 0) wird entweder der richtige Endzustand 11 oder der falsche Endzustand 00 erreicht. Da die zweite und die dritte Spalte jeweils nur einen stabilen Endzustand besitzen, tritt dort entsprechend ein unkritischer Wettlauf auf. Ob dadurch Hazards am Ausgang entstehen, kann man allein aus der F-Tabelle allerdings nicht erkennen. □

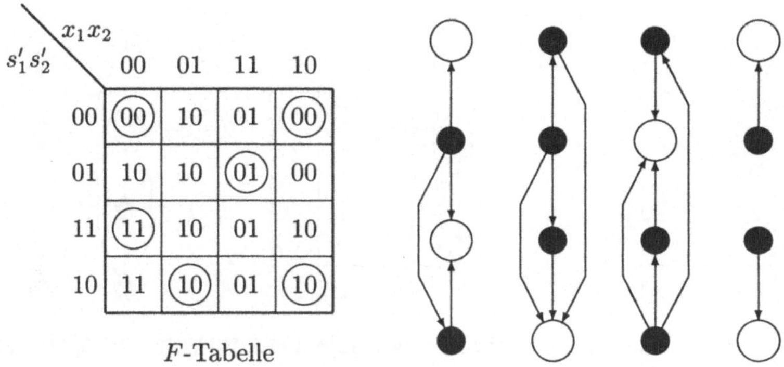

$s_1's_2'$ \ x_1x_2	00	01	11	10
00	(00)	10	01	(00)
01	10	10	(01)	00
11	(11)	10	01	10
10	11	(10)	01	(10)

F-Tabelle

Bild 3.14 *Analyse einer gegebenen F-Tabelle auf Wettläufe*

Beispiel 3.7

Im Bild 3.15 ist eine Schützschaltung angegeben, die auf Wettläufe hin analysiert werden soll.

Wie man aus der Schaltung leicht entnehmen kann, wird sie durch die drei Gleichungen

$$\begin{aligned} s_1 &= (x_1\overline{s}_2' + s_1')\overline{x}_2 \\ s_2 &= \overline{x}_1(x_2 s_1' + s_2') \\ y &= s_2' \end{aligned}$$

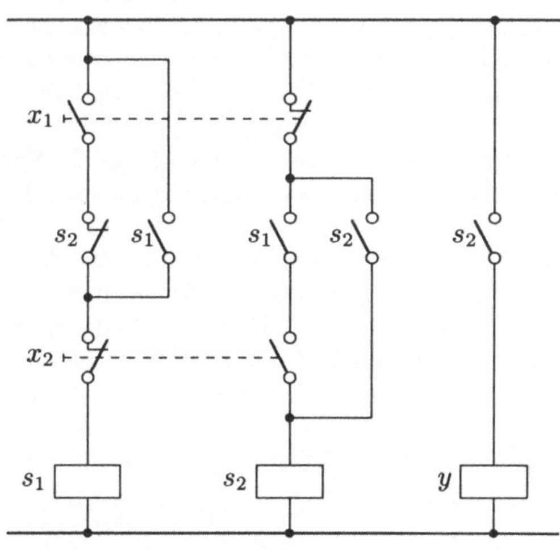

Bild 3.15 *Gegebene Schützschaltung*

beschrieben. Daraus ergeben sich die im Bild 3.16 dargestellten Tabellen mit dem zugehörigen autonomen Verhalten der Schaltung. Wie man aus dem autonomen Verhalten der Schaltung erkennen kann, ergibt sich für die zweite Spalte ein unerwünschter kritischer Wettlauf sowie ein unkritischer Wettlauf in der dritten Spalte. Andererseits ist die Schaltung hazardfrei. Zur Verdeutlichung, wie durch einen unkritischen Wettlauf ein Hazard entstehen kann, sei einmal angenommen, dass in der *G*-Tabelle in der dritten Zeile und der dritten Spalte statt der 1 eine 0 stünde. Wäre nun die Belegung der beiden Speichervariablen 11 und die der Eingänge 00 (d.h. nach der *F*-Tabelle befindet sich die Schaltung in der 3. Zeile und der 1. Spalte) und die Eingangsbelegung wechselt nach 11, so würde am Ausgang ein kurzzeitiger Hazard entstehen, wenn die Schaltung aufgrund des unkritischen Wettlaufs den stabilen Endzustand 00 über die Speicherbelegungen 11 (→ Ausgang 0), 01 (→ Ausgang wieder 1) und schließlich 00 (→ endgültiger Wert des Ausgangs ist wieder 0) erreicht.

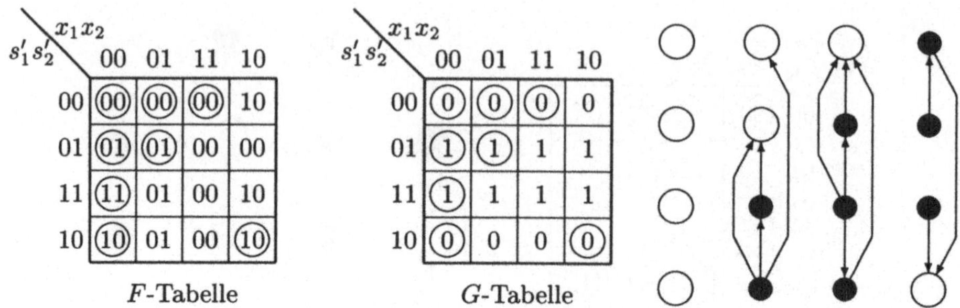

$s_1's_2'$ \ x_1x_2	00	01	11	10
00	(00)	(00)	(00)	10
01	(01)	(01)	00	00
11	(11)	01	00	10
10	(10)	01	00	(10)

F-Tabelle

$s_1's_2'$ \ x_1x_2	00	01	11	10
00	(0)	(0)	(0)	0
01	(1)	(1)	1	1
11	(1)	1	1	1
10	(0)	0	0	(0)

G-Tabelle

Bild 3.16 *Aufbau der F- und G-Tabelle sowie autonomes Verhalten der Schützschaltung aus Bild 3.15*

Bei einer genauen Betrachtung des autonomen Verhaltens der Schaltung fällt in der 4. Spalte auf, dass in der 2. Zeile auf einen Folgezustand verwiesen wird (00), der selbst nicht stabil ist und auf den Endzustand 10 führt. Allerdings wird dadurch ein unkritischer Wettlauf vermieden (der sonst unvermeidlich wäre, da es in dieser 4. Spalte nur einen stabilen Zustand gibt) und der Weg, über den der Zustand 01 in den Endzustand 10 überführt wird, ist eindeutig festgelegt.

Um den kritischen Wettlauf der 2. Spalte zu beheben, wird die *F*-Tabelle zunächst dahingehend geändert, dass statt einer genauen Festlegung der Speichervariablen s_1 und s_2 einfach die mit Hilfe der zwei Speichervariablen maximal möglichen vier Zustände der Reihe nach von 0 bis 3 durchnummeriert werden. Anschließend versucht man, durch eine andere Kodierung oder Zuordnung der Speichervariablen zu den Zuständen den kritischen Wettlauf zu eliminieren. Hierzu werden beispielsweise, wie im Bild 3.17 dargestellt, die Zustände 1 und 3 vertauscht. Dabei geht man so vor, dass zunächst die beiden entsprechenden Zeilen vertauscht werden (Schritt a) und dann die Ziffern 1 und 3 in der gesamten *F*-Tabelle jeweils vertauscht werden (Schritt b). Anschließend kann man die durchnummerierten Zustände wieder den

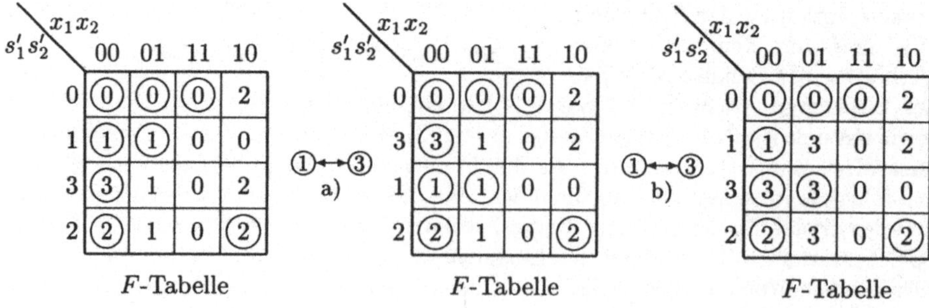

$s_1's_2'$ \ x_1x_2	00	01	11	10
0	(0)	(0)	(0)	2
1	(1)	(1)	0	0
3	(3)	1	0	2
2	(2)	1	0	(2)

F-Tabelle

$s_1's_2'$ \ x_1x_2	00	01	11	10
0	(0)	(0)	(0)	2
3	(3)	1	0	2
1	(1)	(1)	0	0
2	(2)	1	0	(2)

F-Tabelle

$s_1's_2'$ \ x_1x_2	00	01	11	10
0	(0)	(0)	(0)	2
1	(1)	3	0	2
3	(3)	(3)	0	0
2	(2)	3	0	(2)

F-Tabelle

Bild 3.17 *Umkodierung der Speichervariablen zur Elimination des kritischen Wettlaufs bei der Schützschaltung aus Bild 3.15*

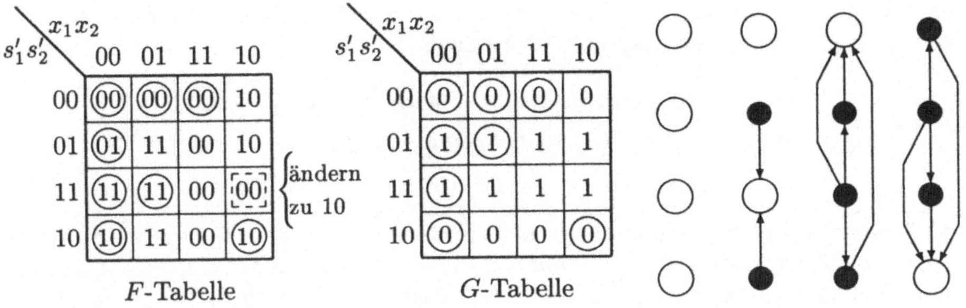

F-Tabelle

$s_1's_2'$ \ x_1x_2	00	01	11	10
00	(00)	(00)	(00)	10
01	(01)	11	00	10
11	(11)	(11)	00	00
10	(10)	11	00	(10)

G-Tabelle

$s_1's_2'$ \ x_1x_2	00	01	11	10
00	(0)	(0)	(0)	0
01	(1)	(1)	1	1
11	(1)	1	1	1
10	(0)	0	0	(0)

Bild 3.18 *Aufbau der F- und G-Tabelle sowie autonomes Verhalten der modifizierten Schaltung*

Speichervariablen s_1 und s_2 zuordnen. Damit ergibt sich die im Bild 3.18 angegebene F-Tabelle. Hier fällt allerdings in der 4. Spalte nun auf, dass an zwei Stellen, in der 2. und in der 3. Zeile, sich jeweils zwei Speichervariablen ändern. Dadurch kann sich, bei ungünstigen Unterschieden in den Signallaufzeiten, sogar ein Schwingungszustand ergeben. Da es für diese Eingangsbelegung allerdings ohnehin nur einen stabilen Zustand (10) gibt, ist es sinnvoll, den Eintrag in der dritten Zeile von 00 nach 10 abzuändern. Das sich für diese F-Tabelle ergebende autonome Verhalten der Schaltung ist ebenfalls im Bild 3.18 dargestellt. Wie man sieht, ist die Schaltung nun wettlauf- und nach wie vor hazardfrei.

Die G-Tabelle bleibt von der veränderten Kodierung der Speichervariablen un-

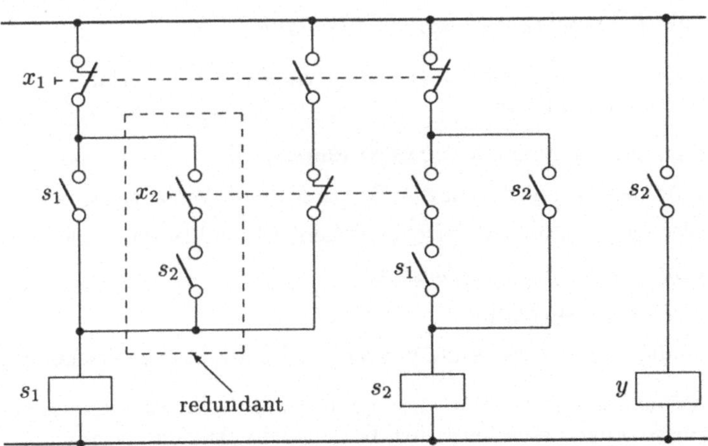

Bild 3.19 *Modifizierte Schützschaltung entsprechend der F-Tabelle aus Bild 3.18*

berührt, da der Ausgang sowohl für die 2. als auch für die 3. Zeile stets 1 ist. Die Schaltung wird nunmehr durch die Gleichungen

$$\begin{aligned} s_1 &= \overline{x}_1 s_1' + x_1\overline{x}_2 + \overline{x}_1 x_2 s_2' = \overline{x}_1(s_1' + x_2 s_2') + x_1\overline{x}_2 \\ s_2 &= \overline{x}_1 s_2' + \overline{x}_1 x_2 s_1' = \overline{x}_1(x_2 s_1' + s_2') \\ y &= s_2' \end{aligned}$$

beschrieben. Bild 3.2.2.1 zeigt die nach diesen Gleichungen abgeänderte modifizierte Schützschaltung. Hierbei ist zu erwähnen, dass der Zustand $s_1 = 0$, $s_2 = 1$ nur für die Eingangsbelegung $x_1 = 0$, $x_2 = 0$ (beide Taster jeweils nicht betätigt) stabil ist. Man kann jedoch durch keine Eingangsbelegung von irgend einem anderen Zustand aus in diesen Zustand 01 hinkommen, und man braucht sich insofern keine Gedanken zu machen, auf welchen Folgezustand die Felder in der 2. Zeile verweisen. Da der nach dem Einschalten der Anlage angenommene Ausgangszustand $s_1 = 0$, $s_2 = 0$ stabil ist, ist dieser Zustand für das Funktionieren der sequentiellen Schaltung nicht notwendig. Darum kann der im Bild 3.2.2.1 gekennzeichnete Zweig weggelassen werden: Bei der Realisierung der F-Tabelle war genau dieser Zweig zur Abdeckung von $\overline{x}_1 x_2 s_2'$ für die Speichervariable s_1 und damit zum Erzeugen einer 1 in der 2. Zeile und 2. Spalte notwendig, während für s_2 die 1 in diesem Feld durch den sowieso benötigten Term $\overline{x}_1 s_2'$ zufällig mit abgedeckt wird.

Eine ganz andere Möglichkeit, den kritischen Wettlauf zu vermeiden, wäre es natürlich gewesen, in der Schützschaltung aus Bild 3.15 an den entsprechenden Stellen statt der „normalen“ Öffner bzw. Schließer solche mit Überschneidung zu verwenden. □

3.2.2.2 Synthese sequentieller Schaltungen

Die Synthese sequentieller Schaltungen nach dem HUFFMAN-Verfahren vollzieht sich nach den folgenden Schritten:

1. Aufstellen der sogenannten *einfachen Flusstabelle*
2. Reduktion der Anzahl der inneren Speicher durch Verschmelzung
3. Aufstellen der vorläufigen (verschmolzenen) Überführungstabelle
4. Wettlauffreie Kodierung der Zustände
5. Aufstellen der Ausgabetabelle
6. Bestimmung der hieraus resultierenden kombinatorischen Gleichungen.

Zur Verdeutlichung der einzelnen Schritte soll die Synthese nach dem HUFFMAN-Verfahren anhand eines einfachen Beispiels durchgeführt werden.

Beispiel 3.8

Ein D-Latch soll mit Hilfe des Verfahrens realisiert werden.

Hierbei ist zunächst festzulegen, wie dieses D-Latch mit den beiden Eingängen (D-Eingang sowie Takteingang) funktionieren soll:

- Ein Wechsel des Ausgangs soll nur möglich sein bei einer positiven Flanke des Taktsignals, allerdings nur dann, wenn sich der D-Eingang nicht *gleichzeitig* mit der positiven Flanke des Taktsignals ändert.
- Der Ausgang soll dem D-Eingang folgen, mithin liegt am Ausgang für die Dauer eines Taktes immer ein konstantes Signal an.

Die Flusstabelle (Schritt 1) ergibt sich jeweils aus dieser Aufgabenstellung und gibt an, wie man von einem Zustand zum nächsten kommt. Deswegen zeichnet man meist auch den *Weg* ein, den die sequentielle Schaltung nimmt. Dabei spielt die Wahl der Nummern keine Rolle, üblicherweise wird einfach von oben nach unten durchnummeriert. Die stabilen Schaltzustände werden, wie gewohnt, durch Kreise gekennzeichnet. Für jede Zeile (Zustand) muss es wenigstens eine Eingangsbelegung geben, für die dieser Zustand stabil ist. Da jedem Zustand immer genau eine Zeile entspricht, wird außerdem in jeder Zeile die diesem Zustand zugehörige Ausgangsbelegung $j(y_q)$ angegeben. Für die oben beschriebene Aufgabenstellung erhält man dann die im Bild 3.20 dargestellte einfache Flusstabelle.

Zustand	$\overline{D}\,\overline{T}$ 0 0	$\overline{D}T$ 0 1	$D\overline{T}$ 1 0	DT 1 1	$j(y_q)$
1	(1)	(1)	2	(1)	0
2	1	1	(2)	3	0
3	4	(3)	(3)	(3)	1
4	(4)	1	3	3	1

Bild 3.20 *Einfache Flusstabelle für ein D-Latch*

Im Ausgangszustand ist der Ausgang Null. Solange der D-Eingang Null ist, bleibt die Schaltung in diesem Zustand. Das Gleiche gilt, wenn beide Eingänge *gleichzeitig* von 0 nach 1 wechseln. In den Zustand 2 kommt man nur, wenn der D-Eingang von 0 nach 1 wechselt, während gleichzeitig das Taktsignal noch 0 bleibt. In diesem Zustand 2 ist der Ausgang nach wie vor Null. Wechselt nun jedoch das Taktsignal von 0 nach 1 (positive Flanke), während gleichzeitig der D-Eingang nach wie vor 1 bleibt, kommt man in den dritten Zustand, in dem das Ausgangssignal von 0 nach 1 wechselt. Fällt allerdings der D-Eingang wieder ab, bevor das Taktsignal kommt oder auch gleichzeitig mit diesem, geht die Schaltung wieder nach Zustand 1 zurück.

Der dritte Zustand ist analog zum ersten: Man kann ihn nur verlassen und zum vierten Zustand gelangen, wenn der D-Eingang wieder auf Null wechselt, jedoch das Taktsignal *nicht* anliegt. Vom vierten Zustand kommt man wieder in den Ausgangszustand, wenn der D-Eingang Null bleibt und das Taktsignal wieder eine positive Flanke hat, also von Null nach Eins wechselt. Wechselt der D-Eingang dagegen wieder nach Eins, wird erneut in den dritten Zustand zurückgeschaltet.

Damit ist der Zyklus für diese sequentielle Schaltung beendet. Insgesamt wurden vier Zustände benötigt, so dass zwei Speichervariablen s_1 und s_2 zur Realisierung der Schaltung ausreichen. Eine Verschmelzung von Zuständen und damit eine Reduktion der Anzahl der inneren Speicher (Schritt 2) ist bei dieser Schaltung nicht möglich.

Das sähe anders aus, wenn man jeweils erlauben würde, dass sich der Ausgang bereits dann ändert, wenn (im Zustand 1) D- und T-Eingang 1 sind bzw. (im Zustand 3) der D-Eingang Null und der T-Eingang 1 ist. Damit würde das D-Latch auch funktionieren, allerdings wäre nicht mehr sichergestellt, dass der Ausgang sich *nur* bei einer positiven Flanke des T-Eingangs ändern kann. Wird das D-Latch nämlich auf diese Weise realisiert, wirken sich für den Fall, dass der T-Eingang 1 ist, Änderungen des D-Eingangs sofort auf den Ausgang aus. Es ergäbe sich die Flusstabelle nach Bild 3.21 a). Bei dieser Flusstabelle kann man die Zustände 1 und 2 sowie 3 und 4 zusammenfassen. Als Ergebnis erhält man die im Bild 3.21 b) dargestellte Flusstabelle. Die entsprechende Schaltung käme mit zwei Zuständen aus und benötigte dann auch nur *eine* Speichervariable s_1.

(a)

Zustand	$\overline{D}\,\overline{T}$ 0 0	$\overline{D}T$ 0 1	$D\overline{T}$ 1 0	DT 1 1	$j(y_q)$
1	(1)	(1)	2	3	0
2	1	1	(2)	3	0
3	4	1	(3)	(3)	1
4	(4)	1	3	3	1

(b)

Zustand	$\overline{D}\,\overline{T}$ 0 0	$\overline{D}T$ 0 1	$D\overline{T}$ 1 0	DT 1 1	$j(y_q)$
1	(1)	(1)	(1)	2	0
2	(2)	1	(2)	(2)	1

Bild 3.21 *Einfache Flusstabellen für ein vereinfachtes D-Latch, (a) vor und (b) nach der Zusammenfassung von Zuständen*

Bild 3.22 zeigt nun die für das D-Latch mit der einfachen Flusstabelle nach Bild 3.20 sich ergebende vorläufige Überführungstabelle sowie die G-Tabelle, in die aber nur der Wert des Ausgangs für die stabilen Zustände eingetragen wurde.

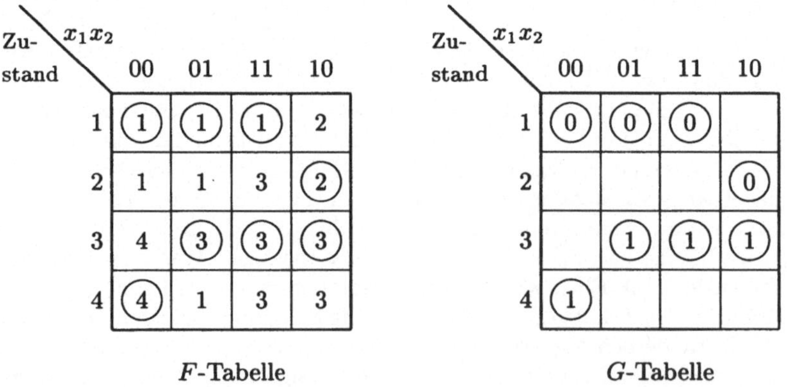

Zustand \ x_1x_2	00	01	11	10
1	(1)	(1)	(1)	2
2	1	1	3	(2)
3	4	(3)	(3)	(3)
4	(4)	1	3	3

F-Tabelle

Zustand \ x_1x_2	00	01	11	10
1	(0)	(0)	(0)	
2				(0)
3		(1)	(1)	(1)
4	(1)			

G-Tabelle

Bild 3.22 *Aufbau der F- und der G-Tabelle für die Flusstabelle aus Bild 3.20*

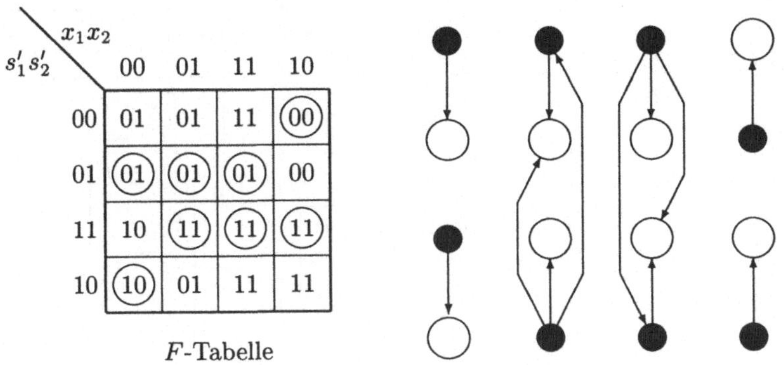

Bild 3.23 *1. Kodierungsversuch der Überführungstabelle aus Bild 3.22*

Diese Überführungstabelle muss nun in einem vierten Schritt wettlauffrei kodiert werden. In einem ersten Versuch wird der Zustand 1 der Speicherbelegung $\bar{s}'_1 s'_2$, Zustand 2 wird $\bar{s}'_1 \bar{s}'_2$, Zustand 3 $s'_1 s'_2$, und Zustand 4 $s'_1 \bar{s}'_2$ zugeordnet. Das Ergebnis zeigt Bild 3.23. Wie man erkennen kann, treten in den Spalten 2 und 3 jeweils kritische Wettläufe auf. Die vorgeschlagene Kodierung ist also für diese Schaltung ungeeignet.

In einem zweiten Versuch werden die Kodierungen der Zustände 1 und 2 vertauscht, d.h. der Zustand 1 wird der Speicherbelegung $\bar{s}'_1 \bar{s}'_2$, Zustand 2 wird $\bar{s}'_1 s'_2$ und den Zuständen 3 und 4 werden, wie im ersten Versuch die Speicherbelegungen $s'_1 s'_2$ bzw. $s'_1 \bar{s}'_2$ zugeordnet. Das Ergebnis ist, wie man Bild 3.24 entnehmen kann, ein wettlauffreies autonomes Verhalten der sequentiellen Schaltung.

Der vorletzte Schritt des Syntheseverfahrens besteht im Aufstellen der Ausgabetabelle. Wie bereits erwähnt, ist die Ausgabetabelle für die *stabilen* Zustände festgelegt, für die instabilen Zustände dagegen kann man die Tabelle im Prinzip beliebig ausfüllen und diese Freiheitsgrade z.B. zur Schaltungsminimierung nutzen.

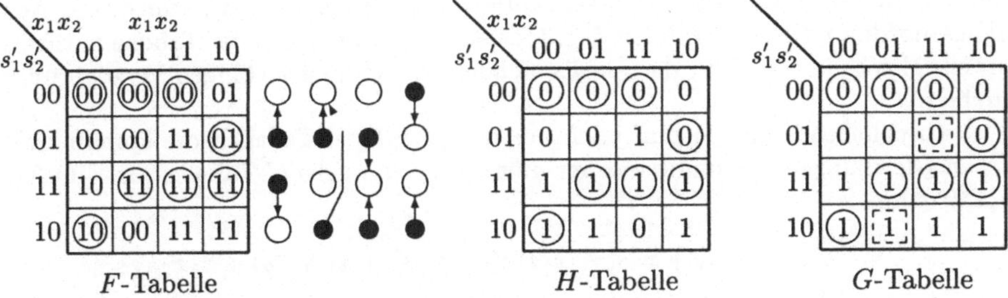

Bild 3.24 *2. Kodierungsversuch der Überführungstabelle aus Bild 3.22 sowie zugehörige H- und mögliche G-Tabelle*

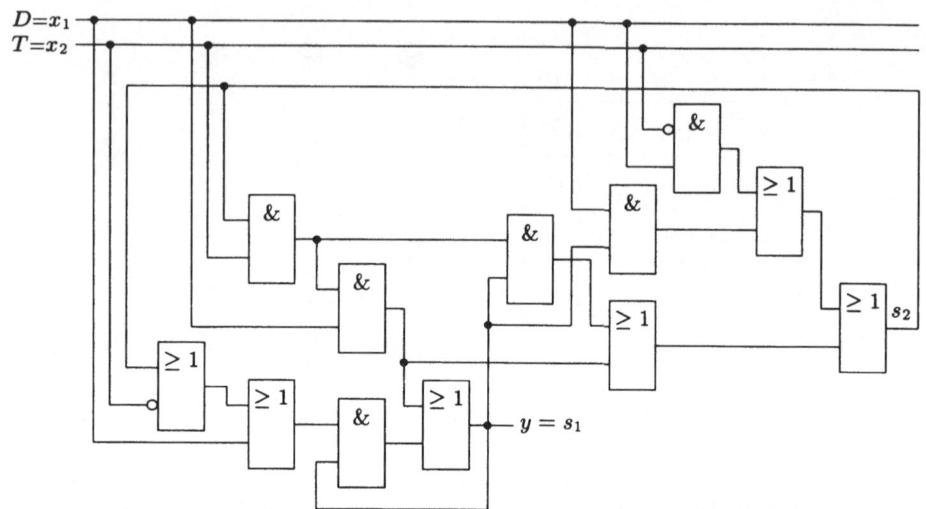

Bild 3.25 *Schaltung für das nach dem* HUFFMAN-*Verfahren entworfene D-Latch*

Die H-Tabelle allerdings ist mit der F-Tabelle und der Ausgangsbelegung für die jeweiligen Zustände ***eindeutig*** definiert. Man erhält sie, indem man die F-Tabelle nimmt und in den Feldern statt der dort angegebenen Zustände jeweils die zugehörige Ausgangsbelegung dieses Zustandes einträgt. Das Ergebnis ist ebenfalls im Bild 3.24 dargestellt.

Die G-Tabelle muss jedoch nur für die stabilen Zustände mit der H-Tabelle übereinstimmen. ***Eine*** mögliche Ausgabetabelle, die von der H-Tabelle an den zwei gekennzeichneten Stellen abweicht, ist im Bild 3.24 angegeben. Wie man unschwer erkennen kann, handelt es sich bei dieser G-Tabelle um die Möglichkeit mit dem geringsten Schaltungsaufwand. Die Schaltung ist außerdem auch hazardfrei.

Es ist allerdings nicht diejenige Lösung, bei der der Ausgang am schnellsten umschaltet. Soll dies Ziel erreicht werden, muss, wie man sich leicht klarmachen kann, die H-Tabelle und nicht die einfachere G-Tabelle schaltungstechnisch realisiert werden. ***Identisch*** verhalten sich sequentielle Schaltungen mit verschiedenen Ausgangszuordnern (für die stabilen Zustände sind die Einträge in der Tabelle natürlich jeweils gleich) ja nur unter der idealisierenden Annahme der völligen Verzögerungsfreiheit.

Abschließend müssen nun noch aus den jeweiligen Tabellen die kombinatorischen Gleichungen bestimmt werden. Für die F- bzw. die G-Tabelle aus Bild 3.24 erhält man

$$\begin{aligned} s_1 &= s_1's_2' + x_1s_1' + \overline{x}_2s_1' + x_1x_2s_2' = s_1'(s_2' + x_1 + \overline{x}_2) + x_1x_2s_2' \\ s_2 &= x_1\overline{x}_2 + x_1s_1' + x_1s_2' + x_2s_1's_2' = x_1\overline{x}_2 + x_1s_1' + x_1x_2s_2' + x_2s_1's_2' \\ y &= s_1'. \end{aligned}$$

Im Bild 3.25 ist eine Schaltung angegeben, die diese Gleichungen realisiert. □

Wie man an Beispiel 3.8 erkennt, hat das Syntheseverfahren nach HUFFMAN, so verblüffend einfach dessen Grundgedanke ist, auch Nachteile. Dies gilt insbesondere dann, wenn man ganz bestimmte Schaltungseigenschaften erreichen oder auch verändern will. Oft kann nämlich der Fall auftreten, dass eine bestimmte Kodierung zu einer zwar etwas umständlicheren Konstruktion der inneren Speicher führt, dafür jedoch die logischen Verknüpfungen zur Realisierung der Ausgabetabelle so einfach werden, dass insgesamt ein minimaler Aufwand an Schaltelementen erreicht wird. Soll die schaltungstechnische Realisierung also mit einer minimalen Anzahl von Gattern auskommen, bleibt nichts anderes übrig, als alle wettlauffreien Kodierungsmöglichkeiten durchzuprobieren. Hinzu kommt noch, dass bei umfangreichen Schaltungen bei der Umsetzung von Schritt 2 meist mehrere Möglichkeiten der Verschmelzung bestehen und im Vorfeld normalerweise nicht absehbar ist, welche davon die besten Ergebnisse liefert.

Der erste Kodierungsversuch erwies sich bei Beispiel 3.8 ja als Sackgasse, weil dadurch das autonome Verhalten der Schaltung zwei kritische Wettläufe aufwies. Es stellt sich daher die Frage, ob man nicht im Vorfeld bereits Kodierungen ausschließen kann, die zu kritischen Wettläufen führen. Es wäre ja sehr vorteilhaft, wenn man eine Kodierung statt aus der Menge aller möglichen Kodierungen aus einer (kleineren) Menge von Kodierungen auswählen könnte, die garantiert keine kritischen Wettläufe zur Folge haben.

Dazu bildet man aus der vorläufigen Überführungstabelle (Schritt 3 des HUFFMAN-Verfahrens) den sogenannten *Übergangsgraphen.* Für die im Bild 3.20 dargestellte Flusstabelle des D-Latches ergibt sich der im Bild 3.26 dargestellte Übergangsgraph. Er zeigt an, welche Zustände durch einen Wechsel der Eingangsbelegung ausgehend vom aktuellen Zustand erreichbar sind. Um kritische Wettläufe sicher zu vermeiden, darf sich bei dem jeweiligen Zustandsübergang nur jeweils *eine* Speichervariable ändern. Die zugehörige Tabelle mit allen möglichen Kodierungen, die kritische Wettläufe ausschließen, erhält man, indem man für Zustand 1 alle möglichen Kodierungen durchgeht. Wählt man zum Beispiel für Zustand 1 die Kodierung „00“, kann man, da sich der von 1 erreichbare Zustand 2 nur in einer Speichervariable unterscheiden darf, für Zustand 2 nur noch entweder die Kodierung „01“ oder „10“ wählen. Damit ist dann aber auch die Kodierung der Zustände 3 und 4 festgelegt. Für Beispiel 3.8 weisen also 8 der prinzipiell möglichen $(2^2)! = 4! = 24$ Kodierungen keine kritischen Wettläufe auf. Somit hat man mit Hilfe des Übergangsgraphen für Beispiel 3.8 bereits 75% aller Kodierungen von vornherein ausschließen können. Aus der Forderung, dass sich bei allen möglichen Übergängen

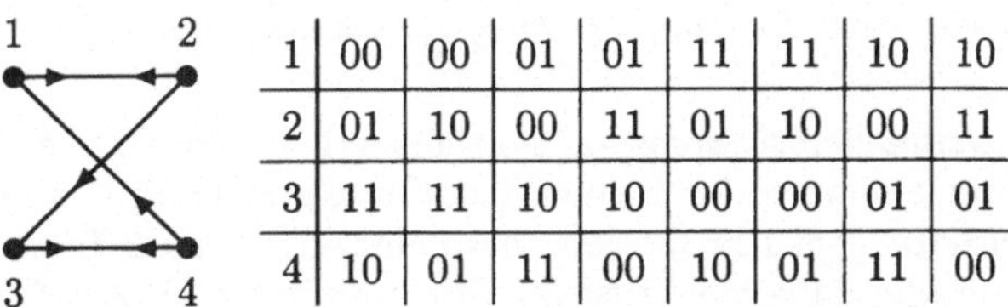

1	00	00	01	01	11	11	10	10
2	01	10	00	11	01	10	00	11
3	11	11	10	10	00	00	01	01
4	10	01	11	00	10	01	11	00

Bild 3.26 *Übergangsgraph und Tabelle der möglichen wettlauffreien Kodierungen für das D-Latch aus Bild 3.20*

nur jeweils eine Speichervariable ändern darf, folgt aber immer noch keine *eindeutige* Kodierung. Wie bereits oben ausgeführt, stellt das HUFFMAN-Verfahren kein Kriterium zur Wahl jener Kodierung zur Verfügung, die zur „einfachsten" Schaltung führt, und man müsste grundsätzlich alle möglichen wettlauffreien Kodierungen durchprobieren. Dabei muss man noch hinzufügen, dass bei dem hier gewählten Beispiel mit 2 Speichervariablen die Verhältnisse ja auch noch sehr übersichtlich sind. Allerdings sind die Kosten für ein Gatter, wenn eine sequentielle Schaltung mit TTL-Bausteinen realisiert wird, nicht sehr hoch, so dass man abzuwägen hat, welchen Aufwand man bei der Synthese einer Schaltung in dieser Hinsicht investieren möchte.

Im Bild 3.26 sind die möglichen Übergänge durch Pfeile gekennzeichnet. Der Übergangsgraph ist aber eigentlich ein *ungerichteter* Graph, da es für die Kodierung keine Rolle spielt, ob man beispielsweise nur von Zustand 1 nach Zustand 4 kommen kann oder ob auch der umgekehrte Übergang möglich ist. Auch wenn letzteres nicht zutrifft, dürfen sich – sollen kritische Wettläufe mit Sicherheit ausgeschlossen sein – bei der Kodierung beide Zustände nur in einer Speichervariablen unterscheiden.

Weist der Übergangsgraph die Form ⊠ auf, so ist eine Vermeidung von kritischen Wettläufen nur möglich, wenn die Anzahl der Speichervariablen erhöht wird, es sei denn, dass es pro Spalte jeweils nur einen stabilen Zustand gibt. In diesem Fall können, wie bereits zu Beginn des Abschnitts über das autonome Verhalten sequentieller Schaltungen ausgeführt wurde, kritische Wettläufe ohnehin gar nicht auftreten.

Zum Schluss dieses Abschnitts soll noch kurz das Problem der sogenannten *wesentlichen Hazards* angesprochen werden. Diese treten auf, wenn gleichzeitig zwei oder mehr Signale der Eingangsbelegung wechseln. Ihre Ursache liegt darin, dass die gemäß Voraussetzung geltende Gleichung 2.2a $x \cdot \bar{x} = 0$ gar nicht immer erfüllt sein muss, was bedingt durch Signallaufzeiten in Gattern z.B. dann auftreten kann, wenn das Signal $\bar{x}$ mit Hilfe einer Negation aus dem Signal x erzeugt wird. Bei der F-Tabelle geht es also diesmal um Übergänge in einer bestimmten *Zeile*. Wenn beispielsweise die Eingangssignale einer sequentiellen Schaltung von $x_1 = 0, x_2 = 0$ nach $x_1 = 1, x_2 = 1$ wechseln, und dabei x_2 zeitlich geringfügig vor x_1 wechselt, so kann in dem entsprechenden Feld in der Spalte für $x_1 = 0, x_2 = 1$ für die Speichervariablen ein Folgezustand angegeben sein, der auf einen falschen Endzustand führt, der aber für die Eingangsbelegung $x_1 = 1, x_2 = 1$ ebenfalls stabil ist.

Solche wesentlichen Hazards können nicht wie statische Hazards durch zusätzliche Gatter behoben werden, sondern nur durch den Einbau von Verzögerungen in die Rückführungen der inneren Speicher, damit die Speichervariablen erst dann ihren Wert ändern, wenn die Eingänge eingeschwungen sind.

Beispiel 3.9

Eine einfache Zweihandeinrückung soll synthetisiert werden. Der Ausgang des Automaten soll dann 1 sein, wodurch eine Maschine gestartet wird, wenn zwei Taster x_1 und x_2 *gleichzeitig* gedrückt werden. Wird einer der beiden Taster wieder losgelassen, stoppt die Maschine, der Ausgang des Automaten ist also 0. Die Maschine soll sich in diesem Fall auch nur dann wieder starten lassen, wenn zunächst beide Taster gleichzeitig losgelassen und danach wieder zusammen betätigt werden.

Zustand	$\overline{x_1}\,\overline{x_2}$ 0 0	$\overline{x_1}\,x_2$ 0 1	$x_1\,\overline{x_2}$ 1 0	$x_1\,x_2$ 1 1	$j(y_q)$
1	(1)	(1)	2	(1)	0
2	1	3	(2)	3	1
3	1	(3)	(3)	(3)	0

Bild 3.27 *Einfache Flusstabelle für eine Zweihandeinrückung*

Ausgehend von dieser Aufgabenstellung lässt sich zunächst die im Bild 3.27 dargestellte einfache Flusstabelle erstellen. Zustand 1 ist der Ausgangszustand und der Ausgang der sequentiellen Schaltung ist 0. Dort bleibt der Automat so lange, bis ***beide*** Eingänge x_1 und x_2 1 sind, die zwei Taster also ***gleichzeitig*** betätigt sind. In diesem Fall wird in den zweiten Zustand geschaltet, für den der Ausgang 1 ist (die Maschine läuft los). Wird nun lediglich einer der beiden Taster losgelassen, so kommt man in den dritten Zustand, sind dagegen beide Taster nicht betätigt, kann sofort wieder in den Ausgangszustand zurückgeschaltet werden. Im dritten Zustand ist der Ausgang 0, und der Ausgangszustand, von welchem ausgehend die Maschine wieder gestartet werden kann, wird nur dann erreicht, wenn sowohl x_1 als auch x_2 Null sind.

Soll der Automat nur dann in den Ausgangszustand zurückschalten und damit wieder startbereit sein, wenn das Loslassen der Taster in der Grundstellung erfolgt, (z.B. bei einer Presse jeweils nach Abschluss eines Pressvorgangs) , wird ein zusätzlicher Endschalter als weiterer Eingang erforderlich.

Wie man Bild 3.27 entnehmen kann, sind zur Realisierung der Schaltung drei Zustände ausreichend, es werden also zwei Speichervariablen s_1 und s_2 benötigt. Der Übergangsgraph im Bild 3.28 macht jedoch deutlich, dass eine wettlauffreie Kodierung so nicht möglich ist, da sich bei einem der drei Zustandsübergänge gleichzeitig zwei Speichervariablen ändern. Andererseits ist, da bei zwei Speichervariablen insgesamt vier Zustände zur Verfügung stehen, ein Zustand redundant. Es treten also zwei Probleme auf:

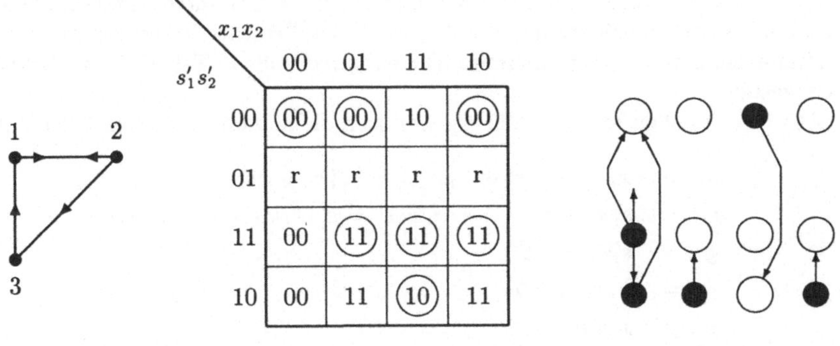

Bild 3.28 *Übergangsgraph, Aufbau der F-Tabelle und autonomes Verhalten der Schaltung für die Kodierungen „00“ ≙ Zustand 1, „10“ ≙ Zustand 2 und „11“ ≙ Zustand 3 für die Flusstabelle aus Bild 3.27*

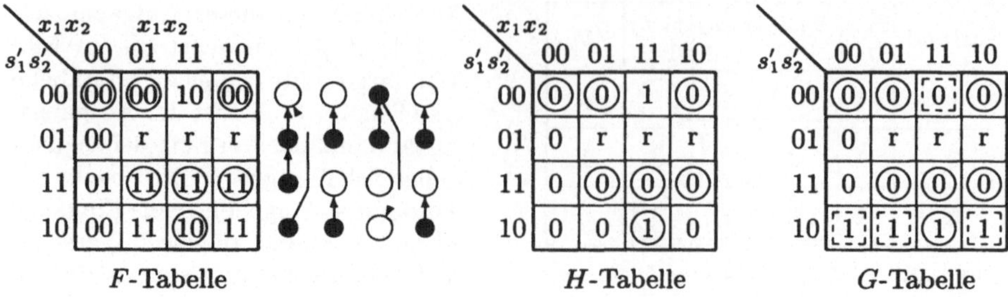

Bild 3.29 *Überführungstabelle aus Bild 3.28 sowie zugehörige H- und mögliche G-Tabelle*

a) Es muss sichergestellt sein, dass für die Eingangsbelegung „00“ der eigentlich redundante Zustand mit der Kodierung „01“ die Speichervariablen nach „00“ überführt.

b) Beim Übergang vom Zustand mit der Kodierung „11“ nach „00“, d.h. wenn die Eingangsbelegung „00“ anliegt, kann am Ausgang – je nach Kodierung der G-Tabelle – unter Umständen ein gefährlicher Null-Hazard entstehen, wenn wegen des Wettlaufs der Automat von „11“ über „10“ den Endzustand „00“ erreicht.

Die beiden Probleme können wie folgt gelöst werden:

a) Das Feld in der ersten Spalte der zweiten Zeile kann nicht beliebig kodiert werden, sondern muss „00“ enthalten.

b) Für die Eingangsbelegung „00“ (erste Spalte) enthält die G-Tabelle nur Nullen. Alternativ kann man den redundanten Zustand „01“ nutzen, indem man, ausgehend vom Zustand „11“, bei der Eingangsbelegung „00“ nicht sofort auf den Zustand „00“, sondern zunächst auf „01“ und erst von dort auf „00“ übergeht. Dadurch wird erreicht, dass ein Wettlauf gar nicht erst entstehen kann: Der geschilderte Zustandsübergang, durch den ein Null-Hazard hervorgerufen werden könnte, kann nicht mehr auftreten. Die entsprechende F-Tabelle ist im Bild 3.29 dargestellt.

Aus den Tabellen im Bild 3.29 ergeben sich die kombinatorischen Gleichungen

$$\begin{aligned} s_1 &= x_1s_1' + x_2s_1' + x_1x_2\overline{s}_2' = s_1'(x_1 + x_2) + x_1x_2\overline{s}_2' \\ s_2 &= s_1's_2' + \overline{x}_1x_2s_1' + x_1\overline{x}_2s_1' = s_1'(\overline{x}_1x_2 + x_1\overline{x}_2 + s_2') \\ y &= s_1'\overline{s}_2' \quad \text{ⓐ} \\ y &= x_1x_2\overline{s}_2' \quad \text{ⓑ} \\ y &= x_1x_2s_1'\overline{s}_2' \quad \text{ⓒ}. \end{aligned}$$

Dabei wurden bei der F-Tabelle die restlichen Felder des redundanten Zustandes „01“ so gewählt, dass der Automat in den Ausgangszustand überführt wird. Bei Lösung ⓐ für die Ausgabetabelle, die Bild 3.29 entspricht und die an den gekennzeichneten Stellen von der H-Tabelle abweicht, ist die G-Tabelle so angelegt, dass die

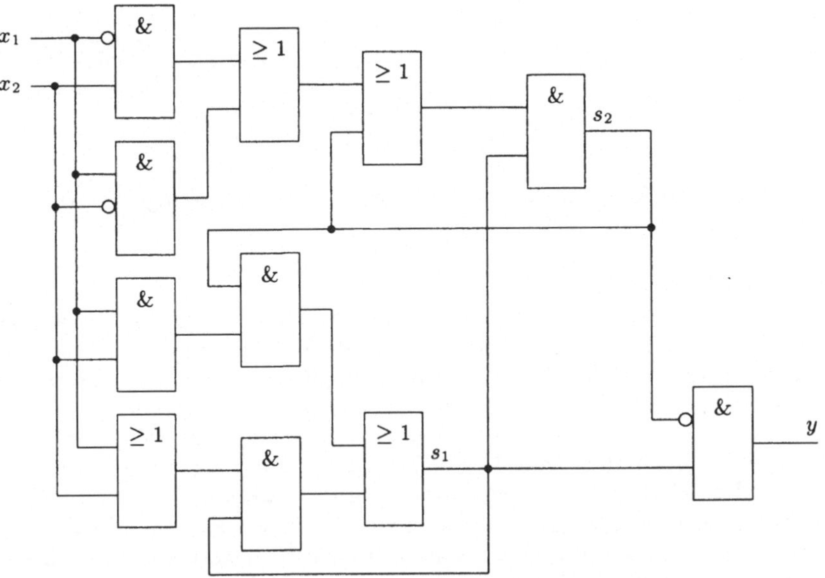

Bild 3.30 *Schaltung für die nach dem* HUFFMAN*-Verfahren entworfene Zweihandeinrückung*

Realisierung der zugehörigen Schaltung möglichst einfach ist. Wie bereits erwähnt, ist aus diesem Grund sicherzustellen, dass beim Übergang von Zustand 3 in den Ausgangszustand der Automat den Zustand 2 auch nicht kurzzeitig „streifen" darf. Lösung ⓑ entspricht der H-Tabelle. Schließlich kann man ⓒ als die sicherste Lösung bezeichnen, da nur in einem einzigen Feld der Ausgang des Automaten 1 ist. Hazards sind dadurch prinzipiell unmöglich. Im Bild 3.30 ist eine Schaltung angegeben, die diese Gleichungen mit der G-Tabelle nach ⓐ realisiert. □

3.2.2.3 Zustandsreduktion

Zu Beginn dieses Abschnitts werden zunächst zwei Definitionen eingeführt:

Äquivalenz zweier Automaten

Zwei Automaten

$$\boldsymbol{s} = F_1(\boldsymbol{x},\boldsymbol{s}') \qquad \boldsymbol{s} = F_2(\boldsymbol{x},\boldsymbol{s}')$$
$$y = G_1(\boldsymbol{x},\boldsymbol{s}') \qquad y = G_2(\boldsymbol{x},\boldsymbol{s}')$$

sind *äquivalent*, wenn zu jedem Zustand des einen Automaten ein äquivalenter Zustand des anderen Automaten existiert. Für einen solchen äquivalenten Zustand bewirkt eine beliebige Folge von Eingangssignalen bei beiden Automaten die gleiche Folge der Ausgangsbelegungen.

Minimaler Automat

Ein Automat

$$\begin{aligned} \boldsymbol{s} &= F(\boldsymbol{x},\boldsymbol{s}') \\ \boldsymbol{y} &= G(\boldsymbol{x},\boldsymbol{s}') \end{aligned}$$

ist *minimal*, wenn kein äquivalenter Automat mit einer geringeren Anzahl von Zuständen existiert.

Beispiel 3.10

Zur Veranschaulichung dieser beiden Definitionen soll als Beispiel nochmals das D-Latch aus Beispiel 3.8 betrachtet werden. Die Bilder 3.20 und 3.21 zeigen einfache Flusstabellen für ein D-Latch, die sich nur geringfügig voneinander unterscheiden. Wird das D-Latch entsprechend der Flusstabelle aus Bild 3.20 realisiert, so kann sich der Ausgang des Automaten *nur* bei einer positiven Flanke des Taktsignals ändern. Nach der Flusstabelle aus Bild 3.21 dagegen folgt der Ausgang der sequentiellen Schaltung dem D-Eingang immer dann, wenn das Taktsignal Eins ist. Wie Bild 3.31 ⓑ klarmacht, sind beide Automaten jedoch für den Fall *äquivalent*, dass das Taktsignal aus Impulsen besteht, die die Zeitdauer 0 aufweisen. In diesem Fall ist der Automat nach Bild 3.21 mit zwei Zuständen auch der minimale .

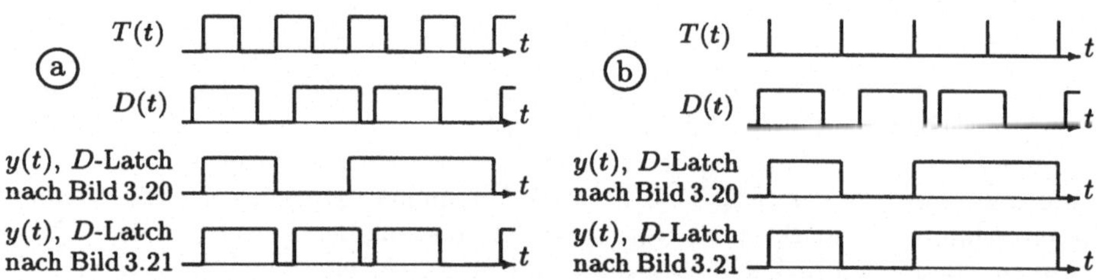

Bild 3.31 *Zur Erläuterung der Äquivalenz zweier Automaten, (a) bei endlicher Dauer eines Taktes, (b) bei einem impulsförmigen Taktsignal*

Ist diese idealisierende Annahme jedoch nicht erfüllt, d.h. die Dauer, für die das Taktsignal Eins ist, ist größer als Null, so können die beiden sequentiellen Schaltungen unterschiedlich reagieren, wie aus Bild 3.31 ⓐ hervorgeht. □

Ziel bei der Synthese ist es, den minimalen Automaten zu realisieren, der die gestellte Aufgabe erfüllt. Aus diesem Grund wird bei der Synthese nach dem HUFFMAN-Verfahren nach dem Aufstellen der Flusstabelle in einem zweiten Schritt ja auch eine Reduktion der Anzahl der inneren Speicher durch Verschmelzung durchgeführt. Dieser Schritt der *Zustandsreduktion*, der bei dem gewählten Beispiel 3.8 der Synthese eines D-Latches nicht zur Anwendung kam, weil dort eine Reduzierung der Zustände nicht möglich war, wird im Folgenden wiederum anhand eines Beispiels näher betrachtet.

Zustand	$\overline{x_1}\,\overline{x_2}$ 0 0	$\overline{x_1}\,x_2$ 0 1	$x_1\,\overline{x_2}$ 1 0	$x_1\,x_2$ 1 1	$j(y_q)$
1	(1)	3	r	7	0
2	(2)	3	r	8	1
3	1	(3)	5	r	0
4	1	(4)	6	r	1
5	r	3	(5)	8	0
6	r	4	(6)	8	1
7	1	r	6	(7)	0
8	2	r	6	(8)	1

Bild 3.32 *Gegebene einfache Flusstabelle eines Automaten*

Beispiel 3.11

Es wird angenommen, dass die einfache Flusstabelle eines Automaten gemäß Bild 3.32 gegeben ist. Dabei sei - für die konkrete Anwendung - in jedem Zustand eine bestimmte Eingangsbelegung nicht erlaubt und damit redundant; sie ist in der Flusstabelle jeweils durch ein „r" gekennzeichnet.

Die gegebene Flusstabelle besteht aus 8 Zuständen, d.h. zur Realisierung eines Automaten wären 3 Speichervariablen notwendig. In diesem Fall ist eine Reduktion der Anzahl der inneren Speicher also nur möglich, wenn es gelingt, mindestens 4 dieser Zustände mit anderen zusammenzufassen.

In einem ersten Schritt teilt man alle Zustände in Klassen mit der gleichen Ausgangsbelegung ein. Da y in diesem Beispiel eine skalare Größe ist, gibt es auch nur zwei Klassen K_0 für $j(y_q)$=0 und K_1 für $j(y_q)$=1.

Daraus folgt, dass die Klasse K_0 die Zustände 1, 3, 5 und 7 und die Klasse K_1 die Zustände 2, 4, 6 und 8 umfasst. In einem zweiten Schritt setzt man diese Klassen nun in die Flusstabelle ein, wodurch sich die im Bild 3.33 dargestellte Flusstabelle ergibt. Mit ihrer Hilfe kann im dritten Schritt die Zusammenfassung von Zuständen mit gleichem Transitionsverhalten durchgeführt werden, wobei man die Redundanz der Eingangsbelegungen ausnutzt.

Zustand	$\overline{x_1}\,\overline{x_2}$ 0 0	$\overline{x_1}\,x_2$ 0 1	$x_1\,\overline{x_2}$ 1 0	$x_1\,x_2$ 1 1	$j(y_q)$
1	K_0	K_0	r	K_0	0
2	K_1	K_0	r	K_1	1
3	K_0	K_0	K_0	r	0
4	K_0	K_1	K_1	r	1
5	r	K_0	K_0	K_1	0
6	r	K_1	K_1	K_1	1
7	K_0	r	K_1	K_0	0
8	K_1	r	K_1	K_1	1

Bild 3.33 *Einsetzen der Klassen K_0 und K_1 in die einfache Flusstabelle*

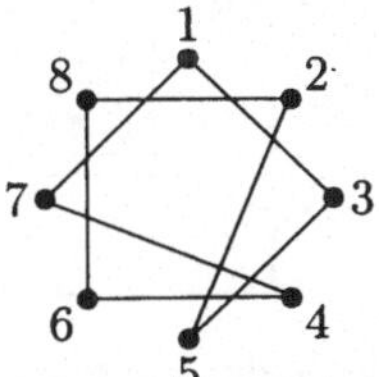

Bild 3.34 *Verschmelzungsdiagramm*

Dazu legt man ein sogenanntes *Verschmelzungsdiagramm* (s. Bild 3.34) an, das angibt, welche Zustände sich miteinander kombinieren lassen. In diesem Fall

sind, wenn man einen Zustand mit einem anderen verschmolzen hat, die restlichen Möglichkeiten zur Zusammenfassung ebenfalls festgelegt:
Fasst man Zustand 1 mit Zustand 3 zusammen, ergibt sich die Verschmelzung

A: $1_A = \{1{,}3\} = K_0K_0K_0K_0$

$2_A = \{2{,}5\} = K_1K_0K_0K_1$

$3_A = \{4{,}7\} = K_0K_1K_1K_0$

$4_A = \{6{,}8\} = K_1K_1K_1K_1.$

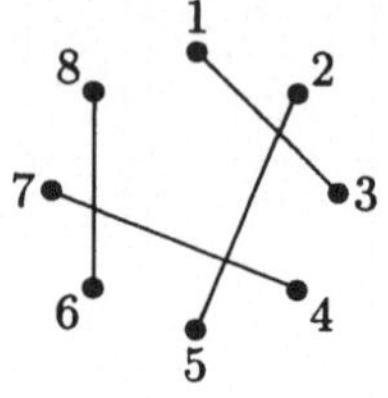

Verschmelzung A

Im Unterschied dazu ergibt sich die zweite Möglichkeit der Verschmelzung von Zuständen

B: $1_B = \{1{,}7\} = K_0K_0K_1K_0$

$2_B = \{2{,}8\} = K_1K_0K_1K_1$

$3_B = \{3{,}5\} = K_0K_0K_0K_1$

$4_B = \{4{,}6\} = K_0K_1K_1K_1,$

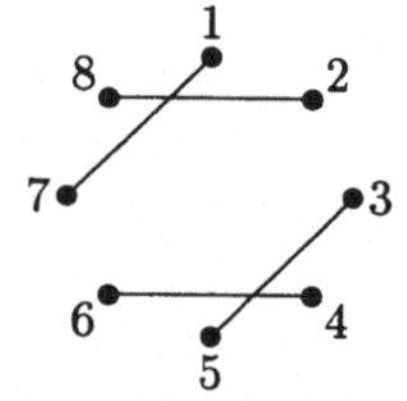

Verschmelzung B

wenn man zunächst die Zustände 1 und 7 kombiniert.

Mit diesem Schritt ist die eigentliche Zustandsreduktion abgeschlossen, und die weiteren Syntheseschritte folgen wieder der üblichen Vorgehensweise nach HUFFMAN. Demnach ist nun die vorläufige Überführungstabelle aufzustellen. Im Bild 3.35 sind die F-Tabellen für beide Möglichkeiten der Verschmelzung A und B angegeben.

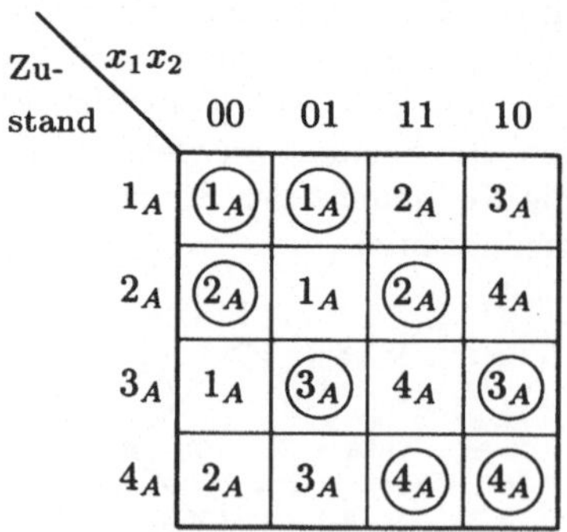

Zustand \ x_1x_2	00	01	11	10
1_A	(1_A)	(1_A)	2_A	3_A
2_A	(2_A)	1_A	(2_A)	4_A
3_A	1_A	(3_A)	4_A	(3_A)
4_A	2_A	3_A	(4_A)	(4_A)

F-Tabelle, Verschmelzung A

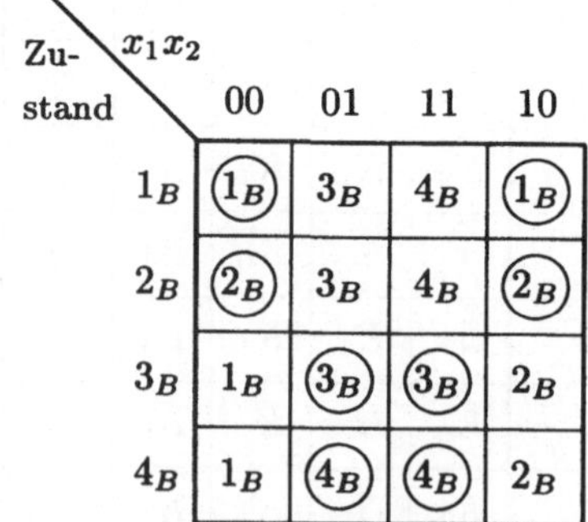

Zustand \ x_1x_2	00	01	11	10
1_B	(1_B)	3_B	4_B	(1_B)
2_B	(2_B)	3_B	4_B	(2_B)
3_B	1_B	(3_B)	(3_B)	2_B
4_B	1_B	(4_B)	(4_B)	2_B

F-Tabelle, Verschmelzung B

Bild 3.35 *Aufbau der F-Tabelle für beide Möglichkeiten der Zustandsreduktion A und B der Flusstabelle aus Bild 3.32*

1_A	(00)	00	01	01	11	11	10	10
2_A	01	10	11	00	01	10	11	00
3_A	10	01	00	11	10	01	00	11
4_A	11	11	10	10	00	00	01	01

Bild 3.36 *Übergangsgraph und Tabelle der möglichen wettlauffreien Kodierungen für die Flusstabelle der Verschmelzung A aus Bild 3.35*

Für die Verschmelzung A sei die Vorgehensweise zum Aufstellen der F-Tabelle ausführlich erläutert: Zustand 1_A besteht aus den zusammengefassten Zuständen 1 und 3. Die entsprechende Zeile der Flusstabelle für diesen Zustand würde „1 3 5 7" lauten. Nun bilden die Zustände 1 und 3 gerade den neuen Zustand 1_A, während Zustand 5 (zusammen mit Zustand 2) zum neuen Zustand 2_A und Zustand 7 zusammen mit Zustand 4 zum neuen Zustand 3_A zusammengefasst wurde. Daher erhält man für die erste Zeile der F-Tabelle (für Zustand 1_A) „1_A 1_A 2_A 3_A" (s. Bild 3.35). Die restlichen Zeilen der F-Tabelle sowie die F-Tabelle für die Verschmelzung B ergeben sich entsprechend.

Zur wettlauffreien Kodierung wird jeweils zunächst der Übergangsgraph aufgestellt. In den Bildern 3.36 und 3.37 ist jeweils für die beiden Verschmelzungen A und B der Übergangsgraph, die jeweils 8 möglichen Kodierungen ohne kritische Wettläufe aus insgesamt 24 prinzipiell möglichen Kodierungen sowie die gewählte Kodierung (eingekreist) eingezeichnet.

Die sich daraus ergebende F-Tabelle, deren autonomes Verhalten sowie die H-Tabelle ist für den Fall der Verschmelzung A im Bild 3.38 und für die Verschmelzung B im Bild 3.39 angegeben. Die H-Tabelle erhält man, indem man in die Tabelle jeweils die den ursprünglichen Zuständen 1 bis 8 zugehörige Ausgangsbelegung einträgt (s. Bild 3.33):

Für die Verschmelzung A ergab sich der verschmolzene Zustand 1_A (Kodierung 00) aus den ursprünglichen Zuständen 1 und 3, die entsprechende Zeile der Flusstabelle wäre „1 3 5 7". Für alle diese Zustände war der Ausgang 0, die 1. Zeile der H-Tabelle enthält also nur Nullen.

Der Zustand 2_A (Kodierung 01) entstand aus den ursprünglichen Zuständen 2 und 5 mit der Zeile „2 3 5 8" in der Flusstabelle. Für die Zustände 3 und 5 war der Ausgang 0, für die Zustände 2 und 8 hingegen 1, so dass die 2. Zeile der H-Tabelle

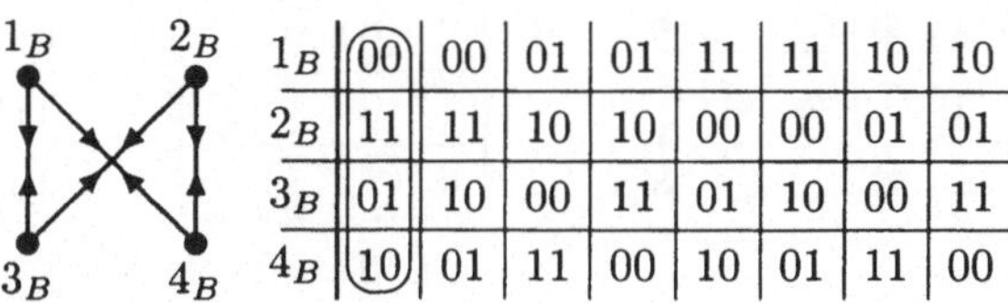

1_B	(00)	00	01	01	11	11	10	10
2_B	11	11	10	10	00	00	01	01
3_B	01	10	00	11	01	10	00	11
4_B	10	01	11	00	10	01	11	00

Bild 3.37 *Übergangsgraph Übergangsgraph und Tabelle der möglichen wettlauffreien Kodierungen für die Flusstabelle der Verschmelzung B aus Bild 3.35*

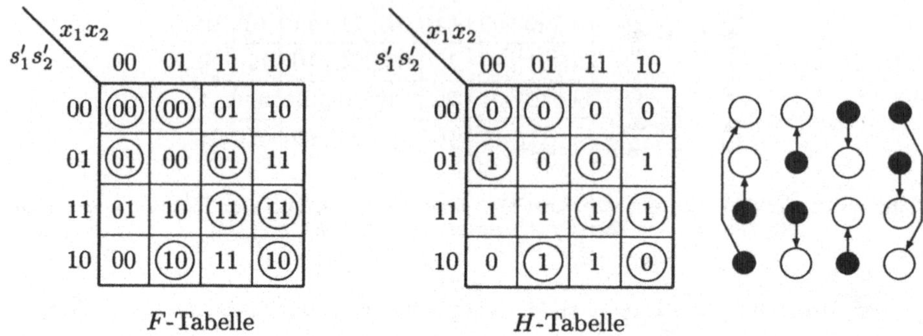

Bild 3.38 *Aufbau der F- und H-Tabelle sowie autonomes Verhalten der Schaltung aus Bild 3.35, Verschmelzung A*

„1 0 0 1" lautet. Entsprechend werden auch die beiden restlichen Zeilen der H-Tabelle für die Verschmelzung A (zunächst für den Zustand 4_A mit der Kodierung 11 und schließlich für den Zustand 3_A mit der Kodierung 10) sowie die H-Tabelle für die Verschmelzung B (im Bild 3.39) ausgefüllt.

Wählt man zur Realisierung der Schaltung die H-Tabelle als G-Tabelle, so hat dies, wie schon früher ausgeführt, den Vorteil, dass bei autonomen Übergängen keine Hazards auftreten und außerdem Änderungen der Eingangsvariablen sich sofort auf den Ausgang auswirken. Der Nachteil ist, dass u.U. die Realisierung aufwendiger ist.

Für den Fall der Verschmelzung A erkennt man jedoch, dass man schwerlich eine G-Tabelle finden wird, die in den instabilen Zuständen (teilweise) von der H-Tabelle abweicht, deren Realisierung dagegen einfacher ist. Für den Fall der Verschmelzung B liegen die Verhältnisse jedoch anders. Eine mögliche G-Tabelle, deren Realisierung wesentlich einfacher ist als die H-Tabelle und die an den gekennzeichneten 4 Stellen von dieser abweicht, ist im Bild 3.39 ebenfalls angegeben. Man erkauft sich die einfachere Schaltung dadurch, dass sich ein Wechsel der Eingangsbelegung

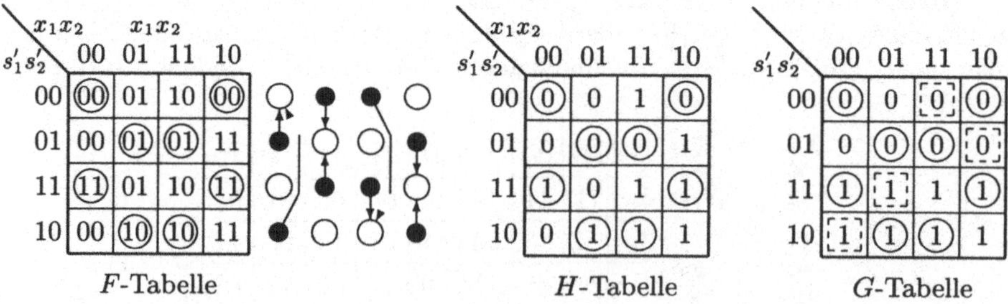

Bild 3.39 *Aufbau der F- und H-Tabelle, mögliche G-Tabelle sowie autonomes Verhalten der Schaltung aus Bild 3.35, Verschmelzung B*

nicht an allen Stellen sofort am Ausgang auswirkt. Man betrachte z.B. den Übergang, wenn für die Speichervariablen $s_1 = s_2 = 0$ gilt und die Eingangsbelegung von $x_1 = 1, x_2 = 0$ nach $x_1 = x_2 = 1$ wechselt. Wird der Ausgangszuordner gemäß der H-Tabelle realisiert, wechselt der Ausgang sofort von 0 nach 1, wird allerdings die angegebene G-Tabelle schaltungstechnisch realisiert, wird der Ausgang erst dann 1, wenn der stabile Endzustand ($s_1 = 1, s_2 = 0$) erreicht wird. Hazards treten jedoch, wird die G-Tabelle gewählt, in diesem Fall nicht auf.

Schließlich müssen noch die kombinatorischen Gleichungen aufgestellt werden. Hier ergibt sich für den Fall der Verschmelzung A

$$\begin{aligned} s_1 &= x_1\overline{x}_2 + x_2 s_1'(+x_1 s_1') \\ s_2 &= \overline{x}_2 s_2' + x_1 x_2(+x_1 s_2') \\ y &= \overline{x}_2 s_2' + x_2 s_1'(+s_1' s_2'). \end{aligned}$$

Die in Klammern hinzugefügten Terme sind im Sinne der Booleschen Algebra nicht notwendig, können jedoch ggf. statische Hazards verhindern.

Für den Fall der Verschmelzung B erhält man dagegen

$$\begin{aligned} s_1 &= x_1 s_1' + x_2 s_1'\overline{s}_2' + x_1 x_2 \overline{s}_2' + x_1\overline{x}_2 s_2' + \overline{x}_2 s_1' s_2' \\ s_2 &= \overline{x}_1 x_2 \overline{s}_1' + \overline{x}_1 s_1' s_2' + x_1\overline{x}_2 s_1' + x_1 \overline{s}_1' s_2' \\ y &= x_1 s_1' + x_2 s_1'\overline{s}_2' + x_1 x_2 \overline{s}_2' + x_1\overline{x}_2 s_2' + \overline{x}_2 s_1' s_2' \quad (H\text{-Tabelle}) \qquad \text{bzw.} \\ y &= s_1' \quad (G\text{-Tabelle}). \end{aligned}$$

Man erkennt unmittelbar, dass die Realisierung für diesen Fall wesentlich aufwendiger ist. Dies unterstreicht nochmals den bereits erwähnten Nachteil des HUFFMAN-Verfahrens, dass man anhand einer möglichen Kodierung der Überführungstabelle noch nicht auf den Aufwand ihrer schaltungstechnischen Realisierung schließen kann, sondern diesen nur durch systematisches Probieren feststellen und damit minimieren kann. □

4 Petri-Netze

Wie aus Kapitel 3 ersichtlich ist, können schrittweise Abläufe – es sei an das Aufstellen der Flusstabelle für ein D-Latch erinnert, wo in Abhängigkeit von den Eingangssignalen ein Zyklus durchlaufen wird – mit Hilfe sequentieller Schaltungen bzw. durch *Automaten* beschrieben werden. Bei einem solchen Automaten sind verschiedene *Zustände* definiert und es wird festgelegt, unter welchen Bedingungen man von einem bestimmten Zustand in einen anderen wechselt.

Mit der Dissertation [Pet62] und den nach ihm benannten Netzen hat C. A. PETRI den Grundstein zur Netztheorie gelegt. Damit wurde die Möglichkeit geschaffen, Abläufe oder diskret gesteuerte Systeme sehr elegant zu beschreiben und durch den Einsatz mathematischer, rechnergestützter Methoden zu analysieren. Diese Beschreibung mit Hilfe von PETRI-Netzen ist insbesondere dann vorteilhaft, wenn zeitlich parallele, also *nebenläufige* Prozesse auftreten. Dann nämlich wird die Komplexität eines diskret gesteuerten Systems sehr groß und die Automatentheorie ist zur Beschreibung nur noch bedingt geeignet, da sie keine übersichtlichen Lösungen mehr liefert. In [Sch92] wird in verschiedenen Beiträgen auf den Einsatz von PETRI-Netzen in der Automatisierungstechnik eingegangen.

Bei den PETRI-Netzen finden Methoden der Graphentheorie und der linearen Algebra Anwendung. Aus diesem Grund werden im ersten Abschnitt die wesentlichen Strukturen und Eigenschaften von Netzen besprochen.

4.1 Netzdefinitionen und Grundstrukturen

Graphen bestehen aus einer Menge von *Plätzen* oder *Knoten* und einer korrespondierenden Menge von *Kanten*, die diese Knoten miteinander verbinden. Zur mathematischen Beschreibung von Graphen wird u.a. die sogenannte *Inzidenzmatrix* verwendet. Sie gibt an, welche Knoten über Kanten miteinander verbunden sind. Handelt es sich um einen *ungerichteten* Graphen, so ist die Inzidenzmatrix symmetrisch, bei einem *gerichteten* Graphen dagegen wird sie normalerweise asymmetrisch sein. Im Bild 4.1 sind ein einfacher ungerichteter sowie ein gerichteter Graph mit der zugehörigen Inzidenzmatrix dargestellt.

PETRI-Netze gehören zu den gerichteten Graphen und weisen auch nur zwei unterschiedliche Knoten auf, nämlich

- *Plätze*, die als offener Kreis →○→ gezeichnet werden und
- die durch einen senkrechten oder waagerechten Balken →|→ dargestellten *Transitionen*.

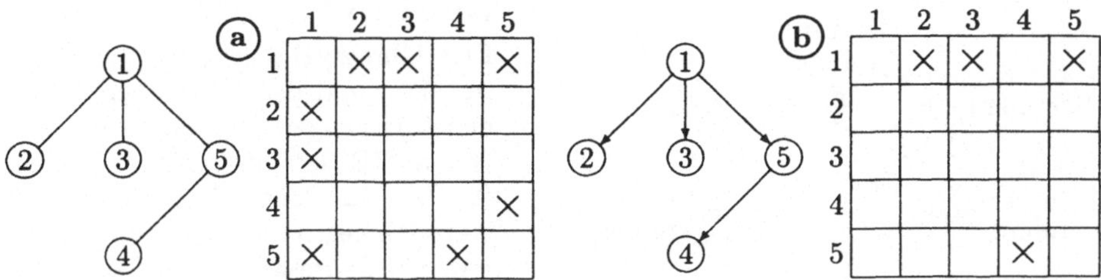

Bild 4.1 *Beispiel eines ungerichteten Graphen (a) und eines gerichteten Graphen (b) mit zugehöriger Inzidenzmatrix*

Dabei müssen sich Plätze und Transitionen immer abwechseln, d.h. Kanten existieren nur zwischen verschiedenartigen Knoten.

Entlang der Kanten wandern *Marken* durch das Netz und belegen die Plätze des Netzes. Ob diese Marken verschiedenartig und damit unterscheidbar sind und ob die Mehrfachmarkierung von Plätzen erlaubt ist, hängt von dem verwendeten Netztyp ab. Dabei wird hinsichtlich der Netzeigenschaften zwischen verschiedenen Typen unterschieden. In Tabelle 4.1 sind die wesentlichen Eigenschaften von drei verschiedenen Netzklassen zusammengestellt.

Tabelle 4.1 *Verschiedene Netzklassen*

Bezeichnung deutsch englisch Abkürzung		 Bedingungs-Ereignis-Netz Case-Event-Net BE	 Stellen-Transitionen-Netz Place-Transition-Net ST	 Prädikat-Ereignis-Netz Predicat-Event-Net PrE
Knoten	passive Elemente	Bedingungen ○ erfüllt ◉ unerfüllt ○	Stellen $\bigcirc_K$ auf einer Stelle können sich maximal K Marken befinden	Prädikate $\bigcirc_P$ alle in P enthaltenen Elemente haben die gleichen Eigenschaften
	aktive Elemente	Ereignisse □	Transitionen □	Ereignisse □
Kanten		gerichtete Pfeile → pro Schaltvorgang fließt über einen Pfeil immer nur eine Marke	gerichtete Pfeile → das Pfeilgewicht G gibt die Anzahl der bei einem Schaltvorgang über den Pfeil fließenden Marken an	gerichtete Pfeile → die Pfeilanschrift $f(x)$ gibt die Transformation des über den Pfeil fließenden Objektes an
Markierungen		eine nicht unterscheidbare (anonyme) Marke •	(mehrere) nicht unterscheidbare (anonyme) Marken •	individuelle Marken

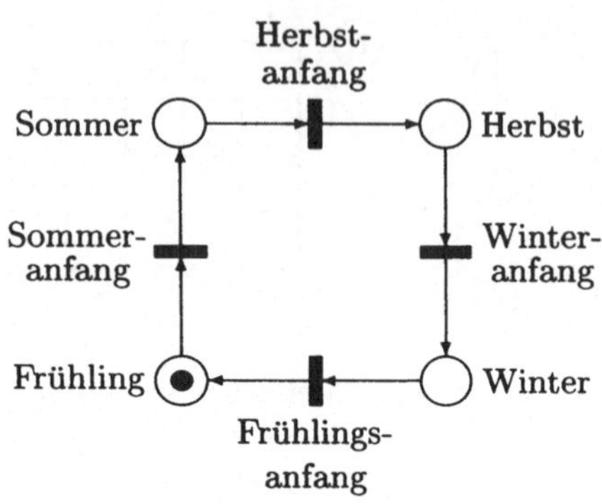

Bild 4.2 *Jahreszyklus als BE-Netz*

Beispiel 4.1

Der Jahreszyklus mit den vier Jahreszeiten und den dazwischenliegenden Übergängen kann durch ein einfaches BE-Netz dargestellt werden (s. Bild 4.2). Jeder Platz kann nur einfach belegt werden, weil immer genau eine Jahreszeit zutrifft. Die Jahreszeiten sind also die *Bedingungen* des Netzes. Bei diesem Netz liegt sogar der Spezialfall vor, dass gleichzeitig nur eine Bedingung erfüllt sein kann, was aber nicht für alle BE-Netze zutrifft.

Die *Ereignisse* dagegen, die angeben, wann die Marke von einer Bedingung zu einer anderen weitergeleitet wird, sind die Wechsel der Jahreszeiten. Ein Ereignis kann nur eintreten, wenn die Vorbedingung (z.B. „es ist Frühling") erfüllt und die Nachbedingung nicht erfüllt ist („es ist NICHT Sommer"). Ein Ereignis beendet die Vorbedingung und erfüllt die Nachbedingung. □

In dem einfachen PETRI-Netz $\rightarrow \underset{p_1}{\bigcirc} \rightarrow \underset{t}{|} \rightarrow \underset{p_2}{\bigcirc}$ *beendet* die Transition t den Platz p_1 bzw. p_1 ist Vorbedingung von t. Andererseits *schafft* die Transition t den Platz p_2 bzw. p_2 ist Nachbedingung der Transition t.

Charakteristisch für BE-Netze ist also:

- Pro Platz ist nur eine Marke erlaubt
- Eine Transition t ist dann *aktiv*, d.h. ein Ereignis kann eintreten (muss nicht!), wenn *alle* Vorbedingungen $p_{v_1} .. p_{v_n}$ erfüllt und alle Nachbedingungen $p_{n_1} .. p_{n_m}$ nicht erfüllt sind.
- Tritt das Ereignis ein, d.h. die Weiterschaltbedingung ist erfüllt, die Transition t „feuert", so werden $p_{v_1} \dots p_{v_n}$ *beendet* und gleichzeitig $p_{n_1} \dots p_{n_m}$ *geschaffen* oder *gesetzt* (s. Bild 4.3).

BE-Netze werden aus diesen Gründen daher häufig zur Modellierung steuerungstechnischer *Prozesse* verwendet: Eine Marke wandert durch das Netz, wobei ihre Position angibt, in welchem Schritt sich die Steuerung gerade befindet. Sie sind allerdings nicht immer für die Beschreibung steuerungstechnischer Aufgaben zweckmäßig und geeignet. Soll z.B. ein Warenlager modelliert werden, würde die

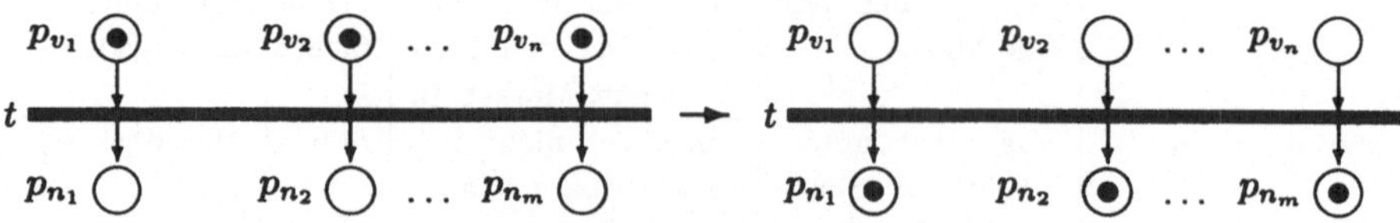

Bild 4.3 *„Feuern" einer Transition bei einem BE-Netz*

Anzahl der Bedingungen stark ansteigen, da für jeden Lagerplatz eine gesonderte Bedingung definiert werden müsste. Eine einzelne Bedingung kann nicht mehrfach erfüllt sein und dementsprechend kann ein Platz eines BE-Netzes nicht mehrfach markiert werden.

In solchen Fällen ist das ST-Netz besser geeignet, da hier die *Bedingungen* durch *Stellen* ersetzt werden, die gleichzeitig mit mehreren Marken belegt sein können. Die Marken selbst sind jedoch nicht voneinander unterscheidbar. Für jede Stelle wird die maximale Markenkapazität daneben angegeben. Auch die Kanten können ein Gewicht größer als Eins haben, und beim Feuern der Transition wird eine diesem jeweiligen Kantengewicht entsprechende Markenzahl bewegt. ST-Netze sind also gut zur Beschreibung solcher Systeme geeignet, bei denen es auf die Anzahl, die Verteilung und den Fluss von Teilen ankommt, diese Teile aber nicht voneinander unterschieden werden müssen. Beispiele hierzu sind die Modellierung der Produktion vieler gleicher Teile oder von Verkehrsströmen. ST-Netze werden auch bei Warenlagern und in der Logistik eingesetzt.

Wenn aber die individuellen Eigenschaften von Teilen berücksichtigt werden sollen oder müssen, müssen die einzelnen Marken voneinander unterscheidbar sein. Für diesen Anwendungsfall ist das Prädikat-Ereignis-Netz geschaffen, das Individuen als Marken zulässt. Solche Netze werden beispielsweise zur Beschreibung von Produktionssystemen verwendet, in denen unterschiedliche Artikel hergestellt werden.

Der Vollständigkeit wegen sei noch erwähnt, dass die nächst höhere Gruppe von Netzen nach den Prädikat-Ereignis-Netzen die *Kanal-Instanzen-Netze* sind. Diese Netze erlauben die Mehrfachmarkierung eines Knotens mit Marken einer Art, wobei es im Netz aber verschiedene voneinander unterscheidbare Marken geben kann. Bereits die PrE-Netze und noch mehr die Kanal-Instanzen-Netze erfordern eine aufwendige mathematische Behandlung, darum wird auf diese Netztypen im Weiteren nicht näher eingegangen. Die Betrachtung der PETRI-Netze wird sich auf die BE-Netze und die ST-Netze beschränken.

Bei der Erstellung der Topologie eines PETRI-Netzes ist zu beachten, dass Verbindungen nur zwischen ungleichen Elementen erlaubt sind. Kanten können also nur Stellen mit Transitionen bzw. Transitionen mit Stellen verbinden. Außerdem darf es maximal eine Verbindung pro Richtung zwischen zwei Knoten geben. Von

Tabelle 4.2 *Elementare Netzverknüpfungen*

Verzweigung branch	Begegnung meet
Aufspaltung split	Sammlung wait

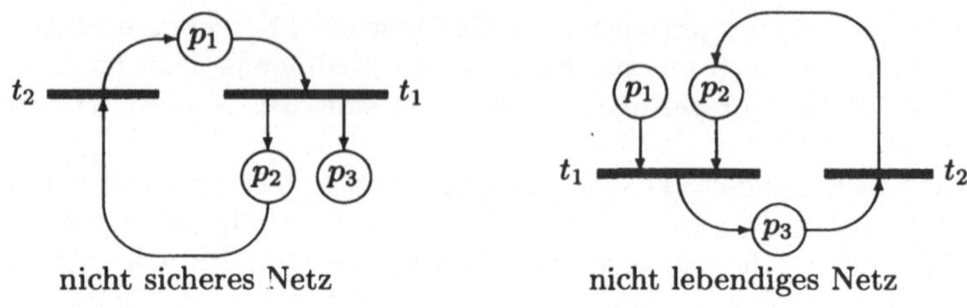

Bild 4.4 *Zur Sicherheit und Lebendigkeit von* PETRI*-Netzen*

einem Knoten können jedoch mehrere Verbindungen ausgehen. Ist der Knoten eine Stelle, spricht man von einer *Netzverzweigung* (branch). In diesem Fall wird, je nachdem welche Transition zuerst feuert, alternativ ein Zweig des Netzes durchlaufen. Ist der Knoten dagegen eine Transition, so handelt es sich um eine *Aufspaltung* (split), d.h. eine Marke teilt sich auf und alle nachfolgenden Zweige werden parallel durchlaufen. Umgekehrt gibt es natürlich auch wieder Zusammenführungen, wobei die Zusammenführung an einer Stelle *Begegnung* (meet), die an einer Transition *Sammlung* (rendezvous) genannt wird. In Tabelle 4.2 sind alle vier elementaren Netzverknüpfungen dargestellt. Lässt man bei diesen Verknüpfungen noch mehr als zwei Vorgänger- bzw. Folgeelemente zu, so können alle Strukturen eines PETRI-Netzes auf diese Grundformen zurückgeführt werden.

Weiterhin darf es bei einem PETRI-Netz keine isolierten Stellen oder Transitionen geben, bei denen sowohl der Eingangs- als auch der Ausgangsknotengrad 0 ist. Stellen, die nur entweder keinen Eingang oder nur keinen Ausgang haben, sind dagegen erlaubt, wobei eine Stelle, die keinen Eingang besitzt, zumindest eine Marke tragen muss. Solche Stellen können, wenn durch das Netz ein steuerungstechnischer Ablauf modelliert wird, als Anfangszustand zur Initialisierung bzw. als Endzustand eines nichtzyklischen Prozesses interpretiert werden.

Zwei weitere wichtige Begriffe sind die *Sicherheit* und die *Lebendigkeit* von PETRI-Netzen. Sie sind wie folgt definiert:

Ein PETRI-Netz ist *sicher*, wenn es nie zu einer *beliebig hohen* Markierung eines Platzes kommen kann.

Ein PETRI-Netz ist *einssicher*, wenn ein Platz nie mehr als *eine* Marke enthalten kann.

Ein PETRI-Netz ist *lebendig*, wenn alle Plätze *immer wieder neu* markiert werden können. Zur Lebendigkeit gibt es auch noch eine andere, abgeschwächte Definition:

Ein PETRI-Netz ist *lebendig*, wenn keine *totale Verklemmung* auftreten kann. Eine totale Verklemmung ist ein Netzzustand, indem aufgrund der Markenverteilung keine der aktiven Transitionen mehr schalten kann, also keine Ereignisse mehr möglich sind.

Aus der Definition der Sicherheit folgt, dass ein nicht einssicheres Netz trotzdem noch sicher sein kann, nämlich dann, wenn die Anzahl der Markierungen eines Platzes nicht *beliebig* hoch werden kann. Bild 4.4 zeigt je ein einfaches Beispiel für

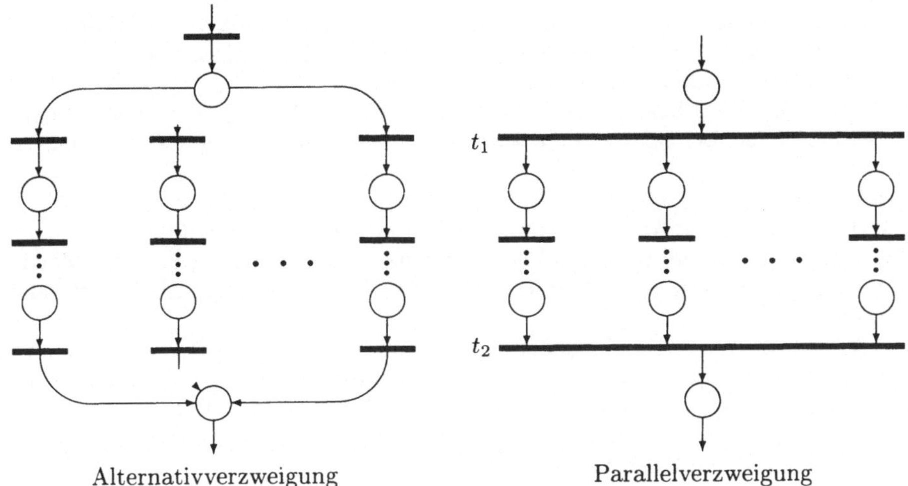

Bild 4.5 *Alternativ- und Parallelverzweigung bei* PETRI-*Netzen*

ein nicht sicheres und für ein nicht lebendiges PETRI-Netz.

Einssichere und lebendige Netze erhält man, wenn die Kantengewichte überall eins sind und Alternativverzweigungen immer durch eine Begegnung und Parallelverzweigungen immer durch eine Sammlung beendet werden, wie das im Bild 4.5 dargestellt ist. Bei einer Alternativverzweigung wird nur *einer* der vorhandenen Zweige durchlaufen. Nach einer Parallelverzweigung dagegen werden alle Zweige parallel durchlaufen. Erst wenn die Parallelarbeit *aller* Zweige beendigt ist, erfolgt durch Schalten der Transition t_2 die Fortsetzung. Dabei ist eine Schachtelung (wenn beispielsweise der Zweig einer Parallelverzweigung eine Alternativverzweigung enthält) möglich und erlaubt.

4.2 Mathematische Behandlung

Neben der graphischen Darstellung ist ein PETRI-Netz auch einer mathematischen Beschreibung zugänglich. Ein ST-Netz besteht aus

- der Menge der Stellen $S = \{s_1, \ldots, s_m\}$,
- der Menge der Transitionen $T = \{t_1, \ldots, t_n\}$ und
- der Kantenmenge F, die aus der Vereinigungsmenge der Flussrelationen $(S \times T)$ und $(T \times S)$ besteht.

Alle Mengen sind nicht leer und endlich.

Die einzelnen Elemente werden spezifiziert durch

- die Kapazität $K = \{k_1, \ldots, k_m\}$ der Stellen (bei BE-Netzen nicht erforderlich, da alle Stellen die Kapazität 1 haben),

- die Kantengewichte, die in der Inzidenzmatrix (manchmal auch Netzmatrix genannt) $I_{m \times n} = \{i_{mn}\}$ zusammengefasst sind (bei BE-Netzen gilt für die Elemente dieser Matrix $i_{mn} \in \{-1, 0\, 1\}$) und
- durch die anfängliche Markenverteilung, die in dem Vektor $m_0 = [m_1 \ldots m_m]^T$ enthalten ist. Bei BE-Netzen gilt für die Elemente dieses Vektors $m_i \in \{0\, 1\}$.

Beispiel 4.2

Bild 4.6 zeigt ein PETRI-Netz (in diesem Fall ein BE-Netz) mit fünf Stellen und fünf Transitionen sowie der zugehörigen Inzidenzmatrix. Ein Element i_{ij} der Matrix gibt dabei die Änderung der Markenzahl an der Stelle i an, wenn die Transition j schaltet.

Ausgehend von der Anfangsmarkierung m_0 ergibt sich die Folgemarkierung m nach dem Schalten der Transition t_j durch die vektorielle Addition des Vektors m_0 und der mit t_j korrespondierenden Spalte der Inzidenzmatrix. Für das Netz aus Bild 4.6 ergäbe sich bei einer Anfangsmarkierung von $m_0 = [1\,0\,0\,0\,0]^T$ beim Schalten der Transition t_3 die Folgemarkierung

$$m = \begin{bmatrix} 1 \\ 0 \\ 0 \\ 0 \\ 0 \end{bmatrix} + \begin{bmatrix} -1 \\ 0 \\ 0 \\ 1 \\ 1 \end{bmatrix} = \begin{bmatrix} 0 \\ 0 \\ 0 \\ 1 \\ 1 \end{bmatrix},$$

d.h. Platz 1 würde beendet und die Plätze 4 und 5 würden geschaffen.

Eine nähere Betrachtung des Netzes aus Bild 4.6 liefert aber noch weitere Ergebnisse:

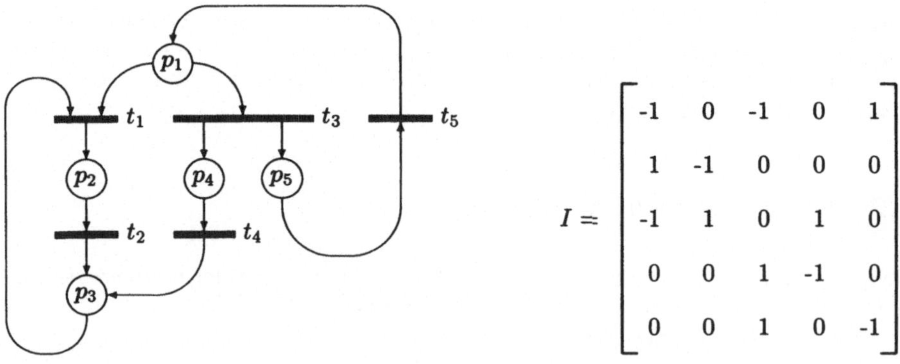

Bild 4.6 *BE-Netz mit zugehöriger Inzidenzmatrix aus Beispiel 4.2*

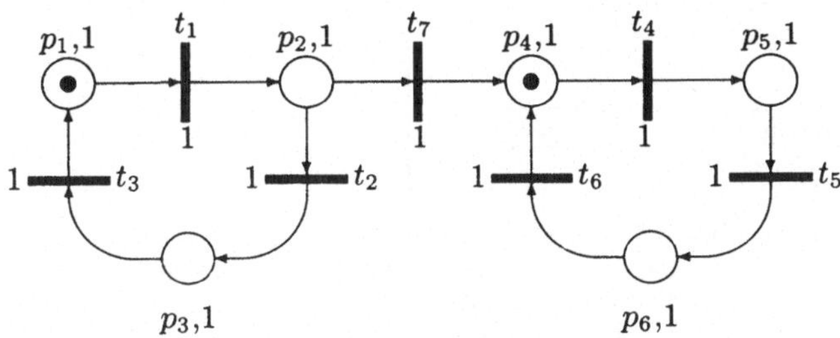

Bild 4.7 *BE-Netz zu Beispiel 4.3, das mit Hilfe des Erreichbarkeitsgraphen analysiert werden soll*

- Zwischen den Transitionen t_1 und t_3 besteht ein *Konflikt.* Im Zusammenhang von PETRI-Netzen spricht man von einer Konfliktsituation, wenn mehrere Transitionen aktiv sind und die Schaltfähigkeit der einen Transition vom Schalten einer anderen beeinflusst wird. Im Bild 4.6 entsteht ein solcher Konflikt immer dann, wenn Platz 1 markiert ist, weil dann sowohl t_1 als auch t_3 schalten könnten, beide Transitionen jedoch ihre Schaltfähigkeit durch das Feuern der jeweils anderen verlieren.
- Schaltet in der dargestellten Situation t_1, so ist eine Verklemmung unvermeidbar, weil p_1 nicht wieder neu markiert werden kann.
- Das Netz ist nicht sicher, es ist eine beliebig hohe Markierung der Plätze p_3 und/oder p_4 möglich. □

Eine Netzanalyse kann man z.B. mit Hilfe des sogenannten *Erreichbarkeitsgraphen* durchführen. Dieser gerichtete Graph stellt dar, welche Markierungen erreicht werden können, wenn man von einer bestimmten Anfangsmarkierung ausgeht.

Beispiel 4.3

Das im Bild 4.7 mit Anfangsmarkierung gegebene BE-Netz soll analysiert werden. In diesem Fall ist bei allen Transitionen das Kantengewicht und bei den Plätzen die Kapazität mit angegeben, die – es handelt sich ja um ein BE-Netz – überall gleich 1 sein muss.

Bild 4.8 zeigt den Erreichbarkeitsgraphen für das PETRI-Netz aus Bild 4.7. Die Anfangsmarkierung ist durch eine doppelte Umrandung hervorgehoben. Wie man bereits anhand dieses recht einfachen Netzes erkennt, kann ein solcher Erreichbarkeitsgraph abhängig von der Netzgröße und der Markenkapazität sehr groß werden. Der Erreichbarkeitsgraph kann unter anderem dazu herangezogen werden, um bei dem zu Grunde liegenden PETRI-Netz die Existenz totaler Verklemmungen abzulesen, was einem nicht lebendigen Netz auch nach der abgeschwächten Definition entspricht. Ein solcher Zustand, bei dem in dem modellierten System keine Transition mehr schalten kann, äußert sich im Erreichbarkeitsgraphen durch einen Knoten ohne auslaufende Kanten.

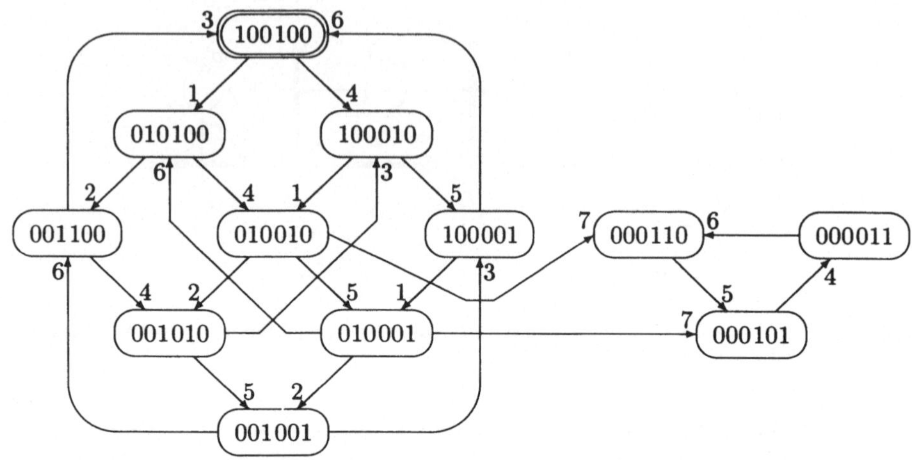

Bild 4.8 *Erreichbarkeitsgraph für das* PETRI*-Netz aus Bild 4.7*

Neben totalen Verklemmungen, bei denen *keine* Transition mehr schaltfähig ist, kann es in einem PETRI-Netz aber auch Markierungen geben, von denen ausgehend *nicht alle* Transitionen mehr aktiviert werden können. Im strengen Sinn ist ein solches Netz nicht mehr lebendig. Dies ist nur dann noch der Fall, wenn man die abgeschwächte Definition der Lebendigkeit zu Grunde legt. Solche ***partiellen*** Verklemmungen lassen sich allerdings nicht mehr unmittelbar aus dem Erreichbarkeitsgraphen selbst ablesen. Man kann jedoch die Zusammenhangseigenschaften des Erreichbarkeitsgraphen untersuchen, indem man die sogenannten ***starken Komponenten*** ermittelt. Eine starke Komponente ist eine Gruppe von Knoten des Erreichbarkeitsgraphen mit der Eigenschaft, dass jeder Knoten dieser Gruppe von jedem anderen Knoten der Gruppe sowohl vorwärts als auch rückwärts erreicht werden kann. Eine starke Komponente, die keine auslaufende Kante besitzt, wird dabei als ***Senke*** bezeichnet. Durch die Ermittlung der starken Komponenten wird aus dem Erreichbarkeitsgraphen dessen ***Kondensation*** bestimmt. Die Knoten dieses Graphen entsprechen gerade den starken Komponenten des Erreichbarkeitsgraphen.

Eine solche Kondensation führt zwar zu einem beträchtlichen Verlust an Detailinformationen, bewirkt aber andererseits eine starke Vereinfachung des Graphen, so dass auf der Basis des kondensierten Graphen Untersuchungen der Lebendigkeit und der Reversibilität des zu Grunde liegenden PETRI-Netzes einfach durchgeführt werden können. Dabei bezeichnet man ein PETRI-Netz als ***reversibel***, wenn jede beliebige Markierung durch eine oder mehrere Schaltsequenzen von einer anderen Markierung ausgehend erreicht werden kann. Die Reversibilität bewertet also weniger das Eintreten von Ereignissen als vielmehr die Erreichbarkeit von Systemzuständen. Notwendiges und hinreichendes Kriterium für die Reversibilität ist, dass die Kondensation des Erreichbarkeitsgraphen aus nur einem Knoten bestehen darf:

Die Verbindung zwischen zwei Knoten des kondensierten Graphen kann ja nur in einer Richtung durchlaufen werden, und damit kann eine Kondensation mit zwei oder mehr Knoten nicht mehr reversibel sein.

Im Bild 4.9 ist die Kondensation des Erreichbarkeitsgraphen aus Bild 4.8 dargestellt. Er besteht aus zwei Knoten, die durch die Transition 7 miteinander verbunden sind. Der Knoten $K2$ enthält dabei die drei Knoten der rechten Seite des PETRI-Netzes aus Bild 4.7. Sobald ein Knoten von $K2$ erreicht wird, können die Transitionen auf der linken Seite des Netzes nicht mehr aktiviert werden. Die starke Komponente $K2$, die durch das Schalten der Transition 7 erreicht wird, ist also eine Senke – sie besitzt keine auslaufende Kante – und beschreibt damit eine partielle Verklemmung. Eine Verklemmung entspricht im kondensierten Erreichbarkeitsgraphen also immer einer Senke. Sie ist partiell, wenn diese Senke (wie hier $K2$) Transitionen enthält. Ist dies nicht der Fall, handelt es sich um eine totale Verklemmung. Ein PETRI-Netz ist im Sinne der strengen Definition der Lebendigkeit genau dann lebendig, wenn jede Senke des kondensierten Erreichbarkeitsgraphen alle Transitionen des Netzes enthält.

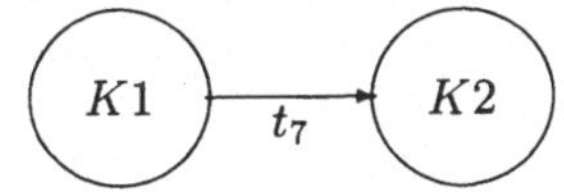

Bild 4.9 *Kondensation des Erreichbarkeitsgraphen aus Bild 4.8*

Der Erreichbarkeitsgraph hängt nicht nur von der Netzstruktur, sondern auch von der Anfangsmarkierung und der Kapazität der Stellen ab. Wäre z.B. im Bild 4.7 zu Beginn eine Marke am Platz p_5 statt bei p_1, sähe der Erreichbarkeitsgraph ganz anders aus, da die Plätze p_1 bis p_3 in diesem Fall nicht mehr belegt werden könnten. Wäre andererseits bei dem Netz im Bild 4.7 die Kapazität der Plätze zwei oder mehr Marken, ergäbe sich wiederum ein anderer (komplizierterer) Erreichbarkeitsgraph, der im Bild 4.10 angegeben ist. Die Komplexität des Erreichbarkeitsgraphen nimmt

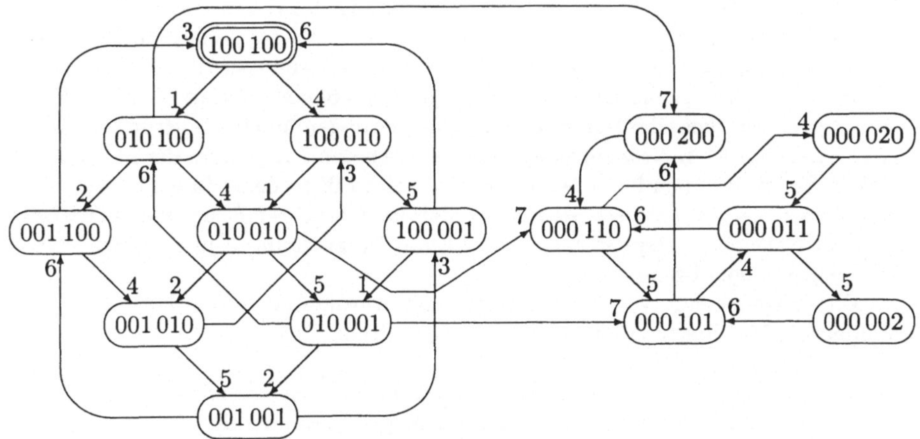

Bild 4.10 *Erreichbarkeitsgraph für das PETRI-Netz aus Bild 4.7 bei einer Kapazität von zwei oder mehr Marken pro Platz*

mit steigender Kapazität der Plätze des Netzes zu, wenn die Anfangsmarkierung aus mehr als einer Marke besteht. Für die Beschreibung der Aufgabenstellungen im Bereich der Steuerungstechnik reichen jedoch meist Einmarkennetze aus, so dass diese Problematik typischerweise nicht in Erscheinung tritt. □

4.3 Anwendung bei der Darstellung sequentieller Prozesse

Die Automatentheorie weist unter anderem die beiden folgenden wesentlichen Schwachpunkte auf:

- Die Anzahl der Zustände des Automaten kann sehr groß werden. Bei einer Speicherdimension von n (d.h. n Speichervariablen) kann man 2^n Zustände realisieren
- parallele Prozesse oder Abläufe sind nicht darstellbar.

Die PETRI-Netzdarstellung vermeidet diese Nachteile und erlaubt zudem

- eine Zerlegung in Teilnetze, die für sich betrachtet werden können,
- die übersichtliche Darstellung von parallelen Abläufen und Konflikten,
- eine bessere Erkennbarkeit von totalen und partiellen Verklemmungen.

Ein einfaches Beispiel: Wird bei einem parallelen Ablauf im Prozess A der Zulauf eines Tanks geöffnet und anschließend auf das Erreichen eines bestimmten Füllstandes gewartet, andererseits aber durch den parallelen Prozess B fälschlicherweise das Ablaufventil des gleichen Tanks geöffnet, so kann dieser Fehler, wenn der steuerungstechnische Ablauf durch ein PETRI-Netz dargestellt wird, viel leichter erkannt werden als bei einer Darstellung mit Hilfe eines Automaten.

Für steuerungstechnische Anwendungen ist dann ein PETRI-Netz folgendermaßen zu interpretieren:

- jeder Platz des Netzes entspricht einem Zustand des realen Prozesses.
- Die Transitionen stellen die Weiterschaltbedingungen dar (eine Transition schaltet, wenn sie aktiviert ist *und* der Schaltausdruck wahr wird)

Die Analysewerkzeuge der Entwicklungsumgebung können dabei strukturelle Fehler des Netzes entdecken, die semantischen Anforderungen an ein steuerungstechnisch interpretiertes PETRI-Netz müssen dagegen durch den Programmierer selbst erfüllt werden. So ist der oben beschriebene Fehler beim Füllen eines Tanks kein struktureller Fehler, der automatisch erkannt werden kann (wie es z.B. der Fall wäre, wenn in einem Netz eine entsprechende Anzahl von Verzweigungen nicht durch ebenso viele Begegnungen beendet würden).

Die Frage ist nun, wie die Zustände eines Automaten auf ein PETRI-Netz abgebildet werden. Hierbei gibt es zwei Möglichkeiten:

a) als *einzelner* markierter Platz
   ⇒ - Parallele Abläufe sind als solche dann nicht mehr erkennbar
   - Im PETRI-Netz ist immer nur *ein* einziger Platz markiert, da ein Automat ja immer nur in *einem* Zustand sein kann.

b) als spezielle *Markierung* oder „Fall" eines Netzes
   ⇒ - Parallelarbeit ist einfach darstellbar

- Soll eine Analyse bzw. Synthese mit Hilfe der Automatentheorie erfolgen, so ist eine Zerlegung in Teilnetze erforderlich.

Beispiel 4.4

Die beiden Möglichkeiten, die Zustände eines Automaten auf ein PETRI-Netz abzubilden, sollen anhand der im Bild 4.11 schematisch dargestellten Coilanlage veranschaulicht werden. Der Ablauf eines Arbeitszyklusses sieht dabei wie folgt aus:
Bei geschlossener Zange fährt der Vorschubantrieb vor und transportiert damit ein Stück Blech unter die Schere, das abgeschnitten werden soll. Wenn der Vorschub vorn angekommen ist, können zwei Vorgänge parallel und unabhängig voneinander stattfinden:

- Bei geöffneter Zange fährt der Vorschub nach hinten, wenn er an der hinteren Position angekommen ist, wird der Vorschubantrieb abgeschaltet.
- Bei geschlossenem Niederhalter fährt die Schere nach unten und schneidet dabei das Blech ab. Wenn die Schere an der unteren Stellung angekommen ist, wird der Niederhalter geöffnet und die Schere wieder nach oben gefahren. Ist die Schere oben angekommen, wird sie ausgeschaltet.

Die Parallelarbeit ist beendet und ein neuer Zyklus kann starten, wenn die Schere oben *und* der Vorschub hinten angekommen sind.

Das diesem Arbeitszyklus entsprechende PETRI-Netz sowie die möglichen Markierungen des Netzes können Bild 4.12 entnommen werden. Dies Netz ist also ein Beispiel dafür, dass einem Zustand eine bestimmte Markierung eines Netzes zugeordnet wird (Fall b). Die Plätze und Transitionen dieses Netzes sind in Tabelle 4.3 zusammengefasst.

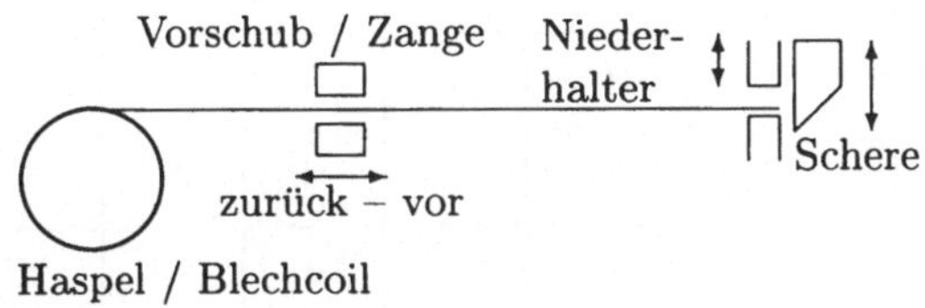

Bild 4.11 *Schematische Darstellung einer Coilanlage*

Tabelle 4.3 *Plätze und Transitionen bei der Coilanlage aus Bild 4.11*

Plätze:		**Transitionen:**	
p_1	Vorschubantrieb vorwärts, Zange zu	t_1	Vorschub vorn
p_2	Vorschubantrieb rückwärts, Zange auf	t_2	Vorschub hinten
p_3	Vorschubantrieb aus	t_3	Schere unten
p_4	Schere nach unten, Niederhalter zu	t_4	Schere oben
p_5	Schere hoch, Niederhalter auf	t_5	Schere oben und Vorschub hinten
p_6	Schere aus		

Fasst man nun die möglichen Markierungen dieses Netzes (für dieses einfache Beispiel sind, wie aus Bild 4.12 ersichtlich ist, 7 Fälle vorhanden) wiederum als Plätze eines neuen PETRI-Netzes auf, so erhält man den sogenannten ***Fallgraphen.*** Er ergibt sich bei der ersten Vorgehensweise, wo jeder Zustand eines Automaten einem einzelnen Platz eines PETRI-Netzes zugeordnet wird. Für die Coilanlage aus Bild 4.11 ist der zugehörige Fallgraph im Bild 4.13 dargestellt. Ein Fallgraph besitzt die folgenden Eigenschaften:

- Die Nebenläufigkeit (Parallelität) von Teilprozessen ist nun nicht mehr erkennbar.
- Ein Fallgraph enthält weder Parallelverzweigungen noch Sammlungen, sondern nur Alternativverzweigungen und Begegnungen.
- Die Transitionen des ursprünglichen PETRI-Netzes können mehrfach auftreten. In der Coilanlage nach Bild 4.11 tritt t_2 nun dreimal und t_3 und t_4 treten je zweimal auf. Im Bild 4.13 sind diese Transitionen entsprechend durch t_{2a},t_{2b},t_{2c},t_{3a},t_{3b},t_{4a} und t_{4b} gekennzeichnet.
- Stets ist nur *ein* Platz des Fallgraphen markiert, was genau *einem* Zustand des Automaten entspricht. Die Anwendung der Theorie der sequentiellen Schaltungen zur Analyse bzw. zur Synthese ist nun möglich.
- Bei der Realisierung durch ein Programm ist keine strukturierte Darstellung möglich.

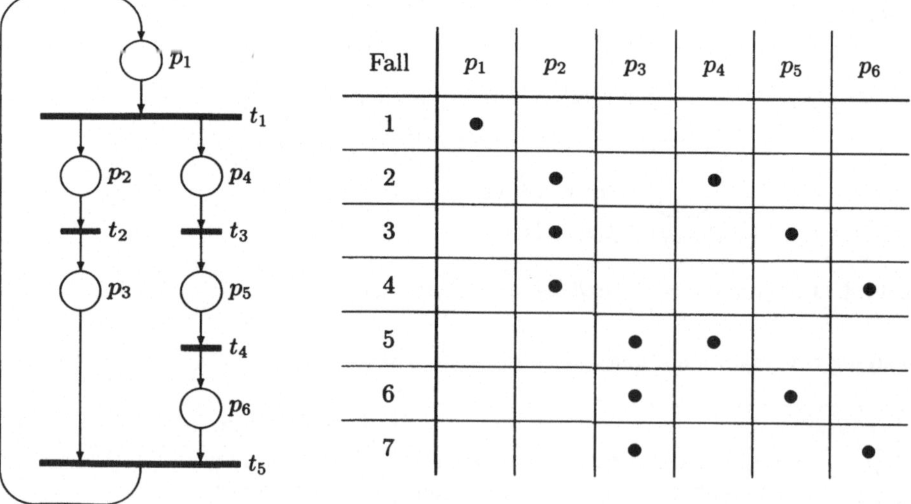

Fall	p_1	p_2	p_3	p_4	p_5	p_6
1	●					
2		●		●		
3		●			●	
4		●				●
5			●	●		
6			●		●	
7			●			●

Bild 4.12 PETRI-*Netz zu der Coilanlage aus Bild 4.11 (links) sowie die möglichen Markierungen dieses Netzes (rechts)*

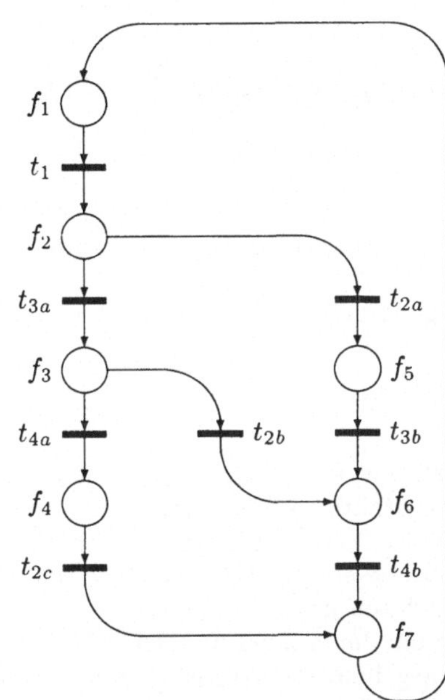

Bild 4.13 *Fallgraph zum* PETRI-*Netz aus Bild 4.12*

Eine andere Alternative bei parallelen Abläufen besteht darin, das entsprechende PETRI-Netz in Teilkomponenten zu zerlegen. Diese Teilkomponenten sind dann wieder einer Analyse bzw. Synthese mit Hilfe der Automatentheorie zugänglich. Allerdings müssen die entsprechenden Schnittstellen (Plätze und Transitionen) in den Ein- und Ausgangsvektor einbezogen werden. Auf diese Weise kann Parallelarbeit auch mit Hilfe von Automaten dargestellt werden. Bild 4.14 zeigt für die Coilanlage aus Bild 4.11, wie eine solche Zerlegung in Teilkomponenten vorgenommen werden kann. Allerdings ist dabei zu beachten, dass der Platz p_1 (s. Bild 4.12) dann, wenn die Transition t_1 feuert, wenigstens so lange gesetzt bleibt bzw. TRUE ist, bis auch der Teilautomat „Schere" gestartet wurde, also p_4 gesetzt ist, weil sonst eine Verklemmung auftritt, die nicht wieder aufgelöst werden kann. □

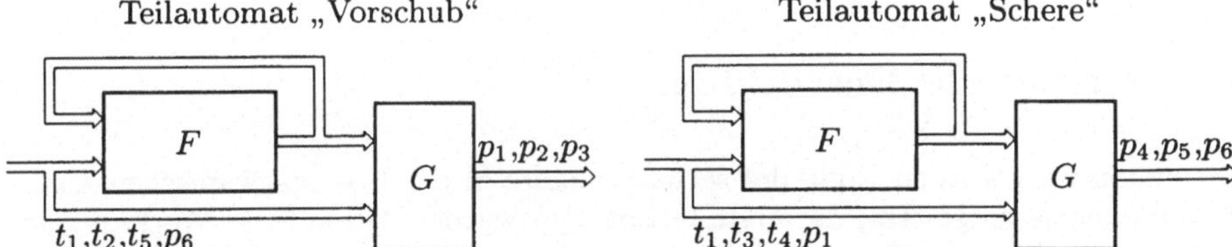

Bild 4.14 *Teilautomat „Vorschub" (links) und Teilautomat „Schere" (rechts) für die Coilanlage*

5 Realisierung durch programmierbare Steuerungen

Im Bereich der programmierbaren Steuerungen haben sich verschiedene Bezeichnungen und Abkürzungen durchgesetzt:

SPS speicherprogrammierbare Steuerung

FPS freiprogrammierbare Steuerung

PLC programmable logic controller

PC programmable controller

SPS ist im Deutschen inzwischen der allgemeine Begriff für programmierbare Steuerungen z.B. im Unterschied zu den festverdrahteten Steuerungen einerseits und Prozessleitsystemen andererseits. Er entspricht etwa dem Begriff PC im englischsprachigen Raum. Dagegen versteht man unter einem PLC im Unterschied dazu eigentlich nur eine bestimmte Hardware-Architektur (im Gegensatz zum PC, der Soft-Logic-Arrays verwendet). Allerdings ist bei der Abkürzung „PC" die Verwechslungsgefahr mit dem **P**ersonal **C**omputer gegeben. Der Ausdruck FPS – seinerzeit zur Kennzeichnung von Steuerungen verwendet, die eben nicht nur durch den Austausch ihres Speichers, sondern *frei* programmiert werden konnten (s. 5.2.2) – spielt heute kaum mehr eine Rolle, da nun nahezu alle marktüblichen Steuerungen *frei*programmierbar sind. Im Folgenden wird daher im Allgemeinen der Begriff SPS benutzt.

5.1 Historische Entwicklung

Die ersten SPS wurden Ende der sechziger Jahre in der US-amerikanischen Automobilindustrie eingesetzt, der erste fertige Typ wurde 1970 auf der Werkzeugmaschinenausstellung in Chicago gezeigt. Ausgelöst wurde diese Entwicklung aufgrund der Schwierigkeiten, die wegen des zunehmenden Automationsgrades in diesem industriellen Bereich durch die konventionelle Schütz- und Relaistechnik hervorgerufen wurden. Es wurde immer aufwendiger, Steuerungsfunktionen zu verändern. Diese ersten SPS wurden daher so konzipiert, dass man mit ihnen Schließ- und Öffnerkontakte von Relais bzw. Schützen nachbilden konnte. In der Bundesrepublik wurden etwa ab dem Jahr 1973 SPS eingesetzt.

Die Programmierung dieser SPS der ersten Generation erfolgte mit sehr einfachen und auf die jeweilige Steuerung zugeschnittenen Programmiergeräten, meist in einer maschinennahen gerätespezifischen assemblerähnlichen Sprache. Komfortable Bedien- oder Diagnosefunktionen waren nicht möglich.

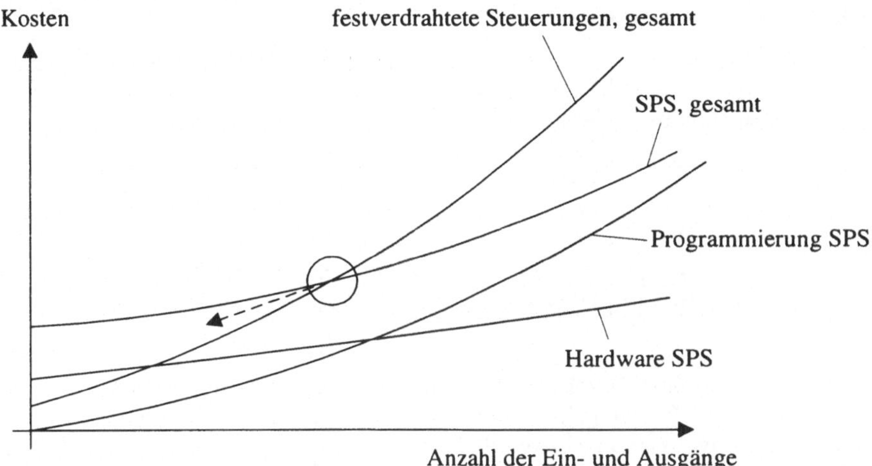

Bild 5.1 *Prinzipieller Verlauf der Automatisierungskosten (festverdrahtete Steuerungen ↔ SPS)*

Die rasante Entwicklung der Mikroelektronik beeinflusste natürlich auch die SPS. Während einerseits die Preise fielen und dadurch der Einsatz von SPS sich auch schon für kleinere Aufgabenstellungen rechnete (s. Bild 5.1), wuchs andererseits der Funktionsumfang, den man mit SPS realisieren kann. Neben den ursprünglichen nur binären und Ausgängen, die entsprechend der Booleschen Algebra miteinander verknüpft wurden, kamen analoge Kanäle (z.B. zur Realisierung kleinerer Regelaufgaben) sowie komplexere Funktionen und Funktionsbausteine hinzu, die mit den SPS realisiert werden konnten. Die „Grenze“ zwischen der SPS einerseits und dem Prozessrechner andererseits wurde daher zunehmend verwischt.

Während frühere SPS ausschließlich kompakte Geräte mit einer festen Anzahl von Ein- und Ausgängen waren, werden heute neben diesen *Kompaktsteuerungen*, die bei Problemstellungen mit genau definiertem Umfang zum Einsatz kommen, vor allem auch *modular* aufgebaute Systeme angeboten, deren Komponenten über einen *Peripherie-* oder *System-Bus* miteinander kommunizieren und wegen ihrer leichten Erweiterbarkeit auch für komplexere oder wachsende Aufgabenstellungen geeignet sind. Die zunehmende Vernetzung von Rechnern, die in den letzten Jahren vor allem im Bereich der Personal Computer stattfand, ist inzwischen auch im Bereich der SPS möglich.

Bei der Automatisierung von industriellen Anlagen bilden SPS heute, ohne dass man hier von Übertreibung reden könnte, das „Rückgrat“, sie sind aus diesem Bereich nicht mehr wegzudenken. Auch sicherheitstechnische Bedenken, die lange Zeit die Einführung von SPS in kritischen Bereichen verhindert haben (so wurde der Einsatz von SPS für Signalanlagen der Deutschen Bundesbahn erst im Jahr 1985 zugelassen), sind heute kein Hinderungsgrund mehr, da SPS im täglichen industriellen Einsatz auch in punkto Zuverlässigkeit ihre Bewährungsprobe längst hinter sich haben.

Tabelle 5.1 *Industrieller Einsatz von SPS*

Automobilindustrie	Transferstraßen, Handhabungsgeräte, Schweiß- und Farbspritzautomaten
Werkzeugmaschinenbau	Bohrwerke, Stanzautomaten, Pressensteuerungen, Prüf- und Kontrollautomaten
Fördertechnik	Kran- und Aufzugsteuerungen, Verpackungsmaschinen, Palettierautomaten, Hochregallager, Abfüllanlagen
Chemische Industrie	Verfahrenstechnik, Wasseraufbereitung
Nahrungsmittelindustrie	Überwachung von Rezepturen, Dosiermaschinen

SPS werden in allen Bereichen der Industrie verwendet, und es ist kaum möglich, die Vielzahl der Einsatzgebiete auch nur annähernd zu benennen. Die in Tabelle 5.1 aufgeführte unvollständige Liste soll daher auch nur einige Anhaltspunkte geben.

Parallel zu dieser Entwicklung der Hardware verlief auch die Verbesserung der Programmierung von SPS. Seit Anfang der achziger Jahre werden hierzu und auch zur Inbetriebnahme wesentlich komfortablere Programmiergeräte verwendet, bei modernen SPS ist inzwischen die Programmentwicklung auf dem PC mit entsprechend komfortablen, meist unter Bedienoberflächen wie Windows laufenden Programmpaketen die Regel, die auch über entsprechende Simulationswerkzeuge und Debugging-Tools verfügen. SPS und PC sind dabei über die serielle Schnittstelle mit dem RS232-Protokoll miteinander verbunden. Diese Programme werden – je nach gewünschtem Umfang und Funktionalität – vom Hersteller angeboten und machen, verglichen mit der reinen Hardware, einen nicht unerheblichen Teil der Beschaffungskosten einer SPS aus.

Von dieser Entwicklung ausgenommen waren zunächst die *Programmiersprachen*, mit denen SPS programmiert wurden. Zwar kamen zu den assemblerähnlichen Anweisungslisten (AWL) bald auch andere graphische Programmiersprachen (verknüpfungsorientiert wie Kontaktplan KOP oder Logikplan LOP sowie später ablauforientiert wie der Funktionsplan FUP) hinzu. Allerdings war eine Portabilität von Programmen auf SPS anderer Hersteller noch bis Anfang der neunziger Jahre praktisch unmöglich bzw. mit sehr hohem Aufwand verbunden. Jeder Hersteller verwendete eigene AWL bzw. stellte verschiedene vordefinierte Funktionsbausteine

Tabelle 5.2 *Wesentliche deutsche und internationale Normen im Bereich der SPS*

Jahr	deutsch	international
1977	DIN 40719-6 (Funktionspläne)	IEC 848
1982	VDI Richtlinie 2880, Blatt 4 „Speicherprogrammierbare Steuerungsgeräte, Programmiersprachen“	
1983	DIN 19239 SPS-Programmierung	
1992		IEC 1131-1 und -2
1993	DIN EN 61131 Teil 3	IEC 1131-3
1995		IEC 1131-4

zur Verfügung, die es bei Herstellern anderer SPS so nicht gab. Hatte man sich also einmal für einen bestimmten Hersteller entschieden, war es bei Erweiterungen oder der weiteren Automatisierung bestehender Anlagen kaum möglich, eventuell besser geeignete oder preisgünstigere Hardwarekomponenten anderer Hersteller einzusetzen. Den Herstellern kam diese Situation durchaus gelegen, konnten sie doch auf diese Weise und weniger durch die Entwicklung verbesserter Produkte eine Zeit lang ihr Marktpotential ausbauen.

Schon früh gab es von der Anwenderseite entsprechende Normierungsbemühungen, die 1977 zur DIN 40719 und 1983 zur inzwischen bereits überholten und wieder zurückgezogenen DIN 19239 führten (s. Tabelle 5.2). Allerdings dauerte es noch weitere 10 Jahre, bis mit dem IEC 1131-Standard die erste Norm mit der nötigen internationalen und industriellen Akzeptanz in Kraft trat. Auf die wesentlichen Elemente dieser Norm wird im Kapitel 5.4 näher eingegangen. Es bleibt zu hoffen, dass sich diese Norm im Sinne einer anwenderfreundlichen Programmierung von SPS durchsetzt und weiterentwickelt.

5.2 Aufbau und Arbeitsweise

Während früher Steuerungen auch diskret oder halbdiskret aufgebaut waren, ist bei heutigen SPS nur noch die Interpreterlösung relevant. Der Grund dafür ist einerseits, dass die Verarbeitungsgeschwindigkeiten moderner CPUs allemal für steuerungstechnische Aufgabenstellungen ausreichen und das andererseits CPU-Chips so preiswert geworden sind, dass eine dem Problem angepasste diskrete Lösung in der Summe teurer käme als der Einsatz einer Standard-Steuerung mit handelsüblichem Mikroprozessor.

5.2.1 Modularer Aufbau der Hardware

Wie bereits erwähnt, besitzen sogenannte *Kompaktsteuerungen* eine feste Anzahl von Ein- und Ausgängen, ein integriertes Netzteil, ein zentrales Steuerwerk und einen Programmspeicher. Sie werden bei fest umrissenen, kleineren bis mittleren Automatisierungsaufgaben eingesetzt. Bei komplexeren Problemstellungen, wenn größere Flexibilität erforderlich ist (z.B. wenn auf einer Produktstraße leicht unterschiedliche Produkte hergestellt werden und dazu jeweils kleinere Umbauten vorgenommen werden müssen) oder wenn abzusehen ist, dass die SPS zu einem späteren Zeitpunkt weitere Aufgaben übernehmen soll, hat sich dagegen der *modulare* Aufbau durchgesetzt.

Bild 5.2 zeigt den prinzipiellen Aufbau einer modularen SPS. In die Steckplätze eines Baugruppenträgers, der die interne Spannungsversorgung der SPS sowie den Peripheriebus beinhaltet, können verschiedene *Baugruppen* eingesteckt werden. Zwingend erforderliche Baugruppen sind dabei

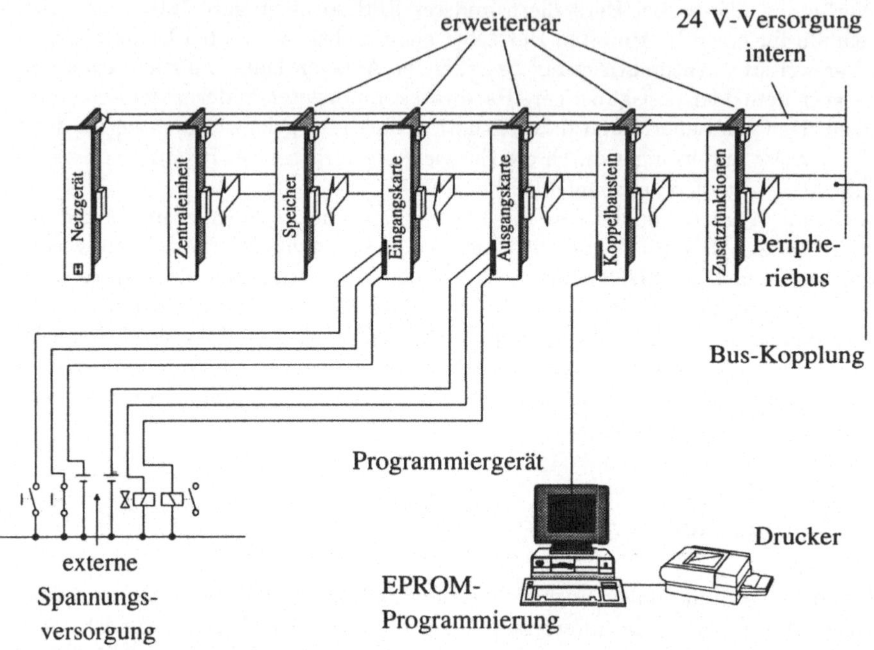

Bild 5.2 *Aufbau einer modularen SPS*

- das Netzteil. Es erzeugt die Gleichspannung von 24V, die alle anderen Baugruppen der Steuerung benötigen und ist für die Spannungsversorgung der SPS ausgelegt. Für die Mess- und Stellglieder des Prozesses ist eine separate Spannungsversorgung erforderlich. Meist wird über das Netzteil auch die Pufferung des RAM-Speichers der Zentraleinheit (s.u.) bei Spannungsausfall durch eine Batterie oder eine externe Spannungsversorgung realisiert.
- die Zentraleinheit (**c**entral **p**rocessing **u**nit, CPU) mit dem Prozessor und dem Anwendungsspeicher. Sie bildet das Herzstück der SPS und wird im Kapitel 5.2.2 näher beschrieben.
- digitale und/oder analoge Ein- und Ausgangsbaugruppen entsprechend den Erfordernissen des zu automatisierenden Prozesses.

Weitere optionale Baugruppen sind

- Speicherbaugruppen, die das Ablegen auch komplexer Steuerungsprogramme ermöglichen, für die der interne Speicher der CPU nicht ausreicht. Zusätzliche Speichermodule werden bei einigen Steuerungen auch direkt auf die CPU-Baugruppe aufgesteckt.
- Zusatzfunktionsbaugruppen. Sie besitzen meist einen eigenen Prozessor und

ermöglichen dadurch besondere Aufgaben und signalvorverarbeitende Funktionen wie das Zählen von schnellen Impulsfolgen (z.B. von Inkrementalgebern), Messungen von Geschwindigkeiten und Zeiten oder auch selbständige Temperatur- und Antriebsregelungen.

- Koppelbausteine, die dazu dienen, die Mensch-Maschine-Kommunikation zu realisieren, indem Anlagenzustände gemeldet und protokolliert werden. An diese Baugruppen können Drucker, Tastaturen und Monitore sowie andere Steuerungen und Rechner angeschlossen werden.

Bei einer Erweiterung der Aufgaben einer SPS müssen bei einer solchen modularen SPS gegebenenfalls neben der Änderung des Programms nur die zusätzlich benötigten Ein- und Ausgangskarten eingesteckt werden.

Bild 5.3 zeigt die Verbindung zwischen der CPU und den anderen Baugruppen bei einer handelsüblichen modularen SPS. Das Laden eines Steuerungsprogrammes in den internen RAM-Speicher erfolgt über die serielle Schnittstelle der CPU.

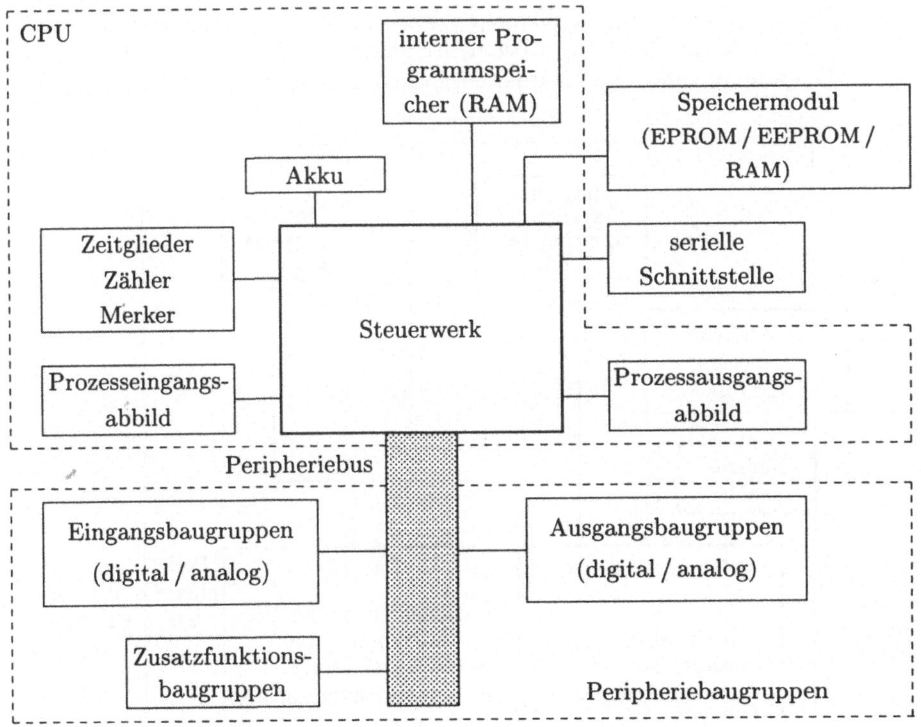

Bild 5.3 *Schematische Darstellung der wesentlichen Funktionseinheiten einer modularen SPS*

5.2.2 Zentraleinheit mit Steuerwerk

Aus Bild 5.3 gehen bereits die wesentlichen Komponenten der CPU hervor. Im Bild 5.4 ist schematisch nochmals die CPU einer SPS dargestellt. Sie ist das intelligente Kernstück der Steuerung und erzeugt mit Hilfe des *Betriebssystems* die durch das Anwenderprogramm geforderten prozessabhängigen Verknüpfungsergebnisse.

Die wesentlichen Aufgaben der Zentraleinheit sind:

1. Die Erfassung und Ausführung der im Programmspeicher enthaltenen Befehle,
2. die Steuerung des Datenaustauschs mit der Peripherie,
3. die Überwachung und ggf. Abgabe von Störungsmeldungen bezüglich des Datenaustauschs sowohl zum Programmspeicher als auch zur Peripherie.

Die Leistungsfähigkeit verschiedener CPUs ist unterschiedlich. Sie ergibt sich aus dem Funktionsumfang, dem Befehlsvorrat, internen Funktionseinheiten wie Merkern, Zählern und Zeitgliedern sowie auch durch die interne Programmbearbeitung. Während einfachere CPUs nur Bits verarbeiten können, besitzen anspruchsvollere Zentraleinheiten Bit- und Wortprozessoren. Auch das Datenformat (8, 16 oder 32 Bit), mit dem die CPU arbeitet, ist unterschiedlich. Die Arbeitsfrequenz der CPU bestimmt zudem die Bearbeitungszeiten des Anwenderprogramms.

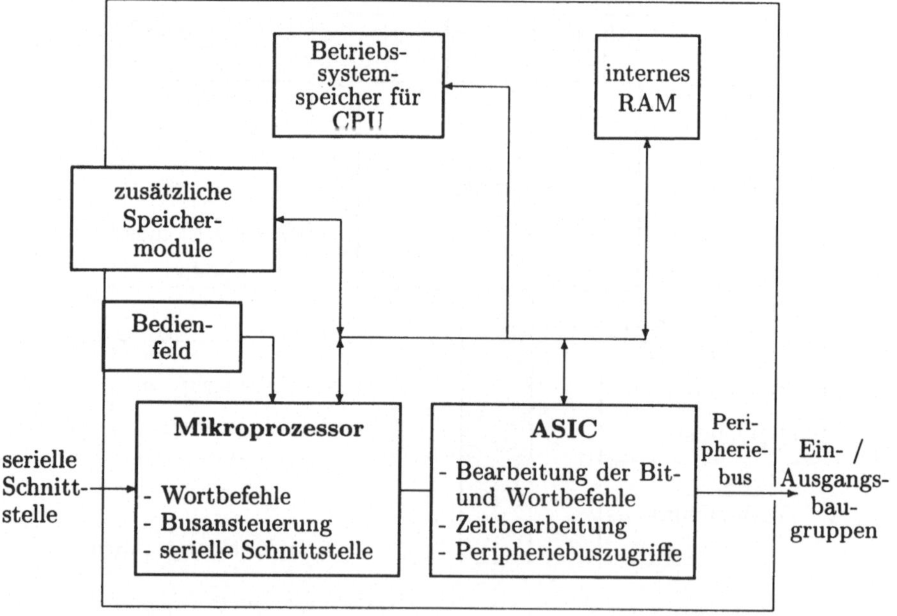

Bild 5.4 *Aufbau der CPU einer SPS*

Tabelle 5.3 *Speichertypen bei SPS*

<table>
<tr><th colspan="2">Speicher</th><th>Löschen</th><th>Programmieren</th><th>Speicherinhalt bei Stromausfall</th></tr>
<tr><td>RAM</td><td>Random Access Memory, Schreib-Lese-Speicher</td><td>elektrisch</td><td>elektrisch</td><td>flüchtig</td></tr>
<tr><td>ROM</td><td>Read Only Memory, Festwertspeicher</td><td rowspan="2">nicht möglich</td><td>beim Herstellungsprozess</td><td rowspan="4">nicht flüchtig</td></tr>
<tr><td>PROM</td><td>Programmable ROM, programmierbarer Festwertspeicher</td><td rowspan="3">elektrisch</td></tr>
<tr><td>EPROM</td><td>Erasable PROM, löschbarer Festwertspeicher</td><td>durch UV-Licht</td></tr>
<tr><td>EEPROM</td><td>Electrically EPROM, elektrisch löschbarer Festwertspeicher</td><td>elektrisch</td></tr>
</table>

Häufig besitzt eine CPU neben dem eigentlichen Prozessor auch sogenannte anwendungsspezifische integrierte Schaltkreise (ASICs), die z.B. Wort- und Bitbefehle bearbeiten oder für die Zugriffe auf den Peripheriebus zuständig sind.

Der Arbeitspartner des Prozessors ist der Programmspeicher. In Tabelle 5.3 sind die Speichertypen, die bei SPS verwendet werden, zusammengestellt.

Für das Erstellen und Testen eines Anwenderprogramms wird man den internen RAM-Speicher verwenden. Während des laufenden Betriebes sollte dieser Speicher für das fertige Anwenderprogramm jedoch nur genutzt werden, wenn er durch eine Pufferbatterie gegen Datenverlust bei Unterbrechung der Versorgungsspannung gesichert ist. Ein ausgetestetes Programm sollte daher, z.B. mit dem Programmiergerät oder über die serielle Schnittstelle der SPS, in einen Festwertspeicher (EPROM oder EEPROM) geladen werden. Durch Wechseln entsprechender Speichermodule mit lauffähigen Anwenderprogrammen kann eine SPS dann sehr schnell umprogrammiert werden (Austauschprogrammierung).

Wesentlich für das Arbeiten der CPU ist weiterhin das *Betriebssystem*, das meist in einem internen Festwertspeicher der SPS abgelegt ist (s. Bild 5.4). Es organisiert z.B. beim Hochfahren der SPS nach Einschalten der Versorgungsspannung das Erreichen eines definierten Zustandes und ist zuständig für die Abarbeitung aller Interrupts, die durch den Anwender, durch das Auftreten von Fehlerzuständen oder auch durch Echtzeitanforderungen gesetzt werden können. Außerdem ermöglicht das Betriebssystem den Datenverkehr mit anderen Baugruppen und übernimmt die Organisation des freiprogrammierbaren Speichers sowie die Koordination aller Einzelkomponenten.

Das Betriebssystem bestimmt – neben dem Prozessor der CPU – ganz wesentlich den Einsatzbereich einer SPS, da nur die dort organisierten Leistungen und Funktionen auch vom Anwender genutzt werden können. Ist beispielsweise keine Behandlung von Echtzeitinterrupts möglich oder vorgesehen, kann man eine solche SPS nicht für Aufgaben heranziehen, die eine genau definierte Abtastzeit erfordern.

Während das Betriebssystem modular aufgebauter SPS eines Herstellers über den vollständigen Funktionsvorrat verfügt, wird bei Kompaktsteuerungen häufig nur eine „abgespeckte" Version dieses Betriebssystems implementiert, wodurch unter anderem auch der günstigere Preis dieser Steuerungen resultiert.

Das durch einen Compiler übersetzte Anwenderprogramm wird abgearbeitet, indem der Befehlszähler innerhalb des Steuerwerks (s. Bild 5.3) inkrementiert und der entsprechende Befehl in das Befehlsregister geladen wird. Jede dieser Anweisungen besteht aus einem *Operationsteil*, der besagt, welche Operationen ausgeführt werden sollen (z.B. Ausgabe auf dem Drucker, logische Verknüpfungen, Zeit- und Zähloperationen), und einem *Operandenteil*, in dem festgelegt wird, auf welche Operanden (Eingänge, Ausgänge, Merker, Zähler) diese Operationen angewendet werden sollen. Jeder Befehl sagt der Zentraleinheit also

- welche Operanden sie benötigt (→ die Adressen und die Typen der Operanden werden dekodiert),
- welche logischen Verknüpfungen oder Rechenoperationen programmiert wurden, die mit den Operanden dann ausgeführt werden (Zwischenergebnisse werden dabei im Akku abgelegt),
- welche Daten (Ergebnisse) wohin ausgegeben bzw. abgelegt werden sollen.

Nach jedem Befehl erfolgt dann (durch das Betriebssystem) die Behandlung etwaiger Interrupts, bevor der nächste Befehl abgearbeitet wird.

Typische Operanden einer SPS sind:

- Binäreingänge (Kennbuchstabe **I**), -ausgänge (**Q**) und -merker (**M**). Sie sind als Bit (**X** oder keine besondere Bezeichnung), Byte (**B**), Wort (**W**), Doppelwort (**D**) oder als Langwort (**L**) organisiert. Beispielsweise kennzeichnet „%IW7" das Eingangswort 7, „%QD3.1" das Ausgangsdoppelwort 1 im Peripheriemodul 3 und sowohl „%M5.2.0" als auch „%MX5.2.0" das Merkerbit 0 im Wort 2 des Peripheriemoduls 5. Merker und Ausgänge können dabei nicht-remanent oder remanent deklariert werden, wobei letztere durch Batterien gepuffert werden und ihren Signalzustand auch bei Stromausfall nicht verlieren.
- Zähler und Zeitglieder. Sie beinhalten den (voreinzustellenden) Preset-Wert, den aktuellen Zähl- bzw. Zeitwert und ein Ausgangsbit.
- Programm- und Funktionsbausteine können auch direkt als Operanden angesprochen werden.
- analoge Kanäle, Gleitpunkt- und Festpunktzahlen dienen zur Darstellung kontinuierlicher Messgrößen, sie werden z.B. zur Realisierung von Regelaufgaben benötigt.

5.2.3 Arbeitsweise

Bild 5.5 zeigt vereinfacht die typische Arbeitsweise einer SPS, die auch für Steuerungen gilt, die einen höheren Funktionsvorrat besitzen. Nach Einschalten der Versorgungsspannung wird zunächst durch das Betriebssystem eine Initialisierung vorgenommen, bei der üblicherweise alle nicht remanenten Operanden sowie das sogenannte *Eingangsabbild* und *Ausgangsabbild* des Prozesses zurückgesetzt werden.

Dadurch erreicht man zunächst definierte Anfangsbedingungen, bevor das Anwenderprogramm gestartet wird und abläuft.

Das eigentliche SPS-Programm wird dann zyklisch immer wieder wie folgt abgearbeitet: Zunächst werden alle Eingangsvariablen der Steuerung im Prozesseingangsabbild gespeichert. Anschließend wird jeweils das gesamte Steuerungsprogramm durchlaufen, wobei die logischen Zustände der binären Eingangsvariablen oder die Messwerte analoger Eingangsgrößen dem Prozesseingangsabbild entnommen werden und die Ausgangsgrößen im Prozessausgangsabbild abgelegt werden. Dieses Programm kann natürlich auch bedingte und/oder unbedingte Sprünge enthalten. Zum Schluss, nachdem die letzte Anweisung des Programms abgeschlossen wurde, werden die Ausgangsgrößen des Prozessabbildes zur Anlage transferiert.

Diese Vorgehensweise bringt zwangsläufig mit sich, dass die sogenannte *Zykluszeit*, also die Zeit, die für das einmalige Durchrechnen des Programms einschließlich dem Einlesen der Eingangsgrößen und dem Ausgeben der Ausgangsgrößen benötigt wird, wesentlich von der Länge des ablaufenden Anwenderprogramms abhängt. Wie im Bild 5.5 dargestellt, kann diese Zykluszeit auch überwacht werden, so dass bei

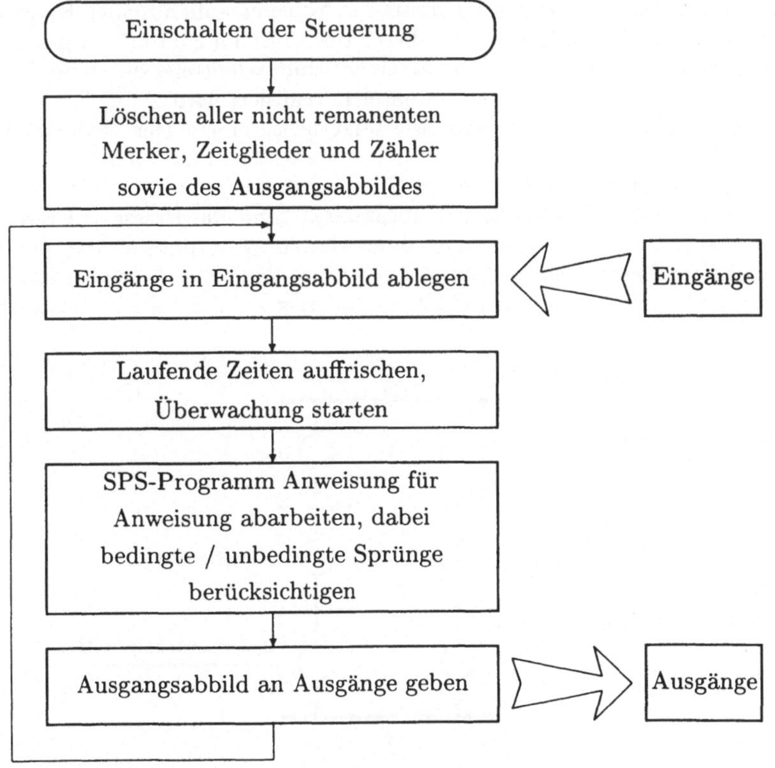

Bild 5.5 *Darstellung der Programmabarbeitung einer SPS*

Überschreitung einer bestimmten Zeitdauer, z.B. weil nach einem bedingten Sprung ein fehlerhaftes Programmsegment durchlaufen wird und die SPS hängenbleibt, ein Alarm erfolgt und die Steuerung die Abarbeitung des Steuerungsprogramms abbricht.

5.3 Realisierung paralleler Abläufe

Wie bereits im Kapitel 4 aufgezeigt wurde, stellen PETRI-Netze ein gutes Hilfsmittel dar, um parallele Abläufe in Steuerungen abzubilden und zu veranschaulichen. Solche parallelen Abläufe sind immer dann zu verwalten, wenn der innere Zustand einer Steuerung auf verschiedene Schritte einer Ablaufsteuerung abgebildet wird und mehrere Schrittketten zur gleichen Zeit unabhängig voneinander abgearbeitet werden müssen. Bild 5.6 zeigt einen solchen parallelen Ablauf von zwei Teilprozessen, repräsentiert durch ein PETRI-Netz.

Hierbei soll nun zunächst die *verknüpfungsorientierte* und die *ablauforientierte* Formulierung eines steuerungstechnischen Problems anhand einer Knebelpresse erläutert werden. Die Funktionsweise dieser Presse ist im Bild 5.7 dargestellt, Bild 5.8 zeigt den zugehörigen Stromlaufplan einer Schützschaltung, durch den die Zweihandeinrückung der Presse (s. auch Kapitel 1) realisiert wird.

Einen Arbeitszyklus kann man wie folgt beschreiben: Der Bediener muss – ausgehend von der Ruhestellung der Presse – die beiden Taster **Hand_A** und **Hand_B** *gleichzeitig* betätigen, um die Presse in Gang zu setzen.

Bis zum Erreichen des unteren Totpunktes kann die Presse jederzeit durch Loslassen *eines* Tasters wieder angehalten werden. Vom unteren Totpunkt an – der Endschalter **Übernahme** wird nun logisch Eins – läuft die Presse bis zum oberen Totpunkt, wo **Übernahme** wieder abfällt, unabhängig von **Hand_A** oder **Hand_B** weiter.

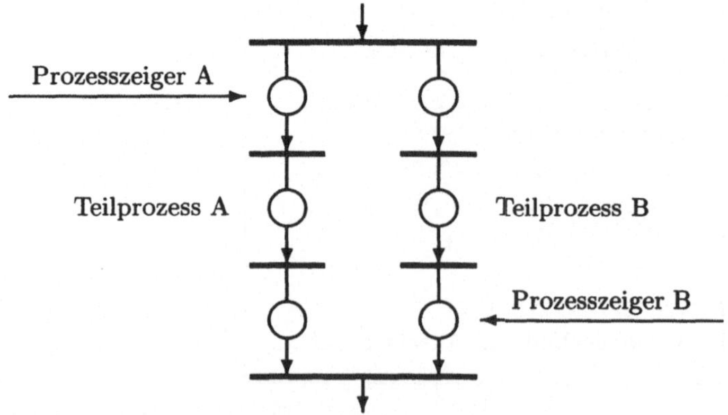

Bild 5.6 PETRI-*Netzdarstellung eines parallelen Ablaufs*

Die Zweihandeinrückung muss nun bewirken, dass, nachdem der obere Totpunkt erneut erreicht wurde, **Hand_A** und **Hand_B** *gleichzeitig* losgelassen werden müssen, bevor ein neuer Zyklus gestartet werden kann. Dies wird durch das Relais **Einmal_Los** realisiert. In der Grundstellung am oberen Totpunkt ist dies Relais logisch Eins und hält sich über den Öffnerkontakt des Schützes Hub (die Presse ist ausgeschaltet) selbst. Dadurch wird, wenn sowohl **Hand_A** als auch **Hand_B** gedrückt werden, Hub TRUE und die Presse läuft an. Dabei muss sichergestellt werden, dass **Einmal_Los** zunächst TRUE bleibt, z.B. indem in der verknüpfungsorientierten Steuerung die binäre Variable Hub, die ja den Öffnerkontakt eines Schützes darstellt, zeitverzögert abfällt und außerdem der Schalter **Tot_Oben** so justiert wird, dass unmittelbar nach Anlauf der Presse NOT **Tot_Oben** TRUE wird. Wird die Presse vor Erreichen des unteren Totpunktes durch Loslassen eines der beiden Taster (**Hand_A** oder **Hand_B**) gestoppt, kann sie in diesem Fall bereits dadurch wieder gestartet werden, indem der losgelassene Taster zusätzlich zu dem festgehaltenen erneut betätigt wird.

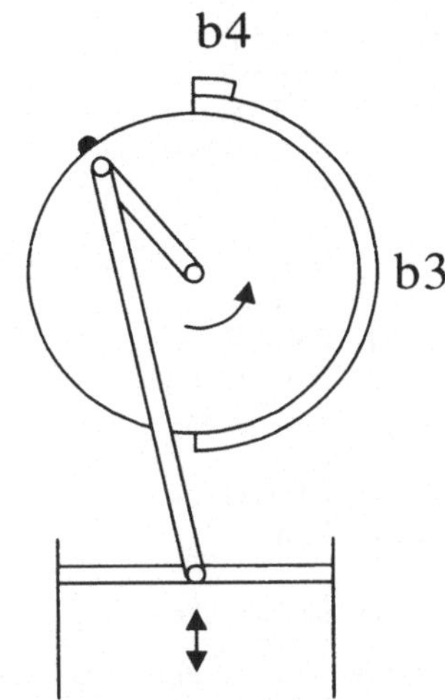

Bild 5.7 *Funktionsweise einer Knebelpresse*

Wenn nun der obere Totpunkt erneut erreicht wird, so sind zwei Fälle möglich:

a) **Hand_A** *und* **Hand_B** sind gleichzeitig losgelassen: Die Presse stoppt, da **Übernahme** logisch Null ist, **Einmal_Los** bleibt jedoch TRUE, und die Presse ist für einen erneuten Arbeitszyklus bereit.

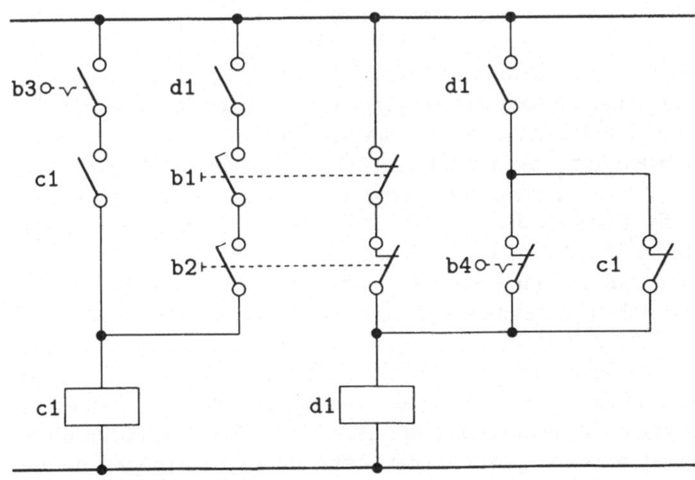

Bild 5.8 *Stromlaufplan der Knebelpresse*

verknüpfungsorientiert formuliert	ablauforientiert formuliert
LD Hand_A AND Hand_B AND Einmal_Los OR (Übernahme AND Hub) ST Hub LDN Hand_A ANDN Hand_B OR (Einmal_Los ANDN Tot_Oben) OR (Einmal_Los ANDN Hub) ST Einmal_Los	REPEAT Hub := Hand_A AND Hand_B; UNTIL Übernahme = TRUE END_REPEAT; Hub := TRUE; REPEAT UNTIL Tot_Oben = TRUE END_REPEAT; Hub := FALSE; REPEAT UNTIL (NOT(Hand_A) AND NOT(Hand_B)) END_REPEAT;

Bild 5.9 *Verknüpfungsorientierte und ablauforientierte Formulierung der Zweihandeinrückung einer Knebelpresse*

b) Mindestens einer der beiden Taster bleibt gedrückt. Da Hub noch TRUE ist (die Schalter müssen so justiert sein, dass Tot_Oben TRUE wird, bevor Übernahme FALSE wird und die Presse stoppt), wird Einmal_Los FALSE. Wird nun auch Übernahme logisch Null, bleibt die Presse stehen. Sie lässt sich erst dann wiederum in Gang setzen, wenn durch das *gleichzeitige* Loslassen beider Taster Einmal_Los erneut TRUE wird, womit die Grundstellung wieder erreicht wäre.

Es spielt also keine Rolle, ob irgendwann in der Phase, in der sich die Presse vom unteren zum oberen Totpunkt bewegt, Hand_A und Hand_B losgelassen wurden. Dauerhaft auf TRUE bleibt Einmal_Los nur, wenn am oberen Totpunkt beide Taster losgelassen sind.

Nun wird schon bei dieser Funktionsbeschreibung des Stromlaufplanes aus Bild 5.8 deutlich, dass bei der Knebelpresse alle Vorgänge von der aktuellen Position der Presse, also vom gerade ablaufenden Prozess abhängig sind, und daher am besten auch so beschrieben werden können. Im Bild 5.9 sind für den entsprechenden Programmabschnitt die *ablauforientierte* und die *verknüpfungsorientierte* Realisierung angegeben, wobei die Syntax sich der Sprachen ST (structured text) und AWL (**An**weisungsliste) aus der IEC-Norm 1131 bedient.

Es soll in diesem Zusammenhang noch erwähnt werden, dass beide Darstellungen nur unter theoretischen Annahmen äquivalent sind und die gleichen Resultate hervorrufen. Da die binären Variablen Hand_A, Hand_B, Übernahme und Tot_Oben aus dem realen Prozess kommen, lässt sich z.B. die Forderung, dass NOT Tot_Oben zum gleichen Zeitpunkt TRUE wird, zu dem die Ausgangsvariable der Steuerung NOT Hub FALSE wird, gar nicht erfüllen. Die korrekte Funktion der verknüpfungsorientierten Steuerung ist also nur gewährleistet, wenn man sie so programmiert, dass NOT Hub nach dem Start eines Zyklus nur verzögert abfällt. Sonst kann es passieren, dass nach dem Anlauf der Presse das Signal Tot_Oben erst zu spät FALSE wird, entsprechend Einmal_Los abfällt und die Presse wieder stehenbleibt. Bei der ablauforientierten Formulierung ist diese Fehlfunktion nicht möglich.

Theoretisch könnte man auch den Sensor Tot_Oben einsparen. Im ablauforientierten Programm kann man ohne Änderung der Funktion des Programms die Anweisung

UNTIL Tot_Oben = TRUE

durch

UNTIL NOT Übernahme = TRUE

ersetzen. Dies ist bei der Realisierung mit Hilfe des verknüpfungsorientierten Programms nur möglich, wenn neben der logischen Verknüpfung mit Übernahme anstatt mit NOT Tot_Oben in der zweiten Anweisung zusätzlich diese mit der ersten vertauscht wird. Wird lediglich NOT Tot_Oben durch Übernahme ersetzt, würde sich für den Fall, dass genau einer der beiden Taster gedrückt ist, beim Erreichen des oberen Totpunktes die Stellung der Taster nicht auswirken, wie man sich sofort klarmachen kann: Zunächst würde Hub logisch Null werden, wenn Übernahme von Eins auf Null wechselt, da Hand_A AND Hand_B=FALSE ist. Damit aber wäre die ODER-Verknüpfung Einmal_Los AND NOT Hub wieder TRUE, wodurch der Wechsel Einmal_Los AND Übernahme von TRUE nach FALSE gerade kompensiert würde. Als Ergebnis ergäbe sich, dass Einmal_Los nach wie vor logisch Eins wäre und damit bereits durch das erneute Drücken des losgelassenen Tasters ein neuer Zyklus gestartet werden könnte (es müssten nicht *beide* Taster losgelassen werden). Vertauscht man dagegen die Reihenfolge der beiden Anweisungen, hängt es – richtigerweise – von Hand_A und Hand_B ab, ob Einmal_Los Eins bleibt oder Null wird.

Anhand dieser Überlegungen kann man bereits erkennen, dass bei verknüpfungsorientierten Programmen die *Reihenfolge* der Anweisungen durchaus eine Rolle spielen kann, durch Vertauschen zweier Anweisungen kann ein Programm z.B. richtig oder auch falsch werden. Darüber hinaus wird deutlich, dass in diesem Fall die Lösung durch ein ablauforientiertes SPS-Programm viel anschaulicher ist als durch ein verknüpfungsorientiertes. Das muss übrigens nicht so sein; bei einer Problemstellung, wo es um die reine Verknüpfung von Variablen entsprechend der Regeln der Booleschen Algebra geht, wäre die verknüpfungsorientierte Realisierung die passendere. Dennoch ist klar, dass sehr viele Prozesse, die mit Hilfe einer SPS gesteuert bzw. automatisiert werden sollen, *ablauforientiert* sind, man denke nur an die Realisierung einer Rezeptur bei der Herstellung von Nahrungsmitteln oder an die automatische Bestückung von Platinen.

Bereits in der Vergangenheit, und vor allem nun auch durch die IEC-Norm 1131, in der es verschiedene ablauforientierte Programmiersprachen gibt und zudem Funktionsbausteine in unterschiedlichen Sprachen programmiert werden können, wurde und wird diesem Bedürfnis Rechnung getragen. Die Umsetzung paralleler Abläufe auf der Maschinenebene dagegen wird kaum realisiert, ein in einer ablauforientierten Sprache geschriebenes Programm wird intern immer noch so umgesetzt, dass die Abarbeitung entsprechend Bild 5.5 erfolgt, wenn auch der Anwender dies direkt nicht (mehr) merkt. In diesem Bereich liegt noch einiges Entwicklungspotential, um die parallelen Abläufe effektiver zu realisieren, wie z.B. durch das im Kapitel 5.3.2 beschriebene *Multitasking*.

5.3.1 Schrittmerkerkonzept

Die einfachste Möglichkeit, parallele Abläufe in einem SPS-Programm zu realisieren, ist durch das sogenannte *Schrittmerkerkonzept* gegeben. Dabei wird jedem Schritt eines Steuerungsprogramms genau ein Schrittmerker zugeordnet, der im gesetzten Zustand die Aktivierung des zugehörigen Schrittes anzeigt. Im Bild 5.11 ist für das gegebene PETRI-Netz aus Bild 5.10 die entsprechende programmtechnische Umsetzung (wiederum in ST nach IEC 1131) durch eine Schrittmerkerkette angegeben, wobei die Schrittmerker bei Programmstart initialisiert werden (der erste Schritt ist aktiv) und außerdem ihr Wert bei einem Spannungsausfall durch Batteriepufferung erhalten bleibt.

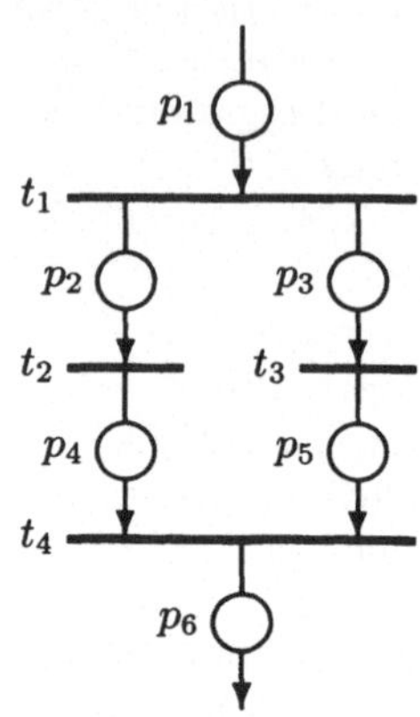

Bild 5.10 PETRI-*Netz eines parallelen Ablaufs*

Dies Schrittmerkerkonzept wird in der IEC-Norm 1131 direkt durch die Ablaufsprache AS (s. Kapitel 5.4.6) umgesetzt.

Bei einigen SPS muss die Verwaltung der Schrittmerker vom Anwender vorgenommen werden, heute geschieht das jedoch überwiegend durch die Programmiersoftware bzw. durch Systemutilities. Wird das Steuerungsprogramm z.B. in einer Ablaufsprache geschrieben und wird diese Ablauffolge intern bei der verwendeten Steuerung durch Schrittmerker realisiert, muss der Anwender sich nicht um die Verwaltung der einzelnen Schrittmerker kümmern.

5.3.2 Multitasking

Beim *Multitasking* wird der Gesamtprozess durch den Anwender in sinnvolle Teilprozesse zerlegt, denen im Steuerungsprogramm jeweils eine *Task* zugeordnet wird. Jede Task besitzt einen sogenannten Task-Control-Block (TCB), in dem alle Stati dieser Task eingetragen sind. Die Umschaltung des Prozessors zwischen den verschiedenen aktiven Tasks erfolgt zumeist zyklisch. Üblich sind dabei die folgenden Vorgehensweisen:

- Zeitbedingung (Zeitscheibenprinzip). Jeder Task steht eine bestimmte, einstellbare Rechenzeit zur Verfügung, danach wird zur nächsten aktiven Task weitergeschaltet.

- Prioritätssteuerung: Den Tasks wird jeweils eine bestimmte Priorität zugeordnet, entsprechend dieser Wertigkeit wird die Rechenzeit auf die Tasks verteilt. Hierbei sind Mechanismen vorzusehen, so dass auch Tasks mit geringer Priorität abgearbeitet werden.

```
VAR RETAIN
   Schritt: ARRAY[1..6] OF BOOL := 1,5(0);
END_VAR
:
(* Ausführung der Anweisungen entsprechend dem gesetzten Schrittmerker *)
IF Schritt[1]= TRUE THEN
   Anweisungen Platz p1;
END_IF;
IF Schritt[2]= TRUE THEN
   Anweisungen Platz p2;
END_IF;
IF Schritt[3]= TRUE THEN
   Anweisungen Platz p3;
END_IF;
IF Schritt[4]= TRUE THEN
   Anweisungen Platz p4;
END_IF;
IF Schritt[5]= TRUE THEN
   Anweisungen Platz p5;
END_IF;
IF Schritt[6]= TRUE THEN
   Anweisungen Platz p6;
END_IF;
(* Aktualisierung des Prozesses entsprechend den Transitionsbedingungen *)
IF ((t1= TRUE) AND (Schritt[1] =TRUE))= TRUE THEN
   Schritt[1]:= FALSE;
   Schritt[2]:= TRUE;
   Schritt[3]:= TRUE;
END_IF;
IF ((t2= TRUE) AND (Schritt[2] =TRUE))= TRUE THEN
   Schritt[2]:= FALSE;
   Schritt[4]:= TRUE;
END_IF;
IF ((t3= TRUE) AND (Schritt[3] =TRUE))= TRUE THEN
   Schritt[3]:= FALSE;
   Schritt[5]:= TRUE;
END_IF;
IF ((t4= TRUE) AND (Schritt[4] =TRUE) AND (Schritt[5]=TRUE)) =TRUE THEN
   Schritt[4]:= FALSE;
   Schritt[5]:= FALSE;
   Schritt[6]:= TRUE;
END_IF;
```

Bild 5.11 *Realisierung des parallelen Ablaufs aus Bild 5.10 durch eine Schrittmerkerkette*

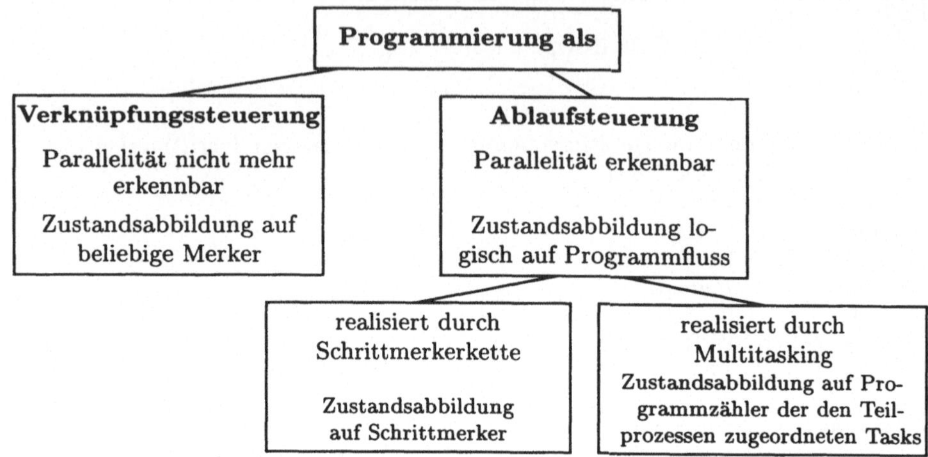

Bild 5.12 *Abbildung der Zustände einer Steuerung bei verschiedenen programmtechnischen Realisierungen*

Beinhaltet der Prozess auch Echtzeitregelaufgaben, für die eine feste Abtastzeit notwendig ist, so müssen diese Echtzeittasks zur gegebenen Zeit aktiviert werden und die bislang rechnende Hintergrundtask verdrängen.

Muss eine Task entsprechend dem Programmablauf auf eine Weiterschaltbedingung warten, so kann dies Warten auch *passiv* erfolgen. In diesem Fall kann die rechnende Task den Prozessor „freiwillig" abgeben, so dass unmittelbar die nächste aktive Task bearbeitet wird. Beim passiven Warten wird, wenn die zugehörige Task erneut durch den Prozessor bearbeitet wird, lediglich geprüft, ob die entsprechende Weiterschaltbedingung in der Zwischenzeit erfüllt ist. Wenn dies nicht der Fall ist, wird sofort zur nächsten Task weitergeschaltet. Die reine Überprüfung einer logischen Bedingung beansprucht dann nur eine kurze Rechenzeit, zumal der Zustand der wartenden Task und damit auch ihr Task-Control-Block unverändert bleiben.

Bei Anwendung des Multitaskings werden die Zustände des zu steuernden Prozesses im Wesentlichen auf die den verschiedenen Tasks zugeordneten Programmzähler abgebildet. Im Bild 5.12 ist noch einmal zusammengefasst dargestellt, wie bei den verschiedenen Programmiertechniken die Zustände einer Steuerung abgebildet werden.

Bild 5.13 zeigt ein sogenanntes *Taskzustandsdiagramm*, in dem sowohl die verschiedenen Zustände einer Task als auch die Zustandsübergänge dargestellt sind. Letztere werden teilweise durch die Task selbst veranlasst (z.B., wenn eine rechnende Task passiv auf eine Weiterschaltbedingung warten muss und damit in den wartenden Zustand übergeht) oder auch explizit programmiert, beispielsweise wenn eine rechnende Task eine andere aktive Task suspendiert. Ausgelöst werden Übergänge also immer von der gerade *rechnenden* Task (bei einem Einprozessorsystem ist dies

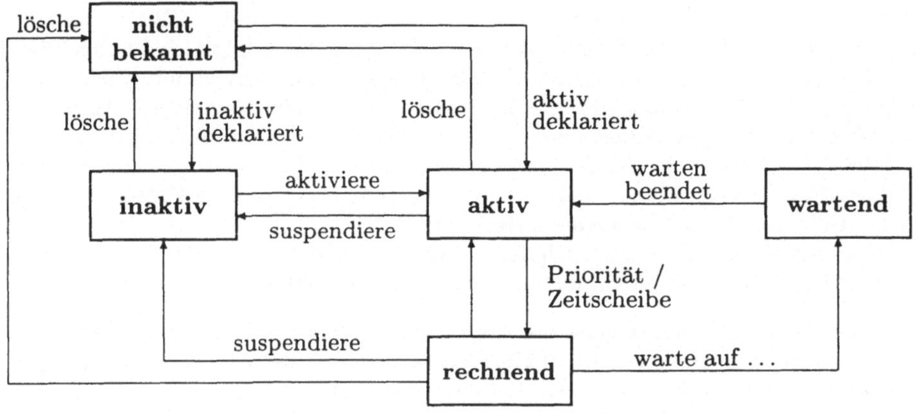

Bild 5.13 *Taskzustände und Zustandsübergänge bei einer Multitasking-Steuerung*

genau *eine* Task). Um solche Zustandsübergänge zu ermöglichen, muss die Programmiersprache, mit der ein derartiges Multitasking realisiert wird, entsprechende Befehle aufweisen. Das im Bild 5.13 angegebene Taskzustandsdiagramm ist exemplarisch; je nach Realisierung können bestimmte Zustandsübergänge fehlen oder es können auch die Taskzustände „nicht bekannt“ und „inaktiv“ zu einem einzigen Zustand zusammengefasst werden.

Vergleicht man das Schrittmerkerkonzept mit dem Multitasking, so kann man die folgenden Vor- und Nachteile aufzeigen:

- Beim Schrittmerkerkonzept ist eine leichte Verwaltbarkeit der parallelen Prozesse gegeben. Nachteilig ist, dass bei komplexen Prozessen mit vielen Schritten die Schrittketten und damit auch das Steuerungsprogramm immer länger werden. Die Abarbeitungszeiten des Programms werden dadurch größer, da immer mehr Zeit nur dafür benötigt wird, die Schrittmerker abzufragen und zu aktualisieren. Außerdem wird die Hardware (→ Benötigung von Merkern der Steuerung) nicht effektiv ausgenutzt.

- Beim Multitasking ist die Rechenzeit, die für dessen Verwaltung (also nicht für eigentliche Berechnungen) benötigt wird, kürzer und hängt auch nur von der Anzahl aller aktiven Parallelprozesse und der Komplexität deren Weiterschaltbedingungen ab. Die Realisierung von Tasks, die zu bestimmten Zeitpunkten rechnen müssen (z.B. Abtastregelungen) ist einfacher möglich. Allerdings ist die Verwaltung der verschiedenen Tasks aufwendiger und für die Realisierung paralleler Abläufe sind entsprechende Synchronisationsmechanismen (s. Kapitel 5.3.2.1) erforderlich.

Abschließend zu diesem Abschnitt sollte festgehalten werden, dass das Multitasking gegenüber dem Schrittmerkerkonzept sicherlich die intelligentere Vorgehensweise ist und auch die größeren Möglichkeiten bietet. Dennoch hat es bislang –

außer im Bereich der Forschung an Hochschulen (s. beispielsweise [LH84]), wo entsprechende Entwicklungen bereits Mitte der achtziger Jahre erfolgreich durchgeführt wurden, und bei einigen wenigen SPS (z.B. [Fes84]) – kommerziell nur wenige Anwendungen gegeben. Dabei verfügte die Steuerung Festo 606 über ein sehr einfaches Multitasking: Die Anweisungen des Programms sind dort satzweise nach dem Prinzip WENN ... DANN ... <SONST> aufgebaut, und eine Umschaltung zur nächsten aktiven Task erfolgt immer dann, wenn die gerade bearbeitete WENN-Bedingung nicht erfüllt ist und der optionale SONST-Teil fehlt.

Die Gründe dafür, warum sich das Multitasking bislang nicht durchgesetzt hat, sind vielfältig, unter anderen lassen sich die folgenden anführen:

- Der Anwender selbst muss die Aufteilung des Prozesses in verschiedene Teilprozesse vornehmen. Dies ist einerseits ein Vorteil, da man dadurch den Prozess und auch das zu dessen Automatisierung zu erstellende Steuerungsprogramm sehr effizient strukturieren kann. Andererseits kann man hierbei aber auch den Fehler begehen, den Prozess in zu kleine Teilprobleme aufzuteilen, so dass das Programm unübersichtlich wird und die Verbindungen zwischen den dann zahlreichen Tasks kaum noch zu durchschauen sind, was zwangsläufig zu Fehlern führt.
- Sollen die Möglichkeiten des Multitasking auch voll genutzt werden, sind spezielle Befehle zur Steuerung der Tasks notwendig. Auch in der IEC-Norm 1131 ist aber eine entsprechende „multitasking-fähige“ Sprache nicht vorgesehen. Dadurch ist keine herstellerunabhängige Multitasking-Programmierung möglich und es fehlt zudem der Anreiz für Hersteller, solch eine wesentlich aufwendigere Steuerung überhaupt zu entwickeln.
- Bei der ständig steigenden Rechengeschwindigkeit der Prozessoren und den niedrigen Preisen für Speicher fällt der Nachteil der langen Ketten beim Schrittmerkerkonzept immer weniger ins Gewicht.
- Die Programmierung einer SPS unter Ausnutzung des Multitaskings ist deutlich komplexer. So muss man immer – vor allem bei der Verwendung globaler Variablen – berücksichtigen, dass die Umschaltung zur nächsten Task an einer beliebigen Stelle erfolgen kann. Erschwerend kommt noch hinzu, dass Fehler, die durch ein in dieser Hinsicht falsches Programm hervorgerufen werden, mehr oder weniger zufällig immer dann auftreten, wenn tatsächlich gerade an einer bestimmten Stelle eine Taskumschaltung erfolgt. Diese Fehler lassen sich also nicht reproduzieren und sind daher auch nur sehr schwer zu finden.
- Unter anderem aus dem zuletzt genannten Grund ist das Debugging eines Multitasking-Programms komplizierter.

5.3.2.1 Synchronisation paralleler Teilstrukturen

Werden parallele Prozesse mit Hilfe des Multitasking realisiert, so tauchen, wie im vorigen Abschnitt bereits erwähnt wurde, immer wieder Synchronisationsprobleme auf, die im Wesentlichen auf drei Grundformen zurückgeführt werden können:

a) Erzeuger-Verbraucher-Synchronisation

Verschiedene Produzenten versorgen einen gemeinsamen Speicher mit Produkten, aus dem mehrere Verbraucher ihren Bedarf decken. Im Bild 5.14 wird dieser Sachverhalt mit Hilfe eines Mehrmarken-PETRI-Netzes dargestellt. Ein Produzent darf nur dann Teile herstellen, wenn im Lager noch mindestens ein Platz frei ist. Umgekehrt kann ein Verbraucher nur dann dem Lager ein Teil entnehmen, wenn dort noch Teile verfügbar sind. Die Produktion muss daher – wenn kein Platz mehr frei ist – gestoppt werden und ein Verbraucher muss anhalten, wenn kein Teil mehr vorhanden ist. Bei dieser Problemstellung spricht man auch von einer *bedingten Synchronisation*, da weder der Produzent noch der Verbraucher warten müssen, wenn weder alle möglichen Plätze bereits belegt sind und andererseits noch Teile vorhanden sind.

Als Beispiel sei hier das in der Automobilproduktion zunehmend verwendete *just-in-time*-Prinzip erwähnt, wo man durch Optimierung der Synchronisation zwischen Zulieferer und Automobilhersteller versucht, die Lagerkapazität so niedrig wie möglich zu halten und dadurch Kosten zu sparen.

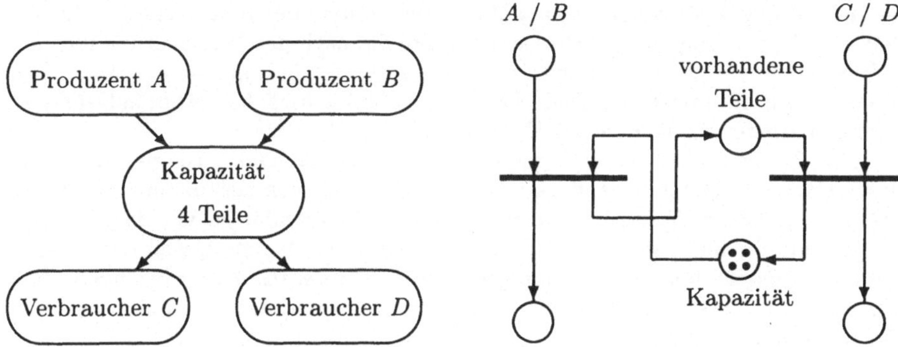

Bild 5.14 *Erzeuger-Verbraucher-Problem*
a)Formulierung *b) Darstellung als Stellen-Transitionen-Netz*

b) Gegenseitige (zeitliche) Synchronisation

Zwei oder mehrere Prozesse, die sonst unabhängig voneinander ablaufen können, müssen zu einem bestimmten Zeitpunkt synchronisiert werden. Im Bild 5.15 wird dieses Problem erneut anhand eines PETRI-Netzes veranschaulicht. Als Beispiel kann man zwei Fernzüge nennen, die an einem bestimmten Bahnhof aufeinander warten müssen, um Reisenden das Umsteigen zu ermöglichen.

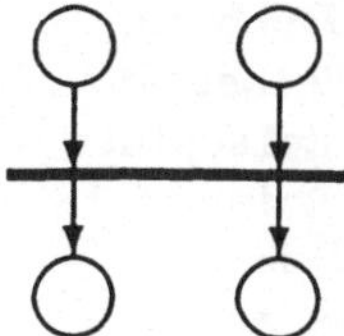

Bild 5.15 *zeitliche Synchronisation von Prozessen*

c) Kritischer Abschnitt

Bild 5.16 zeigt einen solchen kritischen Abschnitt: Nur jeweils ein Prozess darf (über die Transition t_1) eintreten. Erst nachdem – nach Abarbeitung der entsprechenden Anweisungen – dieser Programmteil wieder verlassen wurde, wird der kritische Abschnitt wieder freigegeben und ein anderer Prozess kann eintreten. Solche kritischen Abschnitte sind z.B. erforderlich, wenn der gleichzeitige Zugriff auf globale Variablen durch mehrere Teilprozesse verhindert werden soll.

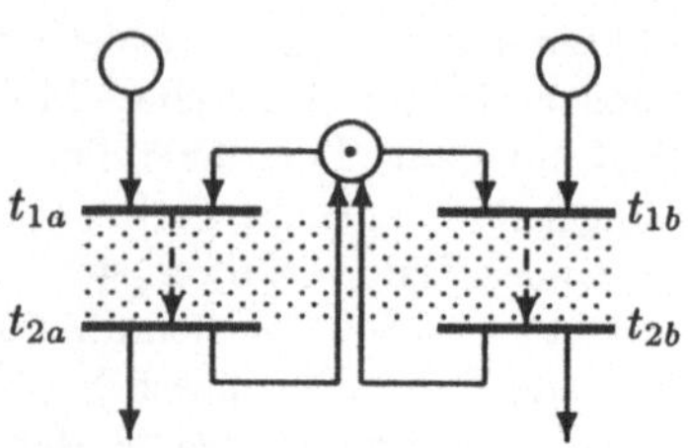

Bild 5.16 *Kritischer Abschnitt*

Ein solcher kritischer Abschnitt taucht z.B. bei der Buchung einer Reise auf. Im Bild 5.17 ist exemplarisch ein entsprechendes Programm mit den zugehörigen Anweisungen angegeben.

Tritt bei einem Multitasking-Steuerungsprogramm eine Taskumschaltung gerade an der im Bild 5.17 gekennzeichneten Stelle auf, also zwischen der Abfrage und der Quittierung, kann ein Reiseplatz überbucht werden: Bevor die bislang rechnende Task die Quittierung vornehmen kann, könnte die nach der Umschaltung rechnende Task einen vermeintlich freien Reiseplatz vorfinden und quittieren. Wenn dann wiederum auf die zuerst rechnende Task umgeschaltet wird, kommt es aufgrund der bereits bearbeiteten Abfrage zur Überbuchung.

Das Problem kann dadurch gelöst werden, dass nur *eine* Task gleichzeitig auf diese (globalen) Daten Zugriff hat, der Zugriff also einen sogenannten *kritischen Abschnitt* darstellt. Weiterhin ist wichtig, dass ausgeschlossen ist, dass eine der vor diesem Abschnitt wartenden Tasks nie „zum Zuge kommt“, weil der kritische Abschnitt ausgerechnet immer dann gerade wieder frei wird, wenn eine andere ebenfalls wartende Task rechnet, die dann eintreten kann und den Abschnitt erneut für alle anderen Tasks sperrt.

Aus den drei beschriebenen Synchronisationsproblemen ergeben sich also die folgenden wichtigen Forderungen an einen Synchronisationsmechanismus:

1. Die Abfrage, ob eine Task verzögert werden soll oder nicht und die anschließende Statusaktualisierung müssen ***unteilbar*** sein, d.h. sie dürfen nicht durch eine Taskumschaltung unterbrechbar sein.

```
TASK Buchung
  IF Reiseplatz > 0 THEN          <- Taskumschaltung
    Reiseplatz := Reiseplatz - 1;
    Reise := TRUE;
  END_IF;
END_TASK
```

Bild 5.17 *Kritischer Abschnitt bei der Buchung einer Reise*

2. Ist die Bedingung, dass die Task verzögert werden muss erfüllt, ist das FIFO-Prinzip (first in → first out) anzuwenden.

3. Das Warten (auf eine Weiterschaltbedingung) soll, um Rechenzeit zu sparen, *passiv* erfolgen.

Aus den Forderungen 1) und 3) folgt, dass dieser Mechanismus vom *Betriebssystem* verwaltet werden sollte, da alle Betriebssystemfunktionen privilegiert behandelt werden, also nicht unterbrechbar sind. Außerdem verwaltet das Betriebssystem die Taskliste und hat somit einen direkten Zugriff auf die Stati der Tasks. Dadurch ist es möglich, dort einen Eintrag „`Task wartet auf...`“ vorzunehmen, so dass, wenn diese Task wieder rechnet, ggf. lediglich diese Weiterschaltbedingung überprüft werden muss.

Das in 2) geforderte FIFO-Prinzip kann am einfachsten durch eine *Warteschlange* realisiert werden, in der alle auf ein Ereignis wartenden Tasks in der Reihenfolge ihres Eintritts zusammen mit der Spezifikation des Ereignisses, auf das sie warten, eingetragen werden.

Die benannten Anforderungen werden durch die von DIJKSTRA vorgeschlagene *Semaphorvariable* und die darauf zulässigen Operationen erfüllt (s. [Dij65], [Han77]). Ein Semaphor besteht aus einem *Zähler*, der ganzzahlige Werte annehmen kann, und einer diesem Zähler zugeordneten *Warteschlange*. Auf diese Semaphorvariable sind die beiden Operationen

SEND(`sem`) und WAIT(`sem`)

(DIJKSTRA bezeichnete sie ursprünglich als V- bzw. P-Operation) zugelassen, wobei `sem` der symbolische Bezeichner des Semaphors ist. Sie haben folgende Wirkung:

SEND (`sem`)

zugeordneter Zähler < 0 ?	
ja	nein
löse die *zuerst* hineingekommene Task aus der Warteschlange und aktiviere sie	%
inkrementiere zugeordneten Zähler	

WAIT (`sem`)

zugeordneter Zähler > 0 ?	
ja	nein
%	verzögere die aufrufende Task und trage sie als nächste Task in die Warteschlange ein
dekrementiere zugeordneten Zähler	

Bild 5.18 *zulässige Operationen auf eine Semaphorvariable*

Für ein Semaphor kann der zulässige Wertebereich des zugeordneten Zählers eingegrenzt werden. Ist beispielsweise der positive Zählbereich auf +1 begrenzt, spricht man von einem *binären* Semaphor, das man z.B. bei der Realisierung des kritischen Abschnitts (s.u.) verwenden kann.

Für die oben beschriebenen 3 Synchronisationsprobleme ergeben sich mit Hilfe dieser Semaphorvariablen die folgenden Lösungen:

a) Erzeuger-Verbraucher-Synchronisation

```
TASK Produzent                 TASK Verbraucher
  :                              :
  WAIT(Teil_frei);               WAIT(Teil_fertig);
  Produziere;                    Konsumiere;
  SEND(Teil_fertig);             SEND(Teil_frei);
  :                              :
END_TASK                       END_TASK
```

Bemerkungen
Bei der Initialisierung wird der Zähler des Semaphors `Teil_frei` mit der Anzahl der noch freien Plätze des Lagers und der Zähler des Semaphors `Teil_fertig` mit der Anzahl der bereits eingelagerten Teile vorbelegt.

b) Gegenseitige (zeitliche) Synchronisation

```
TASK A                         TASK B
  :                              :
  SEND(A_angekommen);            SEND(B_angekommen);
  WAIT(B_angekommen);            WAIT(A_angekommen);
  :                              :
END_TASK                       END_TASK
```

Bemerkungen

Beide Semaphore werden mit Null vorbelegt.

c) Kritischer Abschnitt

```
TASK Buchung
   WAIT(Krit_Abschnitt);
   IF Reiseplatz > 0 THEN
      Reiseplatz := Reiseplatz - 1;
      Reise := TRUE;
   END_IF;
   SEND (Krit_Abschnitt);
END_TASK
```

Bemerkungen

Das Semaphor `Krit_Abschnitt` wird bei der Initialisierung mit Eins vorbelegt und stellt ein binäres Semaphor dar.

Eine noch kürzere Formulierung eines kritischen Abschnitts ist mit dem Sprachkonstrukt REGION(sem) möglich, die intern in ein binäres Semaphor umgesetzt wird:

```
TASK Buchung
   REGION(Krit_Abschnitt)
   IF Reiseplatz > 0 THEN
      Reiseplatz := Reiseplatz - 1;
      Reise := TRUE;
   END_IF;
   END_REGION
END_TASK
```

Bemerkungen

Durch die Warteschlange wird erreicht, dass jede Task in der Reihenfolge ihres Eintreffens vor dem kritischen Abschnitt berücksichtigt wird.

Auch die Sammlung mehrerer paralleler Teilprozesse ist mit Semaphorvariablen möglich:

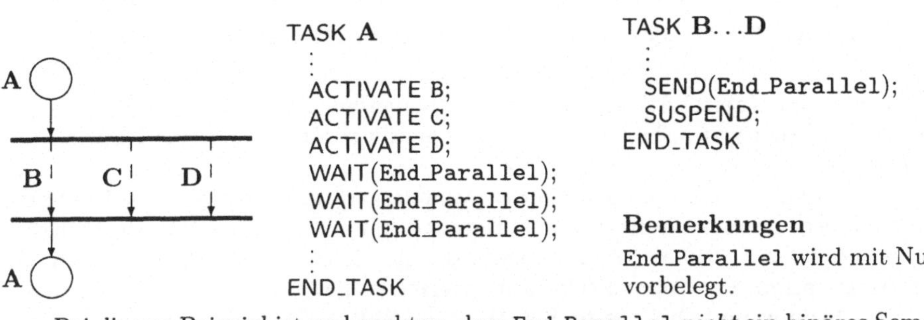

Bei diesem Beispiel ist zu beachten, dass End_Parallel *nicht* ein binäres Semaphor sein darf, da es sonst zu Problemen kommen kann, wenn Teilprozesse nahezu gleichzeitig fertig werden: Je nach Taskumschaltung könnte zunächst zweimal eine SEND-Operation ausgeführt werden (wobei dann die 2. ohne Wirkung wäre), bevor nach Task A umgeschaltet wird und die entsprechend gleiche Anzahl von WAIT-Operationen ausgeführt werden kann.

Werden in einem SPS-Programm mehrere kritische Abschnitte definiert, so muss der Anwender allerdings selbst darauf achten, dass keine Verklemmungen auftreten, da solche Fehler beim Compilieren des Programms nicht erkannt werden. Im Bild 5.19 ist eine solche Verklemmung dargestellt, die durch wechselseitige Schachtelung zweier kritscher Abschnitte in zwei unterschiedlichen Tasks hervorgerufen werden kann. Die Schwierigkeit, solche Programmierfehler zu entdecken, liegt unter anderem auch daran, dass diese Verklemmung – je nachdem wie lang die kritischen Abschnitte Krit_1 und Krit_2 sind und zu welchen Zeitpunkten eine Taskumschaltung erfolgt – auftreten *kann*, aber nicht (immer) auftreten *muss*, mithin also nicht reproduzierbar ist. Solche Verklemmungen lassen sich aber durch richtige hierarchische Schachtelung immer vermeiden.

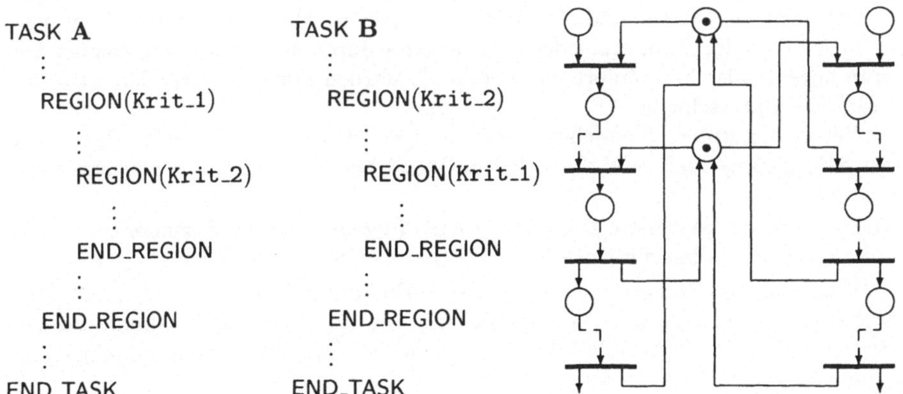

Bild 5.19 *Mögliche Verklemmung durch falsche Schachtelung zweier kritischer Abschnitte*

5.4 Sprachen programmierbarer Steuerungen

Wie bereits im Kapitel 5.1 kurz angerissen, haben auch die Programmiersprachen von SPS (hierbei wurde bewusst der Plural gewählt) inzwischen eine Entwicklung durchlaufen.

Die ersten SPS hatten spezielle Programmiergeräte, die auf die jeweilige Sprache der Maschine zugeschnitten waren. Daraus folgte automatisch, dass die Struktur der verwendeten Sprache sehr einfach sein musste, da sich sonst ein Programm mit den relativ primitiven Hilfsmitteln nicht übersetzen ließ.

Die ältesten und einfachsten Sprachen von SPS stellen daher die sogenannten **A**n**w**eisungs**l**isten dar. Eine AWL der ersten Generation ist bei näherer Betrachtung nichts anderes als die Assemblersprache der verwendeten Maschine. Ist die Steuerung hardwaremäßig realisiert, entsprechen die einzelnen Anweisungen der AWL den Maschinenbefehlen der Zentraleinheit. Ist die SPS als virtuelle Maschine realisiert, entsprechen die Anweisungen den virtuellen Maschinenbefehlen.

Diese AWL sind zwar alle ähnlich aufgebaut, dennoch ist der Umfang und die Bezeichnung der verschiedenen Befehle bei jedem Hersteller unterschiedlich. Das führte dazu, dass entsprechende SPS-Programme nicht kompatibel waren und man als Anwender entweder bei einem Hersteller zu „bleiben“ hatte (was von Seiten des Herstellers ja auch sicher durchaus gewollt war) oder den Aufwand in Kauf nehmen musste, Programme mehrmals für die verschiedenen SPS zu erstellen. Von dem Standard, wie er in der PC-Welt mindestens seit Anfang der achtziger Jahre üblich ist, nämlich dass Programme in einer Hochsprache geschrieben werden, die dann mittels eines Compilers für beliebige Zielmaschinen übersetzt werden können, war man in der SPS-Welt selbst Anfang der neunziger Jahre noch recht weit entfernt.

Normungsbestrebungen führten zwar 1983 zur DIN-Norm 19239, die in dieser Hinsicht einigen Fortschritt brachte, weil durch sie die *Syntax*, also die Schlüsselwörter der jeweiligen Sprache und die Operandentypen, im Wesentlichen festgelegt wurde. Hinsichtlich der *Semantik* jedoch, wie also die durch die Syntax festgelegten Elemente miteinander kombiniert und verknüpft werden dürfen, bestanden weiterhin wesentliche Unterschiede.

Neben den unterschiedlichen Bezeichnungen für die verschiedenen Operanden einer SPS gibt es auch zwei verschiedene Möglichkeiten, logische Ausdrücke überhaupt zu bilden:

- Die algebraisch geordnete Darstellung AOS (**a**lgebraic **o**rdered **s**equence) und
- die umgekehrt polnische Notation RPN (**r**everse **p**olnish **n**otation).

Während jede Steuerung eine logische Verknüpfung letztlich in der RPN-Form abarbeitet, wurden für die Programmierung – je nach Hersteller – beide Formen verwendet, wobei die AOS-Form die in den meisten Hochsprachen geläufige Darstellung ist.

Beispiel 5.1

Gegeben sei die Logikstruktur aus Bild 5.20. In AOS-Form ergibt sich dafür

```
A7 := (E0 AND E1 OR E2) AND
      (E3 AND E4 OR E5 AND E6);
```

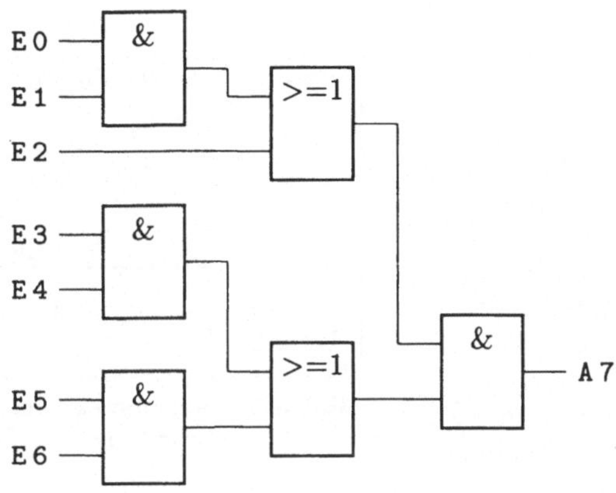

Bild 5.20 *Logische Verknüpfung zur Erläuterung von AOS- und RPN-Form*

Die entsprechende RPN-Form hat folgendes Aussehen:

```
E0          E0
E1          E1 | E0
AND         E1∧E0
E2          E2 | E1∧E0
OR          E2∨E1∧E0
E3          E3 | E2∨E1∧E0
E4          E4 | E3 | E2∨E1∧E0
AND         E4∧E3 | E2∨E1∧E0
E5          E5 | E4∧E3 | E2∨E1∧E0
E6          E6 | E5 | E4∧E3 | E2∨E1∧E0
AND         E6∧E5 | E4∧E3 | E2∨E1∧E0
OR          E6∧E5∨E4∧E3 | E2∨E1∧E0
AND         (E6∧E5∨E4∧E3)∧ (E2∨E1∧E0)
STORE A7
```

a) RPN-Befehlsfolge   b) zugehörige Operandenabbildung auf dem Stack der Logikstruktur aus Bild 5.20 □

Tabelle 5.4 zeigt für einen Querschnitt von verschiedenen gängigen SPS etwa Mitte der achtziger Jahre die Realisierung in AWL für die logische Verknüpfung aus Bild 5.20. Daraus wird deutlich, dass trotz aller bis zu dieser Zeit durchgeführten Normierungsversuche die Vielfalt der semantischen Möglichkeiten kaum noch zu überblicken war. Die beiden Standardformen AOS und RPN lassen sich jedoch bei den meisten Anweisungslisten wiedererkennen. Ähnlich verschieden war auch die Behandlung von Zeitgliedern und Zählern. Neben den Unterschieden beim Ansprechen dieser für eine Steuerung typischen Operanden sei dazu beispielsweise erwähnt, dass bei manchen SPS mit Hilfe spezieller Befehle auch die flankengesteuerte Triggerung von Zeitgliedern und Zählern möglich war.

Maschinen, die weder eine AOS-Form mit der Möglichkeit zur Klammerung noch eine RPN-Form aufweisen, sondern die logischen Verknüpfungen in der Reihenfolge ihres Auftretens im Bedingungsteil abarbeiten, haben intern die im Bild 5.21 dargestellte sehr einfache Arbeitsweise, die es erforderlich macht, dass Zwischenergebnisse jeweils in einem Merker abgelegt werden müssen.

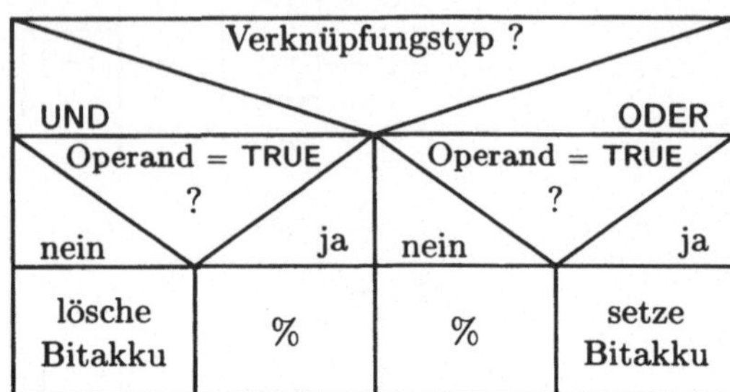

Bild 5.21 *Arbeitsweise bei der reihenweisen Abarbeitung logischer Verknüpfungen*

Die meisten Anweisungslisten waren so aufgebaut, dass sich eine *Satzstruktur* erkennen lässt. An den in Tabelle 5.4 dargestellten verschiedenen AWL für die logische Verknüpfung aus Bild 5.20 wird das deutlich, besonders gut sieht man es bei der AWL 606 von Festo. Ein *Satz* besteht dabei immer aus einem *Bedingungsteil* (z.B. WENN ESB EAS 0) und einem *Anweisungsteil* (z.B. DANN SET EAS 7 SONST LOE EAS 7), wobei die unter SONST angegebenen Anweisungen auch entfallen können

Tabelle 5.4 *Anweisungslisten verschiedener SPS für die logische Verknüpfung aus Bild 5.20*

MELSEC-F20 Mitsubishi	SYSMAC-S6 Omron	SUCOS-PS-21 Klöckner-Möller	STEP 5 Siemens	AWL 606 Festo
LD 0	LD 0	O I0	(	WENN KLA
AND 1	AND 1	A I1	U E0.0	ESB EAS 0
OR 2	OR 2	O I2	U E0.1	ESB EAS 1
LD 3	LD 3	= M1	O	ODR
AND 4	AND 4	O I3	U E0.2	ESB EAS 2
LD 5	LD 5	A I4	)	KLZ
AND 6	AND 6	= M2	(	KLA
ORB	OR-LD	O I5	U E0.3	ESB EAS 3
ANB	AND-LA	A I6	U E0.4	ESB EAS 4
OUT 7	OUT 7	O M2	O	ODR
		A M1	U E0.5	ESB EAS 5
		= Q7	U E0.6	ESB EAS 6
			)	KLZ
			= A0.7	DANN SET EAS 7
				SONST LOE EAS 7
RPN-Form		keine Standardform, Operanden werden der Reihe nach verknüpft	AOS-Form mit Wertzuweisung am Schluss	

bzw. bei manchen AWL gar nicht möglich sind (d.h. Anweisungen werden nur ausgeführt, wenn der Bedingungsteil erfüllt ist).

Da, wie bereits erwähnt, die Programme für die erste Generation von SPS mit sehr einfachen Programmiergeräten erstellt wurden, musste beim Entwurf der AWL-Sprachen darauf geachtet werden, dass diese sehr einfach übersetzbar waren und Syntax- und Semantikfehler sich leicht erkennen ließen.

Innerhalb einer *einzelnen Anweisung* lassen sich die folgenden Fehler erkennen (beispielhaft sei „= E 64.8“ als eine für die Sprache STEP 5 fehlerhafte Anweisung betrachtet):

a) Operandensyntax
- Die Bitnummer muss zwischen 0 und 7 liegen (im Beispiel: 8)
- Die Nummer des Operanden muss zwischen 0 und der größten möglichen Wortnummer (entsprechend der Größe des Speichers der SPS) liegen (im Beispiel: 64 statt des Maximalwertes 63)

b) Anweisungssemantik
- Operanden- / Operatorverträglichkeit, z.B. ist eine Zuweisung auf einen Eingang (wie im Beispiel) nicht möglich

Innerhalb eines *Satzes* lassen sich ebenfalls verschiedene Fehler erkennen:

Beispiel 5.2

Im Folgenden ist eine fehlerhafte Anweisungsliste dargestellt, die wiederum in der Sprache STEP 5 programmiert ist. Fälschlicherweise wurde die Zeile, in der das Verknüpfungsergebnis dem Merker 1.2 zugewiesen wird und, wenn das Verknüpfungsergebnis TRUE ist, der Timer 5 rückgesetzt wird, mit der Zeile vertauscht, in der die Klammer geschlossen wird. Bei der Übersetzung des Programms sind dann an den durch Pfeile gekennzeichneten Stellen die jeweils angegebenen Fehler erkennbar.

```
:
(
U  E0.6
O  M1.7
=  M1.2   <-- Bedingungsteil wurde abgeschlossen, aber eine Klammer ist noch offen
)         <-- eine Klammer wird geschlossen bevor eine geöffnet wurde
R  T5     <-- Bedingungsteil enthält keine Verknüpfung (fehlt)
```

□

Den Klammerfehlern bei AOS-orientierten AWL-Formen entsprechen bei RPN-Notationen Stackfehler (Stacküberläufe oder -unterläufe).

Enthält der Befehlssatz der AWL außerdem noch Sprungbefehle, so ist eine Überprüfung nur satzübergreifend möglich. Dann muss z.B. überprüft werden, ob die im Sprungbefehl angegebene Adresse mit Programmbefehlen belegt ist oder ob sie sich außerhalb des Programms befindet.

Sind weiterhin symbolische Sprungmarken zugelassen, so ist ein Zwei-Pass-Übersetzer zur Compilierung des AWL-Quellprogramms unumgänglich.

Inzwischen wurden die Anforderungen für moderne SPS in der fünfteiligen IEC-Norm 1131 niedergelegt. Die Norm stellt eine Zusammenfassung und Fortschreibung verschiedener bislang existierender Normen dar. Die ausarbeitende Normungsgruppe setzt sich aus Vertretern unterschiedlicher SPS-Hersteller, Softwarehäusern und Anwendern zusammen. Dadurch soll eine breite Akzeptanz der Norm angestrebt werden. Wie der Markt inzwischen zeigt, ist dies Ziel auch erreicht worden: Nahezu alle bedeutenden SPS-Hersteller bieten mittlerweile für ihre SPS Compiler an, die die Übersetzung von Programmen ermöglichen, die dieser Norm entsprechen.

Die Norm setzt sich aus fünf Teilen zusammen:

Teil 1 enthält allgemeine Begriffsbestimmungen und typische Funktionsmerkmale, die eine SPS von anderen Systemen unterscheidet.

Teil 2 definiert die elektrischen, mechanischen und funktionellen Anforderungen an die Geräte sowie entsprechende Typprüfungen. Diese beiden Teile der Norm wurden 1990 Standard und 1994 in der deutschen DIN-Norm EN 61131 (Teile 1 und 2) umgesetzt.

Im wesentlichen *Teil 3*, der 1992 Standard wurde und 1993 in die entsprechende deutsche Norm übernommen wurde, werden über formale Definitionen sowie durch lexikalische, syntaktische und (teilweise) semantische Beschreibungen die Programmiersprachen festgelegt.

Teil 4 enthält Anwenderrichtlinien, die den SPS-Anwender in allen Projektphasen der Automatisierung beraten sollen. Er wurde 1995 Standard und 1996 in einem Beiblatt zur deutschen Norm niedergelegt.

Teil 5, der die Kommunikation von SPS unterschiedlicher Hersteller miteinander und mit anderen Geräten beschreibt, ist derzeit in der Vorbereitung und noch nicht verabschiedet.

Bereits eine ausführliche Beschreibung der Programmiersprachen entsprechend Teil 3 der Norm würde den Rahmen dieses Buches sprengen; hier sei auf die inzwischen vorhandene Literatur (z.B. [NGLS95], [JT97]) verwiesen. Wegen der starken Bedeutung der Norm werden jedoch im Kapitel 5.4.1 kurz die Bausteine sowie die gemeinsamen Elemente der dort definierten Sprachen beschrieben. Außerdem werden in den anschließenden Kapiteln auch die verschiedenen Sprachen selbst entsprechend dieser Norm dargestellt, wobei dabei die jeweilige Sprache nicht vollständig vorgestellt wird, sondern sich darauf beschränkt wurde, die wesentlichen Elemente und die grundsätzliche Struktur der Sprache herauszuarbeiten.

5.4.1 Bausteine und gemeinsame Elemente

Grundsätzlich ist festzustellen, dass durch das *Sprachkonzept* der neuen Norm der Abstand zu üblichen Hochsprachen für PCs geringer geworden ist und damit ein nicht mehr zu übersehender Rückstand in diesem Bereich aufgearbeitet werden konnte. Nicht nur die Verwendung symbolischer Variablen, auch die Definition eigener Datentypen und damit eine entsprechende *Datenkapselung* sind beispielsweise nach dieser Norm möglich.

Ein Programm besteht aus sogenannten **P**rogramm-**O**rganisations**e**inheiten (POE), die etwa den *Bausteinen* bei bisherigen Programmiersprachen entsprechen. Es gibt, mit zunehmender Funktionalität, drei Arten von POEs: Die *Funktion*, den *Funktionsbaustein* und das *Programm*. Während Funktionen bei gleichen Eingangswerten immer den gleichen Funktionswert zurückliefern, arbeiten Funktionsbausteine mit einem eigenen Datensatz, besitzen also ein „Gedächtnis" (*Instanzenbildung*) und haben außerdem beliebig viele Ausgangsparameter. Programme bilden den Kopf eines SPS-Programms. Sie verwenden zur Problemlösung Funktionen und Funktionsbausteine und können auf die SPS-Peripherie zugreifen. Sie unterscheiden sich sonst nur wenig von den Funktionsbausteinen, allerdings können sie weder von anderen Programmen noch von Funktionsbausteinen aufgerufen werden. Für alle POEs gilt, dass sie nicht rekursiv sein dürfen, d.h. sie dürfen sich nicht selbst aufrufen.

Eine POE besteht aus dem *Deklarationsteil* und dem *Anweisungsteil*. Der Deklarationsteil wird unabhängig von der verwendeten Programmiersprache in einer einheitlichen textuellen Form vorgenommen; Ein- und Ausgangsparameter sind dabei auch graphisch darstellbar.

Ausnahmslos alle zur Informationsspeicherung benötigten Variablen müssen im Deklarationsteil zusammen mit ihrem zugehörigen Datentyp festgelegt werden. Neben Standard-Datentypen wie Bool, Integer oder Real kann der Anwender auch eigene Datentypen (z.B. Aufzählungen und Bereiche als *einfache* Datentypen oder Strukturen und Felder als *zusammengesetzte* Datentypen) definieren.

Bei der Deklaration können sowohl Variablen als auch Typen mit einem Anfangswert versehen werden. Geschieht dies nicht, werden Variablen und Typen in einer in der Norm ebenfalls festgelegten eindeutigen Art und Weise vorbesetzt. Außerdem ist es auch möglich, Konstanten festzulegen oder Variablen als gepuffert zu definieren.

Variablen können symbolisch unter ihrem Namen oder absolut durch die Angabe ihres Speicherortes angesprochen werden. Generell ist wegen der größeren Flexibilität eines Programms die symbolische Bezeichnung vorzuziehen, der Speicherort sollte immer erst zum spätestmöglichen Zeitpunkt festgelegt werden. Darüber hinaus ist die absolute Darstellung nicht für alle Datentypen möglich und innerhalb von Funktionen und Funktionsbausteinen sogar verboten.

Die Adressen der absoluten Darstellung sind dabei folgendermaßen aufgebaut:

- Mit dem %-Zeichen wird die absolute Adresse eingeleitet.
- Beim 2. Zeichen steht **I** für einen Eingang, **Q** für einen Ausgang und **M** für einen Merker.
- Das dritte Zeichen gibt die Länge an: **X** entspricht einem Bit (die Angabe kann auch entfallen), **B** einem Byte=8Bit, **W** einem Wort=16Bit, **D** einem Doppelwort=32Bit und **L** einem Langwort=64Bit.

Anschließend folgt die eigentliche Adresse.

Variablen besitzen unterschiedliche Gültigkeitsbereiche: Sie können *global* gültig sein, als Aufrufparameter an eine POE übergeben werden oder *lokal* deklariert werden. Prinzipiell kann auf eine Variable in der POE, in der sie deklariert wurde, und in allen untergeordneten POEs (Funktionsbausteine, Funktionen) zugegriffen werden.

Beispiel 5.3
zeigt mögliche Deklarationen von Variablen mit Standard-Datentypen in einem *Programm*:

```
VAR
    AT %IW6: INT;
    AT %MB4: SINT;
    RETAIN abweichung: INT := 8;
    ventil_pos AT %QW7: INT := 16#EB;
    start : STRING(10) := 'los';
    CONSTANT pi: REAL := 3.141592;
END_VAR
```

Diese Programmzeilen deklarieren (von oben nach unten):
- eine absolut adressierte Integervariable (16Bit, Eingangswort 6)
- eine absolut adressierte kurze Integervariable (8Bit, Merkerbyte 4)
- eine symbolisch dargestellte gepufferte Integervariable mit Anfangswert 8
- eine symbolisch dargestellte Integervariable mit Anfangswert 235 und Speicherortzuweisung (Ausgangswort 7)
- eine Zeichenfolge mit 10 Zeichen und dem Anfangswert 'los'
- eine konstante Realvariable. □

Der Anweisungsteil einer POE enthält die eigentlichen Befehle, die die SPS ausführen soll. Diese sind in einer der definierten Programmiersprachen (s. Kapitel 5.4.2 bis 5.4.6) formuliert. Wesentlich ist dabei, dass alle Sprachen der Norm freizügig gemischt werden können: So ist es möglich, in Kontaktplan erstellte Bausteine in einem Programm aufzurufen, das in „strukturiertem Text" geschrieben ist, oder Funktionen, die in Anweisungsliste programmiert wurden, können in einem Funktionsbaustein benutzt werden.

Nach dieser kurzen allgemeineren Skizzierung der Programmstruktur sollen nun die wichtigsten Bausteine und gemeinsamen Elemente einzeln erläutert werden.

5.4.1.1 Datentypen

Die in der Norm festgelegten Datentypen sind speziell auf die Anforderungen von SPS zugeschnitten. Tabelle 5.5 zeigt die elementaren Datentypen, die für die Variablen verwendet werden können. Sie werden durch ihre Datenbreite und ihren möglichen Wertebereich charakterisiert, beides ist durch die Norm fest vorgegeben. Die Datenbreiten sind 1Bit (nur BOOL), S=short=8Bit, 16Bit, D=double=32Bit und L=long=64Bit. In Tabelle 5.5 stehen, wo möglich, die Variablen mit gleicher Datenbreite in einer Zeile, die Datenbreite der Typen „Zeitdauer", „Datum / Uhrzeit" und „Zeichenfolge" ist implementierungsabhängig.

Tabelle 5.5 *Elementare Datentypen der IEC-Norm 1131-3*

Binär-/ Bitfolge	**Ganz-zahl**	**vorzeichenlo-se Ganzzahl**	**Gleit-punkt**	**Zeit-dauer**	**Datum/Uhr-zeit**	**Zeichen-folge**
BOOL				TIME	DATE	STRING
BYTE	SINT	USINT			TIME_OF_DAY	
WORD	INT	UINT			DATE_AND_TIME	
DWORD	DINT	UDINT	REAL			
LWORD	LINT	ULINT	LREAL			

Zu diesen einzelnen Datentypen ist folgendes anzumerken:

Binär/Bitfolge: Die Datentypen dieser Gruppe sind Bitmuster einer bestimmten Länge und dürfen nicht als Zahlen verstanden werden. Die einzelnen Bits können nur die beiden Werte 0 oder 1 bzw. FALSE oder TRUE annehmen (die Norm lässt beides zu). Erfolgt keine Anfangswertzuweisung, werden alle Bits dieser Datentypen zu Beginn mit 0 bzw. FALSE vorbelegt.

Ganzzahl: Die Datentypen der Ganzzahlen mit und ohne Vorzeichen unterscheiden sich lediglich durch ihren möglichen Wertebereich. Konstanten dieses Typs können wahlweise dezimal (ohne zusätzliche Angabe), dual bzw. hexadezimal durch ein vorangestelltes #2 bzw. #16 oder oktal nach der Angabe von #8 eingegeben werden. Variablen dieses Typs werden mit 0 vorbelegt, falls keine Anfangswertzuweisung erfolgt.

Gleitpunktzahl: Konstanten dieses Typs können dezimal (0.15, 17.0) oder in Exponentialschreibweise (1.5E-1, 1.7E1) angegeben werden, die standardmäßige Anfangswertzuweisung ist 0.0.

Zeitdauer: Konstanten dieses Typs muss der Präfix T# vorangestellt werden. Die Zeitangabe kann dann in den Einheiten Tagen (d), Stunden (h) Minuten (m), Sekunden (s) und Millisekunden (ms) erfolgen. Auch negative Werte sowie das Überlaufen (z.B. „T#105m“ statt „T#1h45m“) der Angabe ist erlaubt. Wird nichts angegeben, werden Variable dieses Typs mit 0s vorbelegt.

Datum/Uhrzeit: Das Datum wird in der Reihenfolge <Jahr>-<Monat>-<Tag> nach dem Präfix DATE# bzw. D# angegeben (z.B. D#1994-09-23). Die Festlegung der Uhrzeit erfolgt nach dem Präfix TIME_OF_DAY# bzw. TOD# im 24h-Modus. Ein Beispiel hierfür ist TOD#15:35:01.22. Schließlich kann man Datum und Uhrzeit auch auch zusammen in einer Variablen ablegen: Der Angabe vorangestellt wird dann DATE_AND_TIME# bzw. DT#. Ein Beispiel für die Festlegung einer Konstanten dieses Typs: DATE_AND_TIME#1998-06-27-19:47:55.23.
Erfolgt keine spezielle Anfangswertzuweisung, so ist der jeweilige Anfangswert beim Datum D#0001-01-01, bei der Uhrzeit TOD#00:00:00.00 und bei Datum und Uhrzeit DT#0001-01-01-00:00:00.00.

Zeichenfolge: Strings sind in einfache Anführungsstriche einzuschließen. Die leere Zeichenfolge, die auch die standardmäßige Anfangswertzuweisung für Variable dieses Typs ist, besteht entsprechend aus zwei direkt aufeinanderfolgenden Anführungsstrichen.

Auf der Basis dieser elementaren Datentypen kann der Anwender auch eigene, abgeleitete Datentypen festlegen, wobei man zwischen einfachen und zusammengesetzten Datentypen unterscheidet. Eine solche Deklaration ist in die Schlüsselwörter TYPE... END_TYPE einzuschließen.

Beispiel 5.4

Deklaration einfacher Datentypen

```
TYPE
    GleitZahl:    REAL;
    Fliess:       GleitZahl;
    InitFliess:   REAL := 1.0;
    NegBool:      BOOL := TRUE;
END_TYPE
```

Nach dieser Vereinbarung kann man Variable gleichwertig als REAL, GleitZahl oder als Fliess deklarieren. Variablen des abgeleiteten Datentyps InitFliess haben gegenüber einer Variable vom Typ REAL standardmäßig den Anfangswert 1.0 (statt 0.0). Entsprechend unterscheidet sich eine Variable vom Typ NegBool ebenfalls lediglich durch ihren Anfangswert von einer „normalen“ Booleschen Variable. □

Spezielle abgeleitete einfache Datentypen sind die *Aufzählung* und der *Bereich*. In Beispiel 5.5 ist als Aufzählung die Definition eines Typs für Wochentage angegeben. Eine Variable dieses Aufzählungstyps kann dann nur einen in einer Namensliste angegebenen Namen annehmen: Die Variable Start_Auftrag_A hat den Anfangswert „di“ und kann auch nur die in der Liste festgelegten Werte („mo“ bis „so“) annehmen. Wird bei der Variablendeklaration keine Angabe gemacht, , so wird als Anfangswert der erste Wert der Aufzählung (in Beispiel 5.5 also „mo“) genommen.

Beispiel 5.5

```
TYPE
    wochentage: (mo, di, mi, do, fr, sa, so);
END_TYPE
:
VAR
    Start_Auftrag_A: wochentage := di;
END_VAR
```
□

Beim *Bereich* wird der Wert, den eine Variable dieses Typs annehmen kann, auf einen bestimmten Bereich beschränkt. Meist handelt es sich um einen bestimmten Bereich von Ganzzahlen (z.B. kann man mit „monatstage: INT(1..31);“ einen Bereichstyp für die Monatstage festlegen), aber man kann unter Verwendung des Typs wochentage aus Beispiel 5.5 durch „arbeitstage: wochentage(mo..fr);“ beispielsweise auch einen Bereich für die üblichen Arbeitstage definieren. Bezüglich der Anfangswerte gilt für den Bereich, dass bei fehlender Angabe die untere Bereichsgrenze genommen wird. Wird der Bereich bei der Programmierung oder zur Laufzeit unter- oder überschritten, so erfolgt eine Fehlermeldung.

Aus den bislang erwähnten elementaren sowie den selbstdefinierten Datentypen können *Felder* und *Strukturen* als zusammengesetzte Datentypen gebildet werden. Bei einem Feld (s. Beispiel 5.6) werden mehrere Elemente desselben Datentyps zu einem Feld („array“) zusammengefasst. Solche Felder können ein- oder mehrdimensional sein. In Beispiel 5.6 werden auch die Anfangswerte festgelegt: Das erste Element wird mit 1.0 initialisiert, die restlichen 11 Elemente mit 0.0. Beim Zugriff auf die Feldvariable darf der maximal zulässige Index nicht überschritten werden.

Beispiel 5.6

```
TYPE
    feld: ARRAY[1..12] OF REAL := 1.0, 11(0.0);
END_TYPE
:
VAR
    f: feld;
    temp_mot: REAL;
END_VAR
:
    temp_mot:= f[11];
```
□

Mit Hilfe der Schlüsselwörter STRUCT...END_STRUCT können hierarchische *Datenstrukturen* aufgebaut werden, die beliebige elementare oder abgeleitete Datentypen (auch Felder und andere Strukturen) enthalten können. Ist ein Unterelement wiederum eine Struktur, entsteht eine *Strukturhierarchie*, deren unterste Strukturebene aus elementaren oder abgeleiteten Datentypen gebildet wird. Allerdings ist eine rekursive Typdefinition nicht zulässig, d.h. eine Struktur A kann nicht eine Unterstruktur B enthalten, die wiederum Struktur A enthält. Mit diesem Hilfsmittel kann der Programmierer seine Datenstrukturen optimal an die Aufgabenstellung anpassen.

Beispiel 5.7

Deklaration einfacher und zusammengesetzter Datentypen

```
TYPE
    Pruefer:       (Meier, Mueller, Schulze);   (* Aufzählung *)
    Temp:          INT (-30..120);              (* Bereich *)
    Messung:       ARRAY[1..50] OF Temp;        (* eindimensionales Feld *)
    MessReihe:     ARRAY[1..5][1..50] OF Temp;  (* zweidimensionales Feld *)
    Protokoll:                                  (* Datenstruktur *)
    STRUCT
      Ersteller:   Pruefer := Meier;            (* Aufzählungstyp mit An- *)
                                                (* fangswert *)
      Testdatum:   DATE_AND_TIME;               (* elementarer Datentyp *)
      TempSensor:  MessReihe;                   (* Feld *)
    END_STRUCT
```

```
    Ofen:                                          (* Datenstruktur *)
    STRUCT
      HeizungAn:  BOOL := TRUE;                    (* elementarer Datentyp mit An- *)
                                                   (* fangswert *)
      Stoerung:   BOOL;                            (* elementarer Datentyp *)
      Kammer:     ARRAY[1..2] OF Temp;             (* eindimensionales Feld eines Be- *)
                                                   (* reichs *)
    END_STRUCT
END_TYPE
:
VAR
  Versuch:  Protokoll;                             (* Datenstruktur *)
  Trockner  ARRAY[1..3] OF Ofen;                   (* eindimensionales Feld einer *)
                                                   (* Datenstruktur *)
END_VAR
:
  Trockner[1].Kammer[2] := 10;
  Versuch.Ersteller := Schulze;
  Versuch.TempSensor[5][49] := 119;
```
□

In Beispiel 5.7 sind nochmals mehrere abgeleitete einfache Datentypen sowie ein ein- und ein mehrdimensionales Feld sowie zwei Strukturen als zusammengesetzte Datentypen angegeben. Dabei beinhalten die Strukturen elementare und abgeleitete Datentypen, eine Struktur enthält auch ein eindimensionales Feld.

5.4.1.2 Variablen

Bei der bisher üblichen Programmierung nach DIN 19239 wurde direkt auf die SPS-Speicheradressen zugegriffen (z.B. `M3.1` für das Merkerbit 1 im dritten Wort). Da die über physikalische Adressen angesprochenen Speicherbereiche zu unterschiedlichen Zwecken benutzt werden können (z.B. für die Darstellung binärer Werte oder Gleitpunktzahlen sowie Zeitglieder) und die Datenformate meist nicht kompatibel sind (Datenbreite je nach Typ zwischen 8 und 32Bit), war diese Vorgehensweise sehr fehleranfällig, weil z.B. eine falsche Speicheradresse angegeben oder eine Adresse im falschen Datenformat benutzt wurde. Aus diesem Grunde führten viele SPS-Hersteller *Symbole* ein, die im Programmkopf der physikalischen Adresse zugeordnet wurden und im Programm dann gleichwertig anstelle dieser absoluten Adresse verwendet werden konnten.

Die Norm geht nun noch einen Schritt weiter: Sie gibt, wie das in höheren Programmiersprachen seit langem üblich ist, die Verwendung von *Variablen* vor. Der Programmierer muss sich nicht mehr um die Zuordnung von Variablen zu physikalischen Adressen kümmern und eine Doppel- oder Fehlbelegung von Speicherbereichen wird automatisch ausgeschlossen. Außerdem ist dadurch bei der Compilierung des SPS-Programms eine Überwachung der typgerechten Verwendung einer Variable möglich. Der Programmierer wird also bereits bei der Übersetzung gewarnt, wenn in seinem Programm beispielsweise einer Variablen vom Typ BYTE ein Wert vom Typ REAL zugewiesen wird. Dies ist gegenüber der bisherigen SPS-Programmierung, bei der solche Überprüfungen nicht oder nur teilweise und systemspezifisch möglich waren, ein ganz wesentlicher Vorteil.

Wie oben bereits erwähnt, können Eingänge, Ausgänge und Merker als besondere Variablen sowohl *direkt* als auch *symbolisch* dargestellt werden. Dabei wird der physikalische Speicherort mit dem Schlüsselwort AT angegeben. Bei direkt dargestellten Variablen, die bisher oft direkt im Programm verwendete Adressen wie z.B. „E2.5“ ersetzen, dient die in der Deklaration gemachte Adressangabe gleichzeitig als Variablenname. Symbolisch dargestellte Variablen entsprechen Adressen, denen bisher über Zuordnungslisten symbolische Namen zugewiesen wurden. Sie unterscheiden sich von den „gewöhnlichen“ Variablen dadurch, dass ihr Speicherort durch die angegebene Adresse festgelegt ist und nicht frei vergeben werden kann.

Die Festlegung der *Anfangswerte* von Variablen erfolgt entweder durch eine spezielle vom Programmierer gemachte Angabe oder durch die sonst anzuwendende Anfangswertbelegung, die für jeden Datentyp eindeutig definiert ist. Zusätzlich kann durch Angabe des Schlüsselwortes RETAIN eine Batteriepufferung der entsprechenden Variable vorgesehen wird. In diesem Fall wird beim *Warmstart*, d.h. nach dem Wiederanlauf des SPS-Programms bzw. nach dem Wiederkehren der Versorgungsspannung der alte Wert wieder restauriert. Beim *Kaltstart* bzw. wenn RETAIN fehlt, erfolgt die Anfangswertbelegung entweder entsprechend der in der Variablendeklaration gemachten Angabe, oder, falls eine solche Angabe fehlt, entsprechend der definierten Vorbelegung für den verwendeten Datentyp.

Das Schlüsselwort CONSTANT bezeichnet eine „Variable“, deren Wert während des Programmablaufs nicht verändert werden darf, die also eine Konstante darstellt. Wie man leicht einsehen kann, ist Batteriepufferung nur für die Variablenarten (s.u.) VAR, VAR_OUTPUT und VAR_GLOBAL erlaubt, Konstante können nur Variablen der Art VAR und VAR_GLOBAL sein.

In der Norm sind auch verschiedene *Variablenarten* definiert worden: VAR (lokale Variable), VAR_INPUT (Eingangsvariable), VAR_OUTPUT (Ausgangsvariable), VAR_IN_OUT (Ein- und Ausgangsvariable), VAR_EXTERNAL (externe Variable), VAR_GLOBAL (globale Variable) und VAR_ACCESS (Zugriffspfad).

Zu diesen einzelnen Variablenarten ist folgendes anzumerken:

VAR: Auf lokale Variablen kann nur innerhalb der POE, in der sie deklariert wurden, sowie in allen untergeordneten POEs (Funktionsbausteine, Funktionen) zugegriffen werden.

VAR_INPUT: Eingangsvariablen werden der POE von der aufrufenden Funktion als *Werte* entsprechend dem *call-by-value*-Konzept zur Verfügung gestellt, d.h. es werden lediglich *Kopien* der Kopien an die POE weitergereicht. In der POE dürfen diese Variablen nur gelesen werden.

VAR_OUTPUT: Ähnlich ist die Vorgehensweise bei den Ausgangsvariablen *(return-by-value)*, sie dürfen innerhalb der POE gelesen und geschrieben werden, können außerhalb jedoch nur gelesen werden. Dadurch sind solche Ausgangsparameter gegenüber Änderungen durch die aufrufende POE geschützt.

VAR_IN_OUT: Die Ein- und Ausgangsvariablen werden dagegen der aufgerufenen POE als *Zeiger* übergeben, Änderungen wirken sich also automatisch auf die außerhalb der aufgerufenen POE deklarierten Variablen aus. Diese Variablen dürfen innerhalb und außerhalb der POE gelesen und geschrieben werden.

VAR_EXTERNAL: Eine externe Variable wurde durch eine andere POE als *global* deklariert. Sie ist daher für alle POEs les- und beschreibbar; Änderungen werden auch außerhalb der POE wirksam.

VAR_GLOBAL: Globale Variablen werden innerhalb einer POE deklariert, sind aber sowohl innerhalb als auch außerhalb für sämtliche anderen POEs les- und beschreibbar. Innerhalb der POE durchgeführte Änderungen werden auch außerhalb wirksam.
Die Verwendung globaler Variablen macht ein Programm komplexer und damit auch fehleranfälliger, ihr Gebrauch sollte daher auf das erforderliche Minimum begrenzt werden.

VAR_ACCESS: Die sogenannten Zugriffspfade dienen dem Datenaustausch zwischen Konfigurationen. Sie machen Variablen unter einem neuen Namen über die Konfiguration hinaus bekannt, in der sie deklariert wurden, so dass beispielsweise über Kommunikationsbausteine darauf zugegriffen werden kann. Standardmäßig ist nur ein lesender Zugriff erlaubt, ein schreibender Zugriff muss durch Angabe des Schlüsselwortes READ_Write explizit erlaubt werden. Innerhalb der POE können diese Variablen wie globale Variablen verwendet werden.

In einem Programm sind alle Variablenarten zulässig, in einem Funktionsbaustein dagegen sind VAR_ACCESS und VAR_GLOBAL nicht erlaubt. In einer Funktion schließlich können nur die Variablenarten VAR und VAR_INPUT verwendet werden.

5.4.1.3 Funktion

Funktionen verknüpfen in ihrem Anweisungsteil die Werte einer beliebigen Anzahl von Eingangsvariablen ***eindeutig*** zu ***genau einem*** Funktionswert. Dieser zurückgelieferte Funktionswert Funktionswert kann von elementarem, abgeleitetem oder auch von von zusammengesetztem Datentyp sein, auch eine Struktur oder ein Feld von Strukturen als Rückgabewert ist zugelassen. Im einfachsten Fall stellen Funktionen daher eine hersteller- oder anwenderspezifische Erweiterung des Operationsvorrates der SPS dar.

In der IEC-Norm 1131-3 ist eine ganze Sammlung von häufig verwendeten Standard-Funktionen festgelegt, deren Eigenschaften und Aufruf normiert ist (aus Platzgründen soll hier allerdings eine Auflistung all dieser Funktionen entfallen). Dadurch wird für jede SPS, die dieser Norm entspricht, eine gewisse Grund-Funktionalität auf einem vereinheitlichten Niveau gewährleistet. Durch zusätzliche benutzerdefinierte Funktionen kann dann diese Sammlung durch individuelle Funktionsbibliotheken ergänzt werden. Eigene Funktionen müssen – wie Datentypen – definiert sein, d.h. vor Gebrauch müssen die Schnittstelle (Name und Parameter) und Rumpf (die Anweisungen) bekannt gemacht werden. Bei den durch die Norm festgelegten Standard-Funktionen entfällt diese Definition.

Funktionen liefern bei gleichen Werten der Eingangsvariable(n) *stets* das gleiche Ergebnis, d.h. sie besitzen kein „Gedächtnis". Daraus ergeben sich die folgenden Konsequenzen:

- Funktionen können lokale Variablen für Zwischenergebnisse benutzen, diese gehen jedoch nach Beendigung der Funktion verloren. Diese lokalen Variablen können daher auch nicht als batteriegepuffert deklariert werden.
- Innerhalb von Funktionen dürfen globale Variablen weder gelesen noch geschrieben werden.
- Innerhalb von Funktionen dürfen keine Funktionsbausteine (z.B. Zähler oder Timer) aufgerufen werden.
- Innerhalb von Funktionen können keine direkt dargestellten Variablen gelesen oder geschrieben werden.

Durch die Norm ist *nicht* festgelegt, was bei einem Spannungsausfall mit den aktuellen Variablenwerten einer Funktion geschieht. Daher ist diejenige POE, die eine Funktion aufruft, ggf. für eine notwendige Pufferung der Variablen verantwortlich.

5.4.1.4 Funktionsbaustein

Ein Funktionsbaustein kann wie folgt beschrieben werden: Er ist eine eigenständige, nach außen gekapselte Datenstruktur mit einer auf ihr definierten Berechnungsvorschrift.

Ein wesentlicher Unterschied gegenüber der Funktion ist, dass Funktionsbausteine ein *Gedächtnis* haben können, sich also z.B. einen Zählwert bis zum nächsten Aufruf „merken" können. Das ist möglich durch das Konzept der *Instanziierung*: Funktionsbausteine werden, wie in Beispiel 5.8 bei der Deklaration der POE `Ventil` gezeigt wird, wie Variablen instanziiert. Durch dieses Konzept entstehen *strukturierte* Variablen, da die Aufrufschnittstelle eines FBs wie eine Datenstruktur beschrieben wird.

Beispiel 5.8

```
PROGRAM Ventil
VAR
   Ventil_Öffnung  : REAL;         (* Gleitpunktzahl *)
   Not_Aus         : BOOL;         (* Boolesche Variable *)
   Zähl_1          : CTD;          (* Rückwärtszähler *)
   Ventil_1        : Ventil_Typ;   (* benutzerdefinierter FB „Ventil-Typ" *)
   Zeit_1          : TON;          (* Timer vom Typ „Einschaltverzögerung" *)
   Zeit_2          : TON;          (* Timer vom Typ „Einschaltverzögerung" *)
END_VAR
```

Während `Ventil_Öffnung` und `Not_Aus` eine Gleitpunktzahl bzw. eine Boolesche Variable darstellen, sind `Zeit_1` und `Zeit_2` zwei eigenständige und als Instanzen voneinander getrennte Funktionsbausteine des Standard-Typs TON (Timer mit Einschaltverzögerung). `Zähl_1` ist ebenfalls ein Standard-FB (Rückwärtszähler), während `Ventil_1` vom Typ `Ventil_Typ` ist. Mit allein dieser Deklaration wäre noch nicht klar, ob es sich bei `Ventil_Typ` um eine benutzerdefinierte Variable oder um einen benutzerdefinierten FB handelt, da beide Deklarationen formal völlig gleich sind. Erst die ebenfalls notwendige Deklaration

```
FUNCTION_BLOCK Ventil_Typ
    VAR
    :                       (* Deklaration der benötigten Variablen *)
    END_VAR
    :                       (* Anweisungsteil des Funktionsbausteins *)
END_FUNCTION_BLOCK
```

macht dann klar, dass `Ventil_Typ` ein benutzerdefinierter FB ist. □

Nach einer solchen Instanziierung, die darüber hinaus auch eine Vereinheitlichung von herstellerspezifischen und benutzerdefinierten FBs bewirkt, kann dann ein FB als Instanz innerhalb einer POE aufgerufen werden. Mit Hilfe der angegebenen Namen kann der Programmierer übersichtlich auf verschiedene FB desselben Typs zugreifen, ohne dass diese sich gegenseitig beeinflussen können.

Während Funktionen immer projektweit von jeder POE aufgerufen werden können und auch FB-*Typen* projektweit in jeder POE zur Deklaration von Instanzen benutzt werden können, sind FB-*Instanzen* nur innerhalb der POE verwendbar, in der sie deklariert wurden. Wenn sie jedoch als global deklariert werden, stehen sie mit Hilfe von VAR_EXTERNAL sämtlichen POEs zur Verfügung.

Ähnlich wie bei den Funktionen legt die IEC-Norm 1131-3 auch verschiedene Standard-Funktionsbausteine fest. Dies sind:

- FBs für bistabile Elemente (RS-Flipflop) und zur Anwendung eines Semaphors
- FBs zur Erkennung positiver und negativer Flanken (Triggerung)
- FBs für Zähler (Vorwärtszähler, Rückwärtszähler, Vorwärts-/Rückwärtszähler)
- FBs für Timer (Einschalt- sowie Ausschaltverzögerung, Impulszeit und Echtzeituhr).

Um zu erreichen, dass FBs ein „Gedächtnis" haben, ist es erforderlich, dass mit der Instanziierung für jede gebildete Instanz im Speicher der SPS ein fest zugeordneter entsprechender Speicherbereich für die benötigten Daten reserviert wird. Für die lokalen Daten eines FBs kann man den *Stack* also nicht verwenden. Dies ist bei der Definition benutzereigener FBs zu berücksichtigen, da die Verwendung großer lokaler Datenbereiche innerhalb eines FBs zu einem großen statischen Speicherplatzbedarf der entsprechenden FB-Instanz führt.

Während also bei der Deklaration einer Gleitpunktzahl der Speicherplatz reserviert wird, der für eine Variable vom Typ REAL erforderlich ist, wird bei der Deklaration eines FB der Speicherplatz bereitgestellt, der für die internen Daten eines FBs dieses Typs notwendig ist. Konsequenterweise können FB-Instanzen – genau wie normale Variablen – durch das Schlüsselwort RETAIN batteriegepuffert werden. Bei einem Ausfall der Versorgungsspannung werden dann ihre lokalen Werte sowie ihre Aufrufschnittstelle beibehalten. Zusätzlich können auch die lokalen Daten und die Ausgabeparameter *innerhalb* des FBs mit Hilfe von RETAIN gegen Verlust geschützt werden. Dagegen sind die *Werte* von Ein- oder Ausgangsvariablen nicht als gepuffert angebbar, da es sich ja um Übergabeparameter handelt. Für Variablen des Typs VAR_IN_OUT ist zu beachten, dass in einer durch RETAIN geschützten Instanz zwar die Zeiger erhalten bleiben, die Werte der Variablen jedoch verlorengehen können, wenn sie in der aufrufenden POE nicht ebenfalls als batteriegepuffert deklariert wurden.

Die Eingangs- und Ausgangsvariablen von FBs werden – wie Strukturvariablen auch – mit Hilfe des FB-Instanznamens und eines trennenden Punktes angesprochen. Beim Aufruf eines FBs nehmen nicht verwendete Eingangs- oder Ausgangsparameter – ähnlich wie bei Funktionen – definierte Anfangswerte an, sofern vom Anwender keine anderen Vorgaben gemacht wurden.

Bei Funktionsbausteinen sind einige Einschränkungen zu beachten:

- Damit lokale Variablen unabhängig von der SPS-Hardware bleiben, ist hierfür die Verwendung direkt dargestellter Variablen nicht zulässig. Direkt dargestellte Variablen können nur als globale Variablen mit Hilfe von VAR_EXTERNAL importiert werden.
- Ebenfalls nicht erlaubt ist die Deklaration globaler Variablen oder von Zugriffspfaden (der Zugriff auf globale Variablen und damit auch auf Zugriffspfade ist durch VAR_EXTERNAL möglich).
- Daten von außen können *ausschließlich* über die Schnittstelle (Parameter und externe Variablen) in den FB eingebracht werden.

Dadurch wird für die FBs eine *gekapselte* Datenstruktur erreicht: Die (lokalen) Daten des FB hängen nicht unmittelbar von globalen Daten oder der SPS-Peripherie ab. FBs können solche Daten nur indirekt über ihre (dokumentierbare) Schnittstelle manipulieren.

5.4.1.5 Programm

Programme und Funktionsbausteine unterscheiden sich – abgesehen von den Schlüsselwörtern (END_)PROGRAM bzw. (END_)FUNCTION_BLOCK – in ihrer Deklaration nur wenig voneinander. Während in einem SPS-Programm Funktionen und FBs die Aufgabe von Unterprogrammen übernehmen, stellen POEs vom Typ PROGRAM das Hauptprogramm dar, d.h. sie benutzen zur Problemlösung FBs und Funktionen. Während Programme also FBs und Funktionen aufrufen können, ist umgekehrt ein Aufruf von Programmen durch andere Programme, durch FBs oder durch Funktionen nicht möglich.

Programme können nicht von anderen Programmen aufgerufen werden und weisen gegenüber FBs einige weitere Merkmale auf:

- Die Deklaration direkt dargestellter Variablen ist zulässig.
- Die Deklaration globaler Variablen und von Zugriffspfaden durch VAR_GLOBAL bzw. durch VAR_ACCESS ist möglich.

Programme können innerhalb der SPS-Konfiguration explizit einer *Task* mit einem bestimmten Zeitverhalten zugeordnet werden, um ein Laufzeitprogramm zu bilden. Falls keine explizite Zuordnung erfolgt, sind Programme implizit der sogenannten *Hintergrundtask* zugeordnet. Sie läuft immer dann, wenn der Prozessor frei ist und realisiert den permanenten zyklischen Betrieb (vergl. Abschnitt 5.2.3). Auf einer multitaskingfähigen Steuerung können mehrere POEs vom Typ PROGRAM parallel ablaufen.

Darüber hinaus beinhaltet ein Programm die Zuordnung von Variablen zur Prozessperipherie. Dies ist auch der Grund dafür, warum hier im Unterschied zu FBs und Funktionen, wie oben bereits erwähnt, die Deklaration direkt dargestellter Variablen erlaubt ist.

Nach der IEC-Norm 1131 können auch Programme wie FBs instanziiert werden. Dann ist die Zuordnung eines Programms zu mehreren Tasks möglich und es kann in der SPS zur gleichen Zeit mehrfach ausgeführt werden.

5.4.2 Anweisungsliste (AWL)

Die Anweisungsliste (AWL) gehört mit dem strukturierten Text (ST) und der textuellen Variante der Ablaufsprache (AS) zu den drei *textuellen* Programmiersprachen, die in der IEC-Norm 1131-3 definiert sind. Die AWL ist dabei, wie bereits zu Beginn des Kapitels 5.4 erläutert wurde, eine maschinennahe assemblerähnliche und verknüpfungsorientierte Sprache, wobei nun allerdings eine einheitliche Darstellung die zahlreichen herstellerspezifischen Definitionen ablöst und damit die Portabilität von Programmen oder Programmteilen möglich wird. Bislang war für jede SPS, wenn keine weiteren Sprachen zur Verfügung standen, wenigstens die Programmierung mit Hilfe der (herstellerspezifischen) AWL möglich. Da die der Norm entsprechende AWL nun universell eingesetzt werden kann, ist zu erwarten, dass sie zunehmend als gemeinsame Zwischensprache Verwendung finden wird, auf die die übrigen textuellen und graphischen Sprachen abgebildet werden.

Beispiel 5.9

<Sprungmarke:>	*Operator*	*Operand*	*<Kommentar>*
MotStart:	LD	%IX5.0	(* Lade Bit aus Peripherie *)
	AND	Start_Tast	(* Start-Taster gedrückt *)
	ANDN	MotLauf	(* Motor steht bislang *)
	S	MotLauf	(* MotLauf setzen, wenn das Ver- *)
			(* knüpfungsergebnis TRUE ist *)
	CALC	MotAnlauf	(* FB MotAnlauf berechnen, wenn*)
			(* das Verknüpfungsergebnis TRUE ist *)
	JMPCN	Prozess	(* zur Marke Prozess springen, wenn *)
			(* das Verknüpfungsergebnis FALSE ist *)

Bild 5.22 *Aufbau einer AWL-Anweisung* □

Die einzelnen AWL-Befehle sind nicht sehr leistungsfähig, zu diesem Zweck können jedoch Aktionen definiert oder Funktionen und FBs programmiert werden. Wie das Programmbeispiel 5.9 im Bild 5.22 zeigt, ist der Aufbau von AWL-Anweisungen eindeutig definiert.

Dabei sind die eingeklammerten Elemente (Sprungmarke und Kommentar) optional und können entfallen. Zu beachten ist, dass das Semikolon in AWL nicht erlaubt ist, weder als Endekennung einer Anweisung (wie in ST) noch als Anfangszeichen von Kommentaren: Kommentare sind in „(∗ ... ∗)“ einzuschließen.

AWL stellt die folgenden *Operatoren* zur Verfügung (in eckigen Klammern sind jeweils die möglichen Modifizierer angegeben):

Bitbefehle: LD [N] (laden eines Operanden), ST [N] (speichern eines Operanden), S (setzen eines Booleschen Operanden, wenn das aktuelle Akkumulatorergebnis TRUE ist), R (rücksetzen eines Booleschen Operanden, wenn das aktuelle Akkumulatorergebnis TRUE ist), AND [N,(] (Boolesches UND), OR [N,(] (Boolesches ODER), XOR [N,(] (Boolesches EXKLUSIV-ODER).

Arithmetikbefehle: ADD [(] (Addition), SUB [(] (Subtraktion), MUL [(] (Multiplikation), DIV [(] (Division).

Vergleichsbefehle: GT [(] („>“), GE [(] („≥“), EQ [(] („=“), NE [(] („≠“), LE [(] („≤“), LT [(] („<“).

Ablaufbefehle: JMP [C,CN] (Sprungbefehl), CAL [C,CN] (FB-Aufruf), RET [C,CN] (Rücksprung), „)“ (Verknüpfung von Klammerergebnis und aktuellem Akkumulatorergebnis).

Der Modifizierer N negiert den Operanden, durch „(“ wird zusammen mit dem zugehörigen Operator eine Klammer geöffnet, welches durch den zugehörigen „)“-Operator eine entsprechende Verknüpfung mit dem Akkumulatorergebnis *vor* Beginn der Klammer ausführt. Mit Hilfe von C bzw. CN wird aus dem jeweiligen sonst *unbedingt* durchzuführenden Ablaufbefehl ein *bedingter* Sprungbefehl: Er wird nur dann ausgeführt, wenn das aktuelle Akkumulatorergebnis TRUE bzw. FALSE ist.

Bei der Verwendung von Sprungbefehlen sollte man immer bedenken, dass ihr übermäßiger Gebrauch zu undurchschaubaren und damit zu schwer pflegbaren Programmen führt. Im Sinne einer strukturierten Programmierung sollte ihre Anwendung auf das notwendige Minimum beschränkt bleiben.

Bei Verknüpfungen müssen der Operand und das aktuelle Ergebnis typgleich sein. Wenn z.B. das Akkumulatorergebnis eine Zahl des Typs REAL ist, kann man diese nicht durch den Operator ADD mit einer Booleschen Variable verknüpfen. In diesem Zusammenhang sollte darauf hingewiesen werden, dass die Behandlung von vermischten Bit-/Wort-Befehlen durch die Norm nicht eindeutig geregelt ist, hier sind unterschiedliche und sogar inkompatible Interpretationen durch verschiedene Hersteller möglich und zulässig.

Rückkopplungen werden in AWL realisiert, indem Variablen mehrfach verwendet werden. Im Beispiel 5.9 nach Bild 5.22 ist `MotLauf` eine solche Variable. Ist das Verknüpfungsergebnis der Abfrage TRUE, so wird `MotLauf` gesetzt (Motor läuft). Dadurch wird beim nächsten Zyklus des SPS-Programms das Verknüpfungsergebnis FALSE und das spezielle Unterprogramm `MotAnlauf`, das beim Einschalten eines

Beispiel 5.10

Aufruf einer Funktion

```
VAR
   Par1:    INT := 2;
   Par2:    INT := 5;
   Par3:    INT := 7;
   Result: INT;
END_VAR

LD     Par1
Multi Par2, Par3   (* erster Aufruf, *)
                   (* Ergebnis 70 *)
Multi Par1, Par3   (* zweiter Aufruf, *)
                   (* Ergebnis 980 *)
ST     Result
```

Definition einer Funktion

```
FUNCTION Multi: INT
VAR_INPUT
   Mult1, Mult2, Mult3: INT;
END_VAR

LD     Mult1
MUL    Mult2
MUL    Mult3
ST     Multi       (* Rückgabewert *)
END_FUNCTION
```

Bild 5.23 *Definition und Aufruf einer Funktion in AWL* □

Motors abgearbeitet werden muss, wird dann nicht mehr aufgerufen.

Funktionen werden in AWL durch Angabe ihres Namens, der in diesem Fall den Operator ersetzt, aufgerufen. Der erste Parameter, der an die Funktion übergeben wird, ist das aktuelle Akkumulatorergebnis. Weitere ggf. an die Funktion zu übergebenden Werte werden wie Operanden hinter dem Funktionsnamen angefügt. Das aktuelle Akkumulatorergebnis wird anschließend durch den zurückgelieferten Funktionswert ersetzt. Das Beispiel 5.10 im Bild 5.23 zeigt die Realisierung und den Aufruf einer Funktion, die drei Ganzzahlen miteinander multipliziert.

Beispiel 5.11

```
VAR
   Frei:      BOOL := 0;      (* Freigabeeingang *)
   W_Lampe:   BOOL;           (* Ausgang *)
   Zeit:      TON;            (* Standard-FB TON besitzt die Eingänge *)
                              (* IN und PT sowie die Ausgänge Q und ET *)
   Wert:      TIME;
END_VAR
:
:
CAL        Zeit (IN := Frei, PT := T#500ms)
LD         Zeit.Q             (* binärer Ausgang *)
ST         W_Lampe
LD         Zeit.ET            (* aufgelaufene Zeit *)
ST         Wert
```

Bild 5.24 *Definition und Aufruf eines FBs in AWL* □

Für den Aufruf von *Funktionsbausteinen* stellt die IEC-Norm 1131-3 in AWL drei Methoden zur Verfügung:

- Aufruf mit der Liste der Ein- und Ausgangsparameter in Klammern,
- Aufruf nach vorausgegegangenem Laden und Speichern der Eingangsparameter,
- Aufruf implizit durch Benutzung der Eingangsvariablen als Operatoren.

Die letztgenannte Vorgehensweise kann allerdings nur für Standard-FBs verwendet werden. Beispiel 5.11 im Bild 5.24 veranschaulicht den FB-Aufruf nach dem ersten Verfahren für eine Einschaltverzögerung (Standard-FB): Wenn die Boolesche Variable `Frei` von FALSE nach TRUE wechselt, läuft der Timer `Zeit` los. Bleibt `Frei` TRUE, so wird nach der eingestellten Zeit (hier $500ms$) die Warnlampe `W_Lampe` eingeschaltet und leuchtet so lange, bis `Frei` wieder FALSE ist.

Zum Abschluss sollen noch zwei Beispiele für in AWL geschriebene Programme gegeben werden.

Beispiel 5.12

Problemstellung: Ein Flüssigkeitsbehälter ist mit drei binären Sensoren h_1 bis h_3 ausgestattet, die jeweils einen minimalen und einen maximalen Füllstand (h_1 bzw. h_2) sowie einen Füllstand kurz vor dem Überlauf (h_3) signalisieren. Liegt der Füllstand zwischen h_1 und h_2, soll eine grüne Kontrollampe leuchten. Wird die Höhe

```
FUNCTION_BLOCK Blinker
VAR_INPUT
  enable:        BOOL;           (* Aktivierung des Funktionsbausteins *)
  tan, taus:     TIME;           (* Zeitdauer „an“ bzw. „aus“ *)
END_VAR
VAR_OUTPUT
  Q:             BOOL;           (* Blinksignal *)
END_VAR
VAR
  high, low:     TP;             (* Standard-Timerbausteine zur *)
                                 (* Erzeugung des Blinksignals *)
  sthigh, stlow: BOOL;
END_VAR
LD   enable
ANDN low.Q
ST   sthigh
CAL  high (IN := sthigh, PT := tan)
LDN  high.Q
ST   stlow
CAL  low (IN := stlow, PT := taus)
LD   high.Q
ST   Q
END_FUNCTION_BLOCK
```

Bild 5.25 *AWL-Programm für Beispiel 5.12*

```
PROGRAM Behaelter
VAR_INPUT
   h1 AT %I1.1: BOOL;
   h2 AT %I1.2: BOOL;
   h3 AT %I1.3: BOOL;
END_VAR
VAR_OUTPUT
   K_Lampe AT %Q1.1: BOOL;
   Hupe    AT %Q1.2: BOOL;
   F_Lampe AT %Q1.3: BOOL;
BOOL;
END_VAR
VAR
   Takt: Blinker;                       (* FB-Instanz *)
END_VAR

CAL    Takt (enable := TRUE, tan := T#500ms, taus := T#500ms)
LD     Takt.Q                           (* Blinktakt *)
AND    h1
AND    h2                               (* Sollhöhe überschritten *)
OR (   h1
ANDN   h2
ANDN   h3
)                                       (* Sollhöhe erreicht *)
ST     K_Lampe                          (* Kontrollampe *)
LD     h1
AND    h2
AND    h3                               (* Überlaufgefahr *)
ST     Hupe                             (* Warnhupe *)
LD     h3
ANDN   h1
OR (   h3
ANDN   h2
)
OR (   h2
ANDN   h1
)                                       (* Fehlfunktion der Sensoren *)
ST     F_Lampe                          (* Fehler-Lampe *)
END_PROGRAM
```

Bild 5.25 *AWL-Programm für Beispiel 5.12 (Fortsetzung)*

h_2 überschritten, soll diese Kontrollampe blinken. Erreicht die Flüssigkeit zusätzlich die Höhe h_3 (Gefahr des Überlaufs), so soll eine Hupe ertönen. Für den Fall, dass die Sensoren fehlerhafte Signale abgeben, soll eine entsprechend vorhandene Fehler-Lampe leuchten.

Bild 5.25 zeigt die Lösung des Problems in AWL. Zunächst wird ein benutzerdefinierter Funktionsbaustein realisiert, der, wenn eine Boolesche Eingangsvariable TRUE ist, für einstellbare Zeiten `tan` und `taus` einen Ausgang Q auf TRUE bzw. auf FALSE setzt.

Die Kontrollampe leuchtet permanent, wenn von den drei Signalgebern nur h_1 TRUE ist. Sind sowohl h_1 als auch h_2 TRUE, wird das Blinksignal des Timer-Funktionsbausteins durchgeschaltet und die Kontrollampe blinkt, da nunmehr $h_1\, \bar{h}_2\, \bar{h}_3$ FALSE ist.

Ist schließlich auch $h_1\, h_2\, h_3$ TRUE, wird die Hupe angesteuert.

Die Signale der Sensoren sind dann fehlerhaft, wenn ein Sensor für eine Höhe Nullsignal führt, jedoch ein weiter oben liegender Sensor TRUE ist. Die Fehler-Lampe muss also angeschaltet werden, wenn h_2 TRUE und h_1 FALSE ist oder wenn h_3 TRUE ist und gleichzeitig entweder h_2 oder h_1 FALSE angeben. □

Beispiel 5.13

Problemstellung: Für die in Beispiel 4.4 eingeführte und im Bild 4.11 schematisch dargestellte Coilanlage soll ein SPS-Programm erstellt werden, dass einen Arbeitszyklus realisiert. Dabei soll hier im Unterschied zur Funktionsbeschreibung aus Beispiel 6.2 im Kapitel 6 der Einfachheit halber davon ausgegangen werden, dass alle Endstellungen abgefragt werden können und der Vorschub nur mit einer Geschwindigkeitsstufe verfahren wird.

```
PROGRAM CoilZyklus
VAR_INPUT
  Vorschub_Vorn    AT %I1.1: BOOL;              (* Vorschub vorn *)
  Vorschub_Hinten  AT %I1.2: BOOL;              (* Vorschub hinten *)
  Zange_Offen      AT %I1.3: BOOL;              (* Zange geöffnet *)
  Zange_Geschl     AT %I1.4: BOOL;              (* Zange geschlossen *)
  N_halter_Offen   AT %I1.5: BOOL;              (* Niederhalter geöffnet *)
  N_halter_Geschl  AT %I1.6: BOOL;              (* Niederhalter geschlossen *)
  Schere_Oben      AT %I1.7: BOOL;              (* Schere oben *)
  Schere_Unten     AT %I1.8: BOOL;              (* Schere unten *)
END_VAR
VAR_OUTPUT
  Vorschub_Vor     AT %Q1.1: BOOL;              (* Vorschub vorfahren *)
  Vorschub_Rueck   AT %Q1.2: BOOL;              (* Vorschub zurückfahren *)
  Zange_Auf        AT %Q1.3: BOOL;              (* Zange öffnen *)
  Zange_Zu         AT %Q1.4: BOOL := TRUE;      (* Zange schließen *)
  N_halter_Auf     AT %Q1.5: BOOL;              (* Niederhalter öffnen *)
  N_halter_Zu      AT %Q1.6: BOOL;              (* Niederhalter schließen *)
  Schere_Hoch      AT %Q1.7: BOOL;              (* Schere hochfahren *)
  Schere_Runter    AT %Q1.7: BOOL;              (* Schere herunterfahren *)
END_VAR
```

Bild 5.26 *AWL-Programm für einen Arbeitszyklus der Coilanlage*

```
VAR
  Start_Zyklus: BOOL := TRUE;
  Blech_Vor: BOOL;
  Arretieren: BOOL;
  Zange_Loesen: BOOL;
  Blech_Neu: BOOL;
  Einklemmen: BOOL;
  Abschneiden: BOOL;
  N_halter_Loesen: BOOL;
  N_halter_Fertig: BOOL;
  Schere_Zurueck: BOOL;
  Schere_Fertig: BOOL;
END_VAR
LD  Vorschub_Hinten
AND Zange_Geschl
AND N_halter_Offen
AND Schere_Oben      (* Ausgangszustand ist erreicht *)
AND Start_Zyklus     (* Schritt Start_Zyklus ist aktiv *)
R   Start_Zyklus     (* Schrittmerker Start_Zyklus zurücksetzen *)
S   Vorschub_Vor     (* Vorschub mit Blech vorfahren *)
S   Blech_Vor        (* zugehörigen Schrittmerker Blech_Vor setzen *)
LD  Vorschub_Vorn    (* Vorschub ist vorn angekommen *)
AND Blech_Vor        (* Schritt Blech_Vor ist aktiv *)
R   Vorschub_Vor     (* Vorschub abschalten *)
R   Blech_Vor        (* Schrittmerker Blech_Vor zurücksetzen *)
S   N_halter_Zu      (* Niederhalter schließen *)
S   Arretieren       (* zugehörigen Schrittmerker Arretieren setzen *)
LD  N_halter_Geschl  (* Blech ist arretiert *)
AND Arretieren       (* Schritt Arretieren ist aktiv *)
R   Arretieren       (* Schrittmerker Arretieren zurücksetzen *)
S   Schere_Runter    (* Schere abfahren *)
S   Abschneiden      (* zugehörigen Schrittmerker Abschneiden setzen *)
R   Zange_Zu         (* Zange zunächst abschalten *)
S   Zange_Auf        (* parallel dazu Zange öffnen *)
S   Zange_Loesen     (* zugehörigen Schrittmerker Zange_Loesen setzen *)
LD  Schere_Unten     (* Blechtafel ist abgeschnitten *)
AND Abschneiden      (* Schritt Abschneiden ist aktiv *)
R   Schere_Runter    (* Schere abschalten *)
R   Abschneiden      (* Schrittmerker Abschneiden zurücksetzen *)
S   Schere_Hoch      (* Schere wieder hochfahren *)
S   Schere_Zurueck   (* zugehörigen Schrittmerker Schere_Zurueck setzen *)
R   N_halter_Zu      (* parallel dazu Niederhalter öffnen *)
S   N_halter_Auf     (* Niederhalter auffahren *)
S   N_halter_Loesen  (* zugehörigen Schrittmerker N_halter_Loesen setzen *)
```

Bild 5.26 *AWL-Programm für einen Arbeitszyklus der Coilanlage (Fortsetzung)*

```
LD  Schere_Oben         (* Schere ist wieder oben *)
AND Schere_Zurueck      (* Schritt Schere_Zurueck ist aktiv *)
R   Schere_Hoch         (* Schere abschalten *)
R   Schere_Zurueck      (* Schrittmerker Schere_Zurueck zurücksetzen *)
S   Schere_Fertig       (* zugehörigen Schrittmerker Schere_Fertig setzen *)
LD  N_halter_Offen      (* Niederhalter ist wieder oben *)
AND N_halter_Loesen     (* Schritt N_halter_Loesen ist aktiv *)
R   N_halter_Auf        (* Niederhalter abschalten *)
R   N_halter_Loesen     (* Schrittmerker N_halter_Loesen zurücksetzen *)
S   N_halter_Fertig     (* zugehörigen Schrittmerker N_halter_Fertig setzen *)
LD  Zange_Offen         (* Zange ist geöffnet *)
AND Zange_Loesen        (* Schritt Zange_Loesen ist aktiv *)
R   Zange_Auf           (* Zange abschalten *)
R   Zange_Loesen        (* Schrittmerker Zange_Loesen zurücksetzen *)
S   Vorschub_Rueck      (* leeren Vorschub zurückfahren *)
S   Blech_Neu           (* zugehörigen Schrittmerker Blech_Neu setzen *)
LD  Vorschub_Hinten     (* Vorschub ist hinten angekommen *)
AND Blech_Neu           (* Schritt Blech_Neu ist aktiv *)
R   Vorschub_Rueck      (* Vorschub abschalten *)
R   Blech_Neu           (* Schrittmerker Blech_Neu zurücksetzen *)
S   Zange_Zu            (* Zange schließen und Blechband arretieren *)
S   Einklemmen          (* zugehörigen Schrittmerker Einklemmen setzen *)
LD  Zange_Geschl        (* Zange ist geschlossen *)
AND Einklemmen          (* Schritt Einklemmen ist aktiv *)
AND Schere_Fertig       (* Schritt Schere_Fertig ist aktiv *)
AND N_halter_Fertig     (* Schritt N_halter_Fertig ist aktiv *)
R   Einklemmen          (* Schrittmerker Einklemmen zurücksetzen *)
R   Schere_Fertig       (* Schrittmerker Schere_Fertig zurücksetzen *)
R   N_halter_Fertig     (* Schrittmerker N_halter_Fertig zurücksetzen *)
S   Start_Zyklus        (* Zyklus ist startbereit, zugehörigen Schritt- *)
END_PROGRAM             (* merker Start_Zyklus setzen *)
```

Bild 5.26 *AWL-Programm für einen Arbeitszyklus der Coilanlage (Fortsetzung)*

Ein mögliches in AWL geschriebenes SPS-Programm zur Lösung dieses Problems ist im Bild 5.26 dargestellt. Zur Realisierung des parallelen Ablaufs wird dabei das im Kapitel 5.3.1 vorgestellte Schrittmerkerkonzept verwendet, und für alle Schritte werden daher entsprechende Boolesche Variablen als Schrittmerker definiert.

Zu Anfang ist entsprechend der Variablendeklaration nur der Schrittmerker `Start_Zyklus` sowie der Ausgang `Zange_Zu` TRUE. Damit wird erreicht, dass der in einem definierten Initialschritt beginnt. Der Ausgang `Zange_Zu` wird betätigt, um das Blech auch beim Verfahren des Vorschubs sicher zu arretieren. Ist der Ausgangszustand erreicht UND `Start_Zyklus` gesetzt, wird der Zyklus durch das Verfahren des Vorschubs mit dem Blech gestartet. Ist die abzuschneidende Blechtafel vor der Schere arretiert, können die Schere und der Vorschub bis zum Ende des Zyklus parallel arbeiten. Nach dem Abschneiden der Blechtafel kann parallel zum Hochfahren der Schere auch der Niederhalter geöffnet werden. Wenn die Schere wieder die obere Endstellung erreicht hat bzw. der Niederhalter geöffnet ist, werden die Schrittmerker `Schere_Fertig` und `N_halter_Fertig` gesetzt und die entsprechenden Antriebe abgeschaltet. Ist die Zange geschlossen UND sind diese beiden Schrittmerker gesetzt, sind die parallelen Vorgänge (Vorschub und Zange bzw. Niederhalter und Schere) abgeschlossen und ein neuer Zyklus kann beginnen. □

5.4.3 Kontaktplan (KOP)

Der Kontaktplan (KOP) stellt die älteste graphische Programmiersprache für SPS dar und gehört wie die Anweisungsliste und die Funktionsbausteinsprache zu den verknüpfungsorientierten Sprachen. Der Vorteil dieser Sprache ist, dass KOP-Programme in hohem Maße selbstdokumentierend sind und selbst ohne tiefergehende Kenntnisse unmittelbar einen Einblick in die Funktionalität eines Programmes ermöglichen. Da die SPS zunächst eingesetzt wurden, um die mit Schützen und Relais realisierten logischen Verknüpfungen zu ersetzen, lag es nahe, eine graphische Sprache zu verwenden, die sich an die bekannte Darstellungsform von Stromlaufplänen anlehnt. Aus diesem Grund stand neben den textuellen Anweisungslisten der Kontaktplan als graphische Sprache schon sehr bald zur Programmierung von SPS zur Verfügung, zumal weil die einzelnen Verknüpfungen auch durch ASCII-Textzeichen dargestellt werden konnten. Die meisten modernen Softwarepakete zur Programmierung von SPS unterstützen heute zwar eine vollgraphische Darstellung, aber vor allem bei den ersten SPS war dies Argument noch wichtig.

Wie bei der Funktionsbausteinsprache (FBS) wird der Anweisungsteil in Netzwerke zur Strukturierung der Graphik unterteilt, die für beide Sprachen einige Gemeinsamkeiten aufweisen. Ein KOP-Netzwerk wird links und rechts jeweils durch sogenannte Stromschienen begrenzt. Innerhalb eines KOP-Netzwerks fließt der Strom von der linken Stromschiene („hohes Potential") zur rechten Stromschiene („Masse"), wobei die einzelnen logischen Elemente abhängig von ihrem Schaltzustand die Weiterleitung des Stroms ermöglichen oder unterbrechen. Mehrere KOP-Netzwerke innerhalb einer POE werden stets nacheinander (d.h. von oben nach unten) abgearbeitet. Ein KOP-Netzwerk besteht aus den im Folgenden erläuterten graphischen Elementen:

1. **Verbindungen**
   Horizontale Linien reichen den links anstehenden Wert FALSE oder TRUE nach rechts weiter, während eine vertikale Linie die VerODERung aller horizontalen Verbindungen auf ihrer linken Seite und die Bereitstellung des Ergebnisses an alle rechts liegenden horizontalen Verbindungen impliziert.
2. **Kontakte**
   Ein Kontakt verknüpft den logischen Zustand der eingehenden Verbindung entsprechend der Art des Kontaktes mit dem Wert der zugewiesenen Variablen und gibt das Ergebnis nach rechts weiter. Folgende Kontakte stehen zur Verfügung:

Bezeichnung	Darstellung	Funktion
Schließer	—| |—	AND
Öffner	—| / |—	AND NOT
positive Flankenerkennung	—| P |—	rechte Verbindung TRUE, wenn - linke Verbindung TRUE *und* - letzte Auswertung der Variablen war FALSE *und* - aktuelle Auswertung der Variablen ist TRUE, sonst FALSE.
negative Flankenerkennung	—| N |—	rechte Verbindung TRUE, wenn - linke Verbindung TRUE *und* - letzte Auswertung der Variablen war TRUE *und* - aktuelle Auswertung der Variablen ist FALSE, sonst FALSE.

3. **Spulen**
   Spulen dienen der Zuweisung von Werten an Boolesche Variablen. Die folgenden Spulen sind definiert:

Bezeichnung	Darstellung	Funktion
Spule	—( )—	Zuweisung
negative Spule	—(/)—	negierte Zuweisung
Spule setzen	—(S)—	Variable ist TRUE, wenn linke Verbindung TRUE, sonst unverändert.
Spule rücksetzen	—(R)—	Variable ist FALSE, wenn linke Verbindung TRUE, sonst unverändert.
gepufferte Spule	—(M)—	wie „Spule“, jedoch Variable im gepufferten Speicherbereich
gepufferte Spule setzen	—(SM)—	wie „Spule setzen“, jedoch Variable im gepufferten Speicherbereich
gepufferte Spule rücksetzen	—(RM)—	wie „Spule rücksetzen“, jedoch Variable im gepufferten Speicherbereich
Spule mit positiver Flankenerkennung	—(P)—	Variable ist TRUE, wenn letzte Auswertung der linken Verbindung FALSE war *und* aktuelle Auswertung der linken Verbindung TRUE ist, sonst FALSE.
Spule mit negativer Flankenerkennung	—(N)—	Variable ist TRUE, wenn letzte Auswertung der linken Verbindung TRUE war *und* aktuelle Auswertung der linken Verbindung FALSE ist, sonst FALSE.

4. **Ausführungssteuerung**
Für den bedingten oder unbedingten Rücksprung steht –<RETURN> und für den bedingten oder unbedingten Sprung –>>Marke zur Verfügung. Der (Rück)sprung ist ***unbedingt***, wenn das entsprechende graphische Element direkt mit der linken Stromschiene verbunden ist und ***bedingt***, wenn es links mit einem Teilnetzwerk verbunden ist. Sprungbefehle besitzen zwar in mit Schütztechnik realisierten Verknüpfungen kein Analogon und erhöhen daher die Leistungsfähigkeit einer SPS gegenüber einer festverdrahteten Schaltung, sollten aber nur verwendet werden, wenn dies unbedingt notwendig ist. Ihr übermäßiger Gebrauch führt zu undurchschaubaren Programmen, die nur schwer pflegbar sind.
5. **Aufruf von Funktionen und FBs**
Die POE-Typen *Funktion* und *Funktionsbaustein* können auch in einem KOP-Programm aufgerufen werden. Sie werden als Block mit dem Namen der Funktion bzw. des FBs und den entsprechenden Ein- und Ausgangsvariablen dargestellt. Funktionsbausteine müssen mindestens einen Booleschen Ein- und Ausgang besitzen, die direkt oder indirekt mit den Stromschienen verbunden sind.

Bild 5.27 enthält zwei einfache Beispiele zur Veranschaulichung: Wie bei Stromlaufplänen wird die UND-Verknüpfung durch die Serienschaltung, die ODER-Verknüpfung durch die Parallelschaltung realisiert. Auf der linken Seite ist die Realisierung der entsprechenden Anweisung in ST, rechts in KOP dargestellt.

Die *gemeinsame Wurzel von Teilstrukturen* sowie die *Weiterverarbeitung eines Wertes nach einer (Zwischen)-Zuweisung* ist zwar unüblich, nach der IEC-Norm 1131-3 jedoch erlaubt. Im Bild 5.28 sind links die übliche Darstellung (aufgelöst in einzelne Anweisungen) und rechts die erlaubte Form einander gegenübergestellt.

Das Problem sowohl bei der gemeinsamen Wurzel als auch bei der Weiterverarbeitung eines Wertes nach einer (Zwischen)-Zuweisung liegt darin, dass ein solches KOP-(Teil)-Netzwerk nicht unmittelbar in einen Satz (bestehend aus Bedingungsteil und Anweisungsteil) umgeformt werden kann und damit die Umsetzung in eine

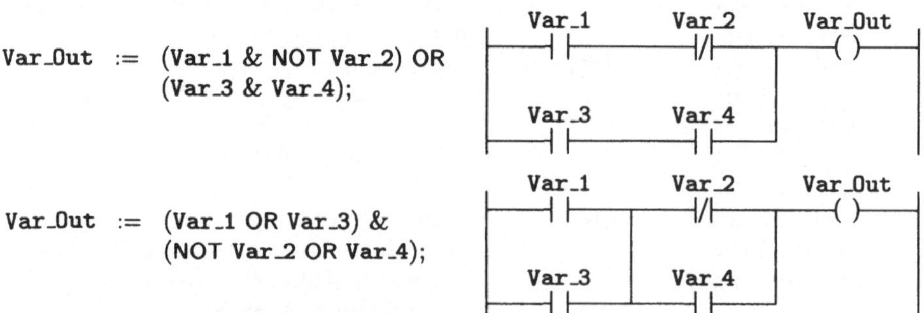

Bild 5.27 UND- *sowie* ODER-*Verknüpfung in ST (links) und in KOP (rechts)*

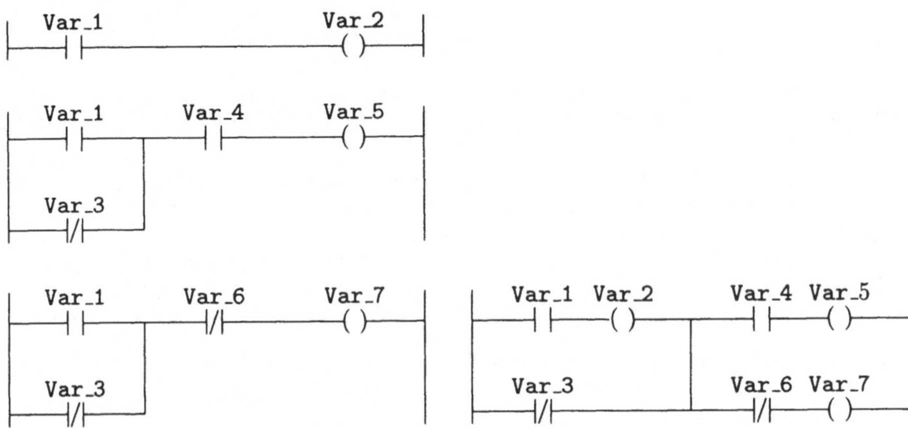

Bild 5.28 *KOP-Programm (links einzelne Anweisungen, rechts kompakte Darstellung mit gemeinsamer Wurzel und Weiterverarbeitung nach Zuweisung)*

Befehlsfolge für die Zielmaschine durch den Compiler schwieriger ist: Entweder muss dies KOP-Netzwerk in die einzelnen Anweisungen (s. linke Seite im Bild 5.28) aufgeteilt werden oder die notwendigen Zwischenergebnisse müssen temporär in internen Merkern abgelegt werden. Aus diesem Grund waren bei KOP-Programmen solche Strukturen ursprünglich nicht zugelassen, und sie sind auch nicht empfehlenswert. Wird z.B. im Bild 5.28 in der mittleren Anweisung auf der linken Seite die Boolesche Variable `Var_4` durch `Var_7` ersetzt (Rückkopplung), so ist das Ergebnis bei Verwendung des KOP-Programms auf der linken Seite eindeutig: Erst im nächsten Rechenzyklus geht der Zustand von `Var_7` in die Berechnung von `Var_5` ein. Wird dagegen das auf der rechten Seite dargestellte KOP-Programm implementiert, wobei der Kontakt `Var_4` durch `Var_7` ersetzt wurde, so macht die Norm keine Aussage darüber, ob bei der Berechnung von `Var_5` für `Var_7` der aktuelle Wert oder der des letzten Rechenzyklus zu verwenden ist.

Nicht zugelassen sind dagegen *nicht schachtelbare* Strukturen (s. Bild 5.29). Sie lassen sich ebenfalls nicht unmittelbar in eine AWL-Anweisung umsetzen. Dies ist nur möglich, wenn die Unterstrukturen eines KOP-Netzwerkes elektrische Eintore oder Zweipole darstellen; jedes durch Schachtelung isolierbare Eintor stellt dann einen Eingang einer Grundverknüpfung dar.

Bei dem vorliegenden KOP (linke Seite im Bild 5.29) ist diese Bedingung verletzt, da die gekennzeichnete Unterstruktur drei Schnittstellen aufweist. Für den Fall, dass die Kontakte `Var_1` und `Var_5` geöffnet sind, könnte sich in einer in Schütztechnik realisierten Schaltung im Kontakt `Var_4` ein Stromfluss von rechts nach links einstellen. Die dadurch realisierte Verknüpfung ließe sich mit der zugehörigen Baumstruktur nicht beschreiben.

Die Schachtelbarkeit von Teilstrukturen lässt sich daran erkennen, dass sie

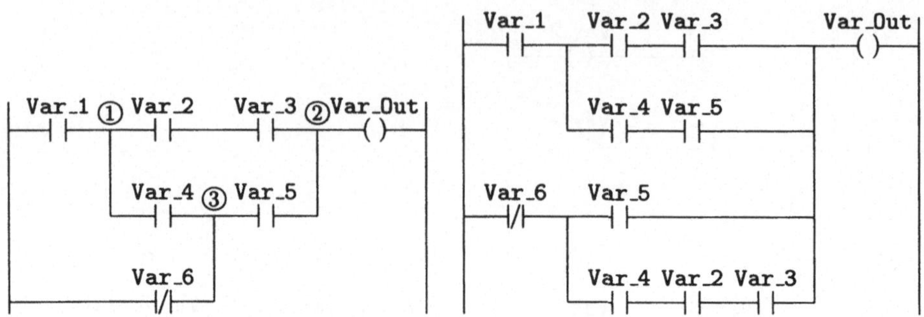

Bild 5.29 *KOP-Programm (links verbotene nicht schachtelbare Struktur, rechts das entsprechende Äquivalent)*

sich vollständig in Form eines Rechtecks umfahren lassen. Die dabei gebildeten Flächen müssen entweder vollständig in einer anderen Fläche enthalten sein oder aber aneinander anschließen.

Beispiel 5.14

Im Bild 5.30 wird das Programmbeispiel 5.9 aus Bild 5.22 in KOP dargestellt. Der Sprung zur POE `Prozess` bei nicht erfüllter Bedingung wird hier so realisiert, dass

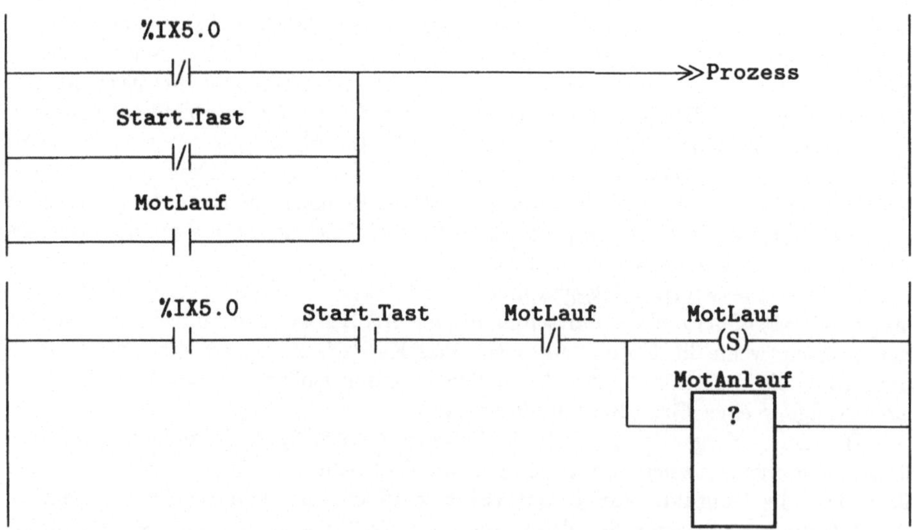

Bild 5.30 *KOP-Programm für Beispiel 5.9 aus Bild 5.22*

die logische Verknüpfung $\overline{\texttt{\%IX5.0 Start\_Tast } \overline{\texttt{MotLauf}}}$ entsprechend der Beziehung von De Morgan umgeformt wird in $\overline{\texttt{\%IX5.0}} \vee \overline{\texttt{Start\_Tast}} \vee \texttt{MotLauf}$.

Es wird deutlich, dass bei der in KOP möglichen Rückkopplung im Unterschied zu FBS (vergl. Bild 5.33) ein graphisch darstellbarer Rückkopplungspfad nicht existiert, da, wie bereits oben bei den schachtelbaren Strukturen ausgeführt wurde, Verbindungen von rechts nach links nicht zugelassen sind.

Im AWL-Beispiel 5.9 im Bild 5.22 wurde die Deklaration des FB `MotAnlauf` nicht mit angegeben. Dieser FB muss mindestens je einen Booleschen Ein- und Ausgang besitzen. Es ist aus dem dort dargestellten einfachen Beispiel nicht ersichtlich, ob der entsprechende Boolesche Ausgang direkt mit der rechten Stromschiene zu verbinden ist (was der Darstellung im Bild 5.30 entspräche) oder ob ein weiteres KOP-Netzwerk folgt. Auch ist nicht bekannt, von welchem Typ die Instanz `MotAnlauf` ist. Dieser Typ muss im entsprechenden FB im Bild 5.30 dort angegeben werden, wo „?“ eingetragen wurde. □

Beispiel 5.15

Bild 5.31 zeigt das Programmbeispiel 5.12 des Flüssigkeitsbehälters aus Bild 5.25 in KOP. Da sich bei den unterschiedlichen Sprachen nur der *Anweisungsteil* des Programms unterscheidet, ist im Bild 5.31 der Deklarationsteil und auch die Definition des Funktionsbausteins `Blinker` weggelassen worden.

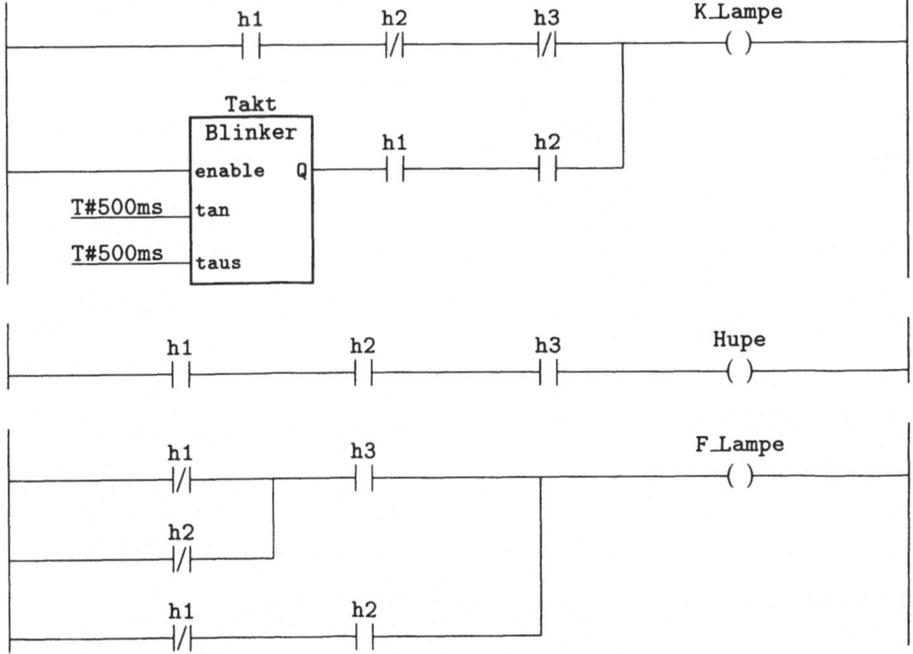

Bild 5.31 *KOP-Programm für das Beispiel 5.12 aus Bild 5.25* □

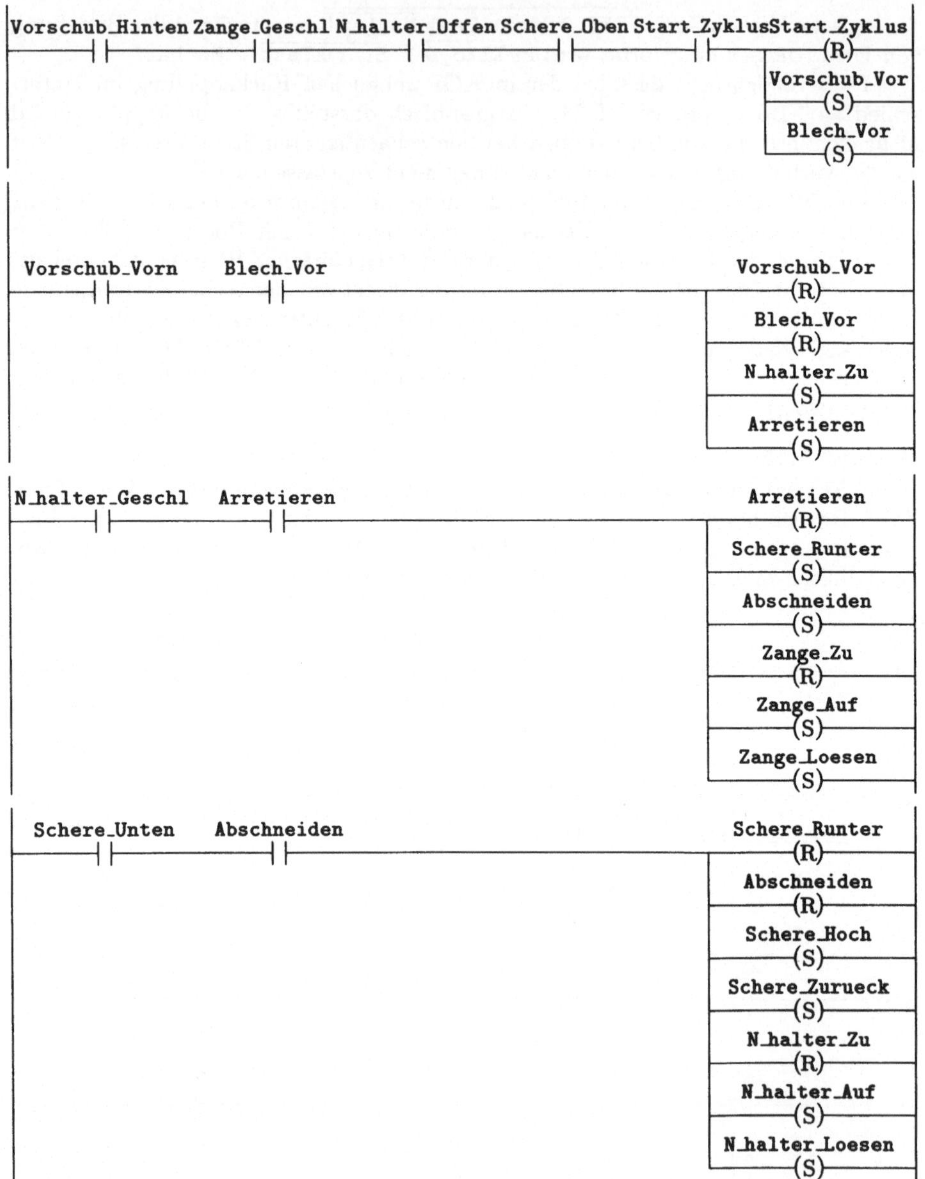

Bild 5.32 *KOP-Programm für einen Arbeitszyklus der Coilanlage*

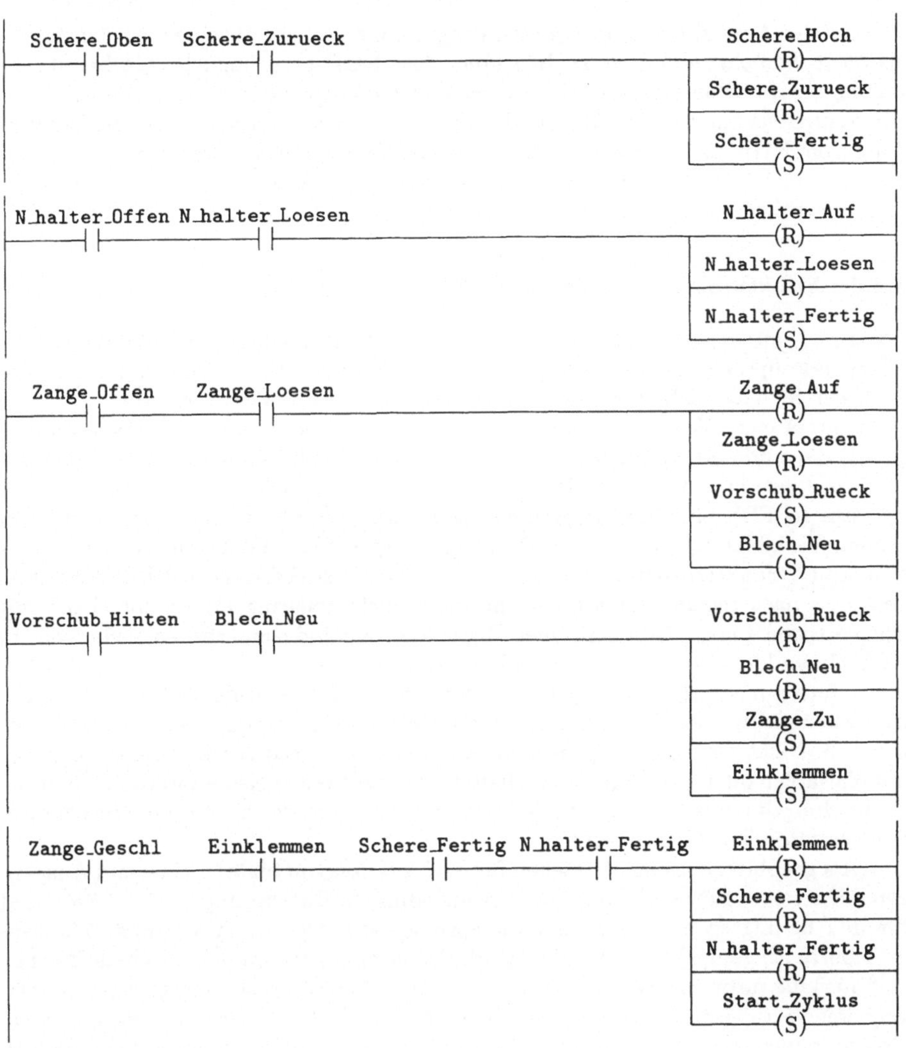

Bild 5.32 *KOP-Programm für einen Arbeitszyklus der Coilanlage (Fortsetzung)*

Beispiel 5.16

Die Formulierung des Programmbeispiels 5.13 aus Bild 5.26 für einen Arbeitszyklus der Coilanlage in KOP ist im Bild 5.32 angegeben, wobei dort ebenfalls die Variablendeklaration weggelassen wurde. □

Bei der Auswahl einer geeigneten Programmiersprache für eine steuerungstechnische Aufgabenstellung ist zu beachten, dass KOP ursprünglich, wie bereits erwähnt, zur Verarbeitung von *Booleschen* Variablen konzipiert wurde. Müssen daher z.B. zahlreiche Ganz- oder Gleitpunktzahlen verarbeitet werden, so ist die Verwendung von KOP nicht ratsam. Entsprechende Anweisungen sind zwar grundsätzlich auch in KOP programmierbar, das graphische Programm wird dann aber sehr unübersichtlich.

5.4.4 Funktionsbausteinsprache (FBS)

Wie der Kontaktplan gehört die Funktionsbausteinsprache (FBS) zu den graphischen verknüpfungsorientierten Sprachen. Der Ursprung dieser Sprache liegt im Bereich der Signalverarbeitung durch funktionsorientierte logische Ablaufketten. Die stellt dabei eine Weiterentwicklung des früher häufig verwendeten Funktionsplans (FUP) dar und ersetzt diesen. Wie beim Kontaktplan (KOP) wird der Anweisungsteil in Netzwerke zur Strukturierung der Graphik unterteilt.

Ein in FBS erstelltes Programm setzt sich aus horizontalen und vertikalen Linien, Variablen und den durch Rechtecke dargestellten Funktionsblöcken, Funktionen und Funktionsbausteinen zusammen. Die Auswertelogik in FBS führt stets von links nach rechts, wobei oben und unten nicht relevant ist. Entsprechend zeigen vertikale Linien lediglich einen Signalfluss an und entsprechen nicht wie im KOP einem logischen ODER. Verbindungslinien können sich auch verzweigen, allerdings dürfen mehrere Ausgänge eines Rechtecks bzw. verschiedener Rechtecke nicht zusammengeführt werden, da dann unklar wäre, welcher Wert weitergeleitet werden soll. Nicht verbundene Ein- oder Ausgänge von Rechtecken können entweder mit Variablen oder Konstanten beschaltet oder auch offengelassen werden. Über die Verbindungslinien können beliebige Datentypen weitergereicht werden, auch zusammengesetzte oder Zeichenketten.

Als graphische Elemente stehen für die Negation von binären Ein- und Ausgängen der Kreis o, für den bedingten oder unbedingten Rücksprung –<RETURN> und für den bedingten oder unbedingten Sprung –>>`Marke` zur Verfügung. Flankengesteuerte Eingänge beim Aufruf eines Funktionsbausteins werden durch die Zeichen „>" für eine positive bzw „<" für eine negative Flankenerkennung gekennzeichnet. Implementierungsabhängig und durch die Norm nicht festgelegt ist die Frage, ob eine ausgehende Verbindungslinie das Rechteck oben oder unten verlässt und ob Variablennamen wie in den hier dargestellten Beispielen auf die Verbindungslinie geschrieben werden oder grundsätzlich am linken Rand zu plazieren sind.

Im Allgemeinen ist die Darstellung in FBS selbsterklärend, auch der Aufruf von Funktionsbausteinen und Funktionen (letztere können im Gegensatz zu FBs nur einen Ausgang haben) ist ohne Schwierigkeiten möglich.

Auch in FBS ist die sogenannte ***Rückkopplung***, also die Verwendung einer Ausgangsvariablen als erneuten Eingangswert eines Netzwerks möglich, entsprechende Rückkopplungspfade können auch graphisch dargestellt werden (s. Bild 5.33). Bei der ersten Berechnung des Netzwerks wird ihr Anfangswert, danach jeweils der Wert nach der letzten Netzwerkberechnung verwendet.

Beispiel 5.17

Im Bild 5.33 wird das Beispiel 5.9 aus Bild 5.22 dargestellt. Der R-Eingang des *RS*-Flipflops wurde hier offen gelassen, da in dem AWL-Beispiel aus Bild 5.22, das *Teil* eines Programms sein könnte, die entsprechende Rücksetzbedingung nicht enthalten ist. Diese logische Bedingung, mit der `MotLauf` rückgesetzt wird, müsste dann hier in FBS auf den R-Eingang gelegt werden.

Wie im Bild 5.30 für das KOP-Programm muss im Bild 5.33 der Typ für die Instanz `MotAnlauf` dort angegeben werden, wo „?“ eingetragen wurde.

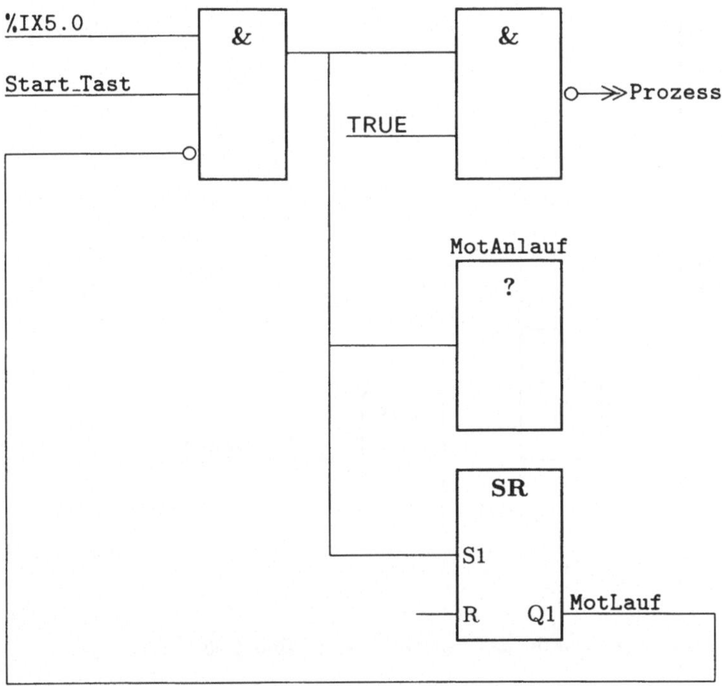

Bild 5.33 *FBS-Programm für das Beispiel 5.9 aus Bild 5.22* □

Beispiel 5.18

Bild 5.34 zeigt wiederum den *Anweisungsteil* für das Beispiel 5.12 des Flüssigkeitsbehälters aus Bild 5.25 in FBS, wobei wie im Bild 5.31 der Deklarationsteil und auch die Definition des Funktionsbausteins `Blinker` weggelassen wurden. An dieser Stelle sei nochmals erwähnt, dass, selbst wenn das Hauptprogramm in FBS dargestellt wurde, der FB `Blinker` durchaus in AWL programmiert sein kann, da die Norm eine Mischung der definierten Sprachen ausdrücklich erlaubt.

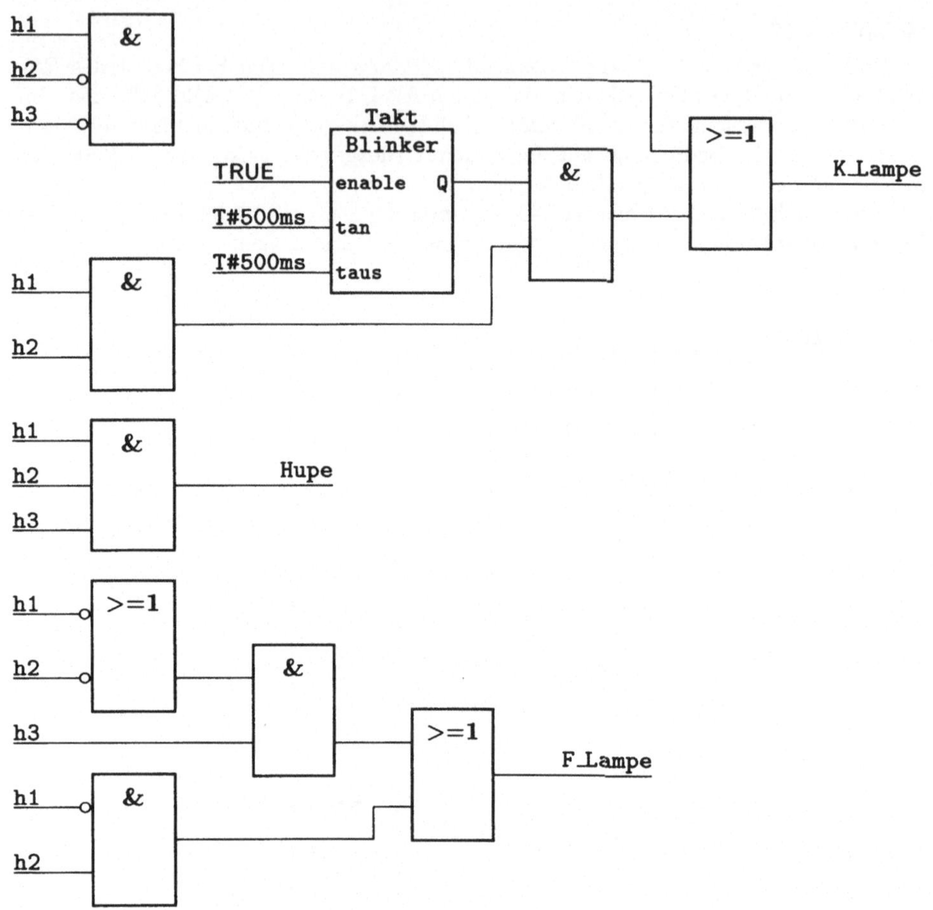

Bild 5.34 *FBS-Programm für das Beispiel 5.12 aus Bild 5.25* □

Beispiel 5.19

Bild 5.35 zeigt die Formulierung des eigentlichen Programms für das im Abschnitt 5.4.2 eingeführte Beispiel 5.13 eines Arbeitszyklus der Coilanlage in FBS. Wiederum wurde dabei die Variablendeklaration weggelassen. Da es in FBS keine speziellen Befehle zum Setzen oder zum Rücksetzen von Variablen oder Ausgängen gibt, ist jedem Ausgang und jedem Schrittmerker ein *RS*-Flipflop zugeordnet worden. Dabei werden die Setz- bzw. Rücksetzeingänge durch die jeweils zugehörige logische Verknüpfung angesteuert, die die Weiterschaltbedingung des darstellen.

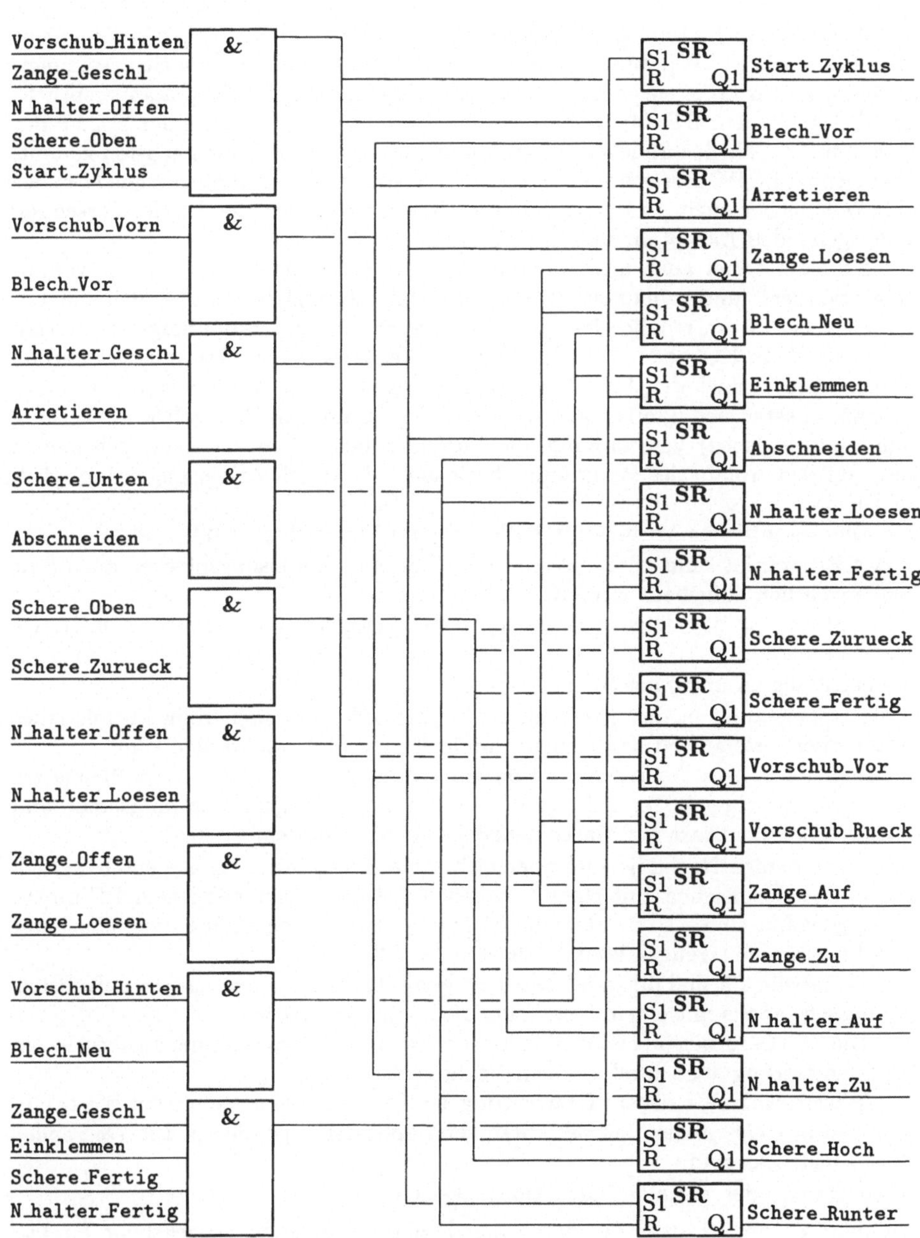

Bild 5.35 *FBS-Programm für einen Arbeitszyklus der Coilanlage* □

5.4.5 Strukturierter Text (ST)

Der strukturierte Text ist eine *neue* textuelle Sprache für SPS, die es so bislang nicht gab. Während die AWL durch die Norm vereinheitlicht und dadurch zielmaschinenunabhängig wurde, ist sie aber dennoch eine assemblerähnliche Programmiersprache für SPS geblieben. ST dagegen ist als Hochsprache die Programmiersprache der Norm für SPS, die den üblichen Programmiersprachen auf PCs am nächsten kommt: Vergleichbar im PC-Bereich sind „PASCAL" oder „C". Etwas ähnliches gab es in der SPS-Welt bisher nicht – zumindest nicht mit einer über den Bereich der Forschung hinausgehenden Akzeptanz und Verbreitung.

ST kann daher auch nicht in so eindeutiger Weise den Kategorien „verknüpfungsorientiert" und „ablauforientiert" zugeordnet werden, wie das bei den anderen Sprachen der Norm möglich ist (wenngleich auch in den verknüpfungsorientierten Sprachen AWL, KOP oder FBS Sprünge und Verzweigungen programmiert werden können, mithin auch der Ablauf des Programms beeinfusst werden kann). Ein ST-Programm setzt sich nämlich aus *Anweisungen* zusammen. Eine solche Anweisung kann eine (logische) Verknüpfung von Variablen beinhalten. Sie kann sich jedoch auch auf den Ablauf des Programms beziehen (z.B. durch Anweisungen bezüglich Schleifen).

Die wesentlichen Vorteile dieser Sprache im Vergleich zu AWL sind:

- Das Programm kann kompakt und mit Hilfe von Anweisungsblöcken auch sehr übersichtlich aufgebaut werden.
- Zur Steuerung des Befehlsflusses stehen umfangreiche und mächtige Konstrukte zur Verfügung.

Als nachteilig ist anzumerken, dass

- die Übersetzung in den Maschinenkode (Zielkode) der Steuerung mittels eines Compilers erfolgt und damit nicht unmittelbar beeinflusst werden kann,
- durch die höhere Abstraktionsstufe ein Effizienzverlust auftritt, da übersetzte Programme einer höheren Programmiersprache im Allgemeinen langsamer sind als solche, die direkt auf Maschinenebene erzeugt wurden.

Diese beiden Nachteile sind aber nicht ausschlaggebend. Im Gegenteil werden neu in das Berufsleben eintretende Ingenieure, die viel eher mit einem PC umzugehen gewohnt sind als mit Stromlaufplänen, mit Hilfe von ST sehr viel effizienter SPS-Programme erzeugen können als etwa in AWL.

In Tabelle 5.6 sind die in ST zur Verfügung stehenden *Anweisungen* aufgelistet; sie müssen jeweils mit einem Semikolon abgeschlossen werden.

Die GOTO-Anweisung ist in ST nicht definiert, was im Sinne einer strukturierten Programmierung aber durchaus kein Nachteil ist.

Ausdrücke liefern die zur Bearbeitung der Anweisungen notwendigen *Werte* und bestehen aus *Operanden* und den diese verknüpfenden *Operatoren*. Die *Operanden* eines Ausdrucks sind:

- Konstante oder Variable (auch Zeichenketten),
- Funktionsaufrufe (bzw. der durch den Funktionsaufruf zurückgegebene Funktionswert),

- andere Ausdrücke.

Die in ST definierten Operatoren, die zur Verknüpfung der Operanden innerhalb von Ausdrücken verwendet werden können, sind in Tabelle 5.7 zusammengestellt, wobei die Rangfolge von oben nach unten abnimmt.

Tabelle 5.6 *Anweisungen in ST*

Schlüssel-wort	Beispiel	Bezeichnung / Funktion
;	;;	Leeranweisung
:=	Var1:=10.0;	Zuweisung (der rechts berechnete Wert wird dem links stehenden Bezeichner zugewiesen)
	FBName(Var1:=1.0, Var2:=2.0);	Aufruf eines FB mit den entsprechenden Parametern (Funktionsaufrufe sind keine Anweisungen, sondern können innerhalb eines Ausdrucks als Operand verwendet werden)
RETURN	RETURN;	Rücksprung in die aufrufende POE
IF	IF a<b THEN c:= −1.0; ELSIF a>b THEN c:=1.0; ELSE c:=0.0; END_IF;	Verzweigung
CASE	CASE a OF; 1: b:=0.0; 2: b:=1.0; ELSE b:= −1.0; END_CASE;	Auswahl

FOR	FOR a:=0 TO 8 BY 2 DO
	b[a]:=a;
	END_FOR;
		Zählschleife; geeignet für eine feste Anzahl von Durchläufen

WHILE	WHILE b<=10.0 DO
	b:=a+b;
	a:=a+1;
	END_WHILE;
		abweisende Schleife, wird u.U. gar nicht durchlaufen

REPEAT	REPEAT
	b:=a+b;
	a:=a+1;
	UNTIL b>10.0
	END_REPEAT;
		nicht abweisende Schleife, wird mindestens einmal durchlaufen

EXIT	EXIT;	Schleifenabbruch, bei ineinandergeschachtelten Schleifen wird jeweils die innerste verlassen

Tabelle 5.7 *Operatoren in ST*

Operator	**Beispiel**	**Bezeichnung / Wert des Beispiel-Ausdrucks**
( )	(2*3)+(4*5)	Klammerung; 26
	MAX(a,b)	Funktionsaufruf; a, falls a>b, sonst b
**	3**4	Potenzierung; 81
−	−10	Negation; −10
NOT	NOT TRUE	Boolesches Komplement; FALSE
*	3*4	Multiplikation; 12
/	9/4	Division; 2.25
MOD	9MOD4	Modulo (Rest bei Integer-Division); 1
+	3+4	Addition; 7
−	3−4	Subtraktion; −1
<, >, <=, >=	3>4	Vergleich; FALSE
=	3=4	Gleichheit; FALSE
<>	3<>4	Ungleichheit; TRUE
&, AND	TRUE AND FALSE	Boolesches UND; FALSE
XOR	TRUE XOR FALSE	Boolesches EXKLUSIV-ODER; TRUE
OR	TRUE OR FALSE	Boolesches ODER; TRUE

Der Aufruf eines FBs ist innerhalb eines Ausdrucks nicht gestattet, er stellt vielmehr eine eigene Anweisung dar.

Bei der Programmierung in ST ist folgendes zu beachten:

- Es ist zwar erlaubt, zwei Anweisungen in eine Zeile zu schreiben, jedoch sollte dies vermieden werden, da ein Programm dadurch unübersichtlich wird. Im Gegenteil erhöht sich die Übersichtlichkeit und damit auch die Wartbarkeit eines Programms, wenn Abfragen geeignet eingerückt werden (z.B. bei Verzweigungen und Schleifen) oder in mehrere Zeilen gebrochen werden (z.B. bei komplizierten Abfragen).
- Bei Zuweisungen muss auf Typverträglichkeit geachtet werden. Sind die Datentypen rechts und links des „:="-Zeichens unterschiedlich, muss für den Ausdruck auf der rechten Seite eine entsprechende Typumwandlung vorgenommen werden.
- Wegen der Echtzeitbedingung von Steuerungen ist bei Wiederholungsanweisungen darauf zu achten, dass diese in ausreichend kurzer Zeit abgearbeitet werden können und nicht fälschlicherweise „unendliche Schleifen" programmiert werden. Die Norm verbietet im übrigen die Verwendung von Schleifen als „Warteschleifen" auf externe Ereignisse.

Die Bilder 5.36 bzw. 5.37 zeigen erneut die Formulierung des eigentlichen Programms für die im Abschnitt 5.4.2 eingeführten (verknüpfungsorientierten) Beispiele 5.9 und 5.12 (s. Bilder 5.22 bzw. 5.25) für die Sprache ST: Jeweils wurde die Variablendeklaration sowie die Programmierung des FBs `Blinker` weggelassen. Es fällt auf, dass die Darstellung in ST sehr kompakt und übersichtlich und im Vergleich zur Formulierung in AWL auch wesentlich leichter lesbar ist.

Beispiel 5.20

```
        (* Bit aus Peripherie gesetzt UND Start-Taster gedrückt *)
        (* UND Motor steht bislang *)
IF      (%IX5.0 & Start_Tast & NOT MotLauf) THEN
        (* MotLauf setzen *)
        MotLauf := TRUE;
        (* FB MotAnlauf berechnen *)
        MotAnlauf;
        (* anderenfalls zur Marke Prozess springen *)
ELSE Prozess;
END_IF;
```

Bild 5.36 *ST-Programm für das Beispiel 5.9 aus Bild 5.22* □

Beispiel 5.21

```
PROGRAM  Behaelter
:
END_VAR
              (* Aufruf des FBs Takt der Instanz Blinker *)
Takt          (enable := TRUE, tan := T#500ms, taus := T#500ms);
              (* Kontrollampe *)
              (* Sollhöhe überschritten *)
K_Lampe :=    (h1 & h2 & Takt.Q)
              (* Sollhöhe erreicht *)
              OR (h1 & NOT h2 & NOT h3);
              (* Überlaufgefahr, Warnhupe *)
Hupe :=       h1 & h2 & h3;
              (* Fehlfunktion der Sensoren, Fehler-Lampe *)
F_Lampe :=    (NOT h1 OR NOT h2) & h3
              OR NOT h1 & h2;
END_PROGRAM
```

Bild 5.37 *ST-Programm für das Beispiel 5.12 aus Bild 5.25* □

Wegen der höheren Priorität von AND gegenüber OR könnten im Bild 5.37 bei der Programmierung der Kontrollampe die Klammern auch weggelassen werden, demgegenüber sind Klammern genau aus diesem Grund bei der Programmierung der Fehler-Lampe unbedingt erforderlich. Allerdings schadet es nie und dient ggf. sogar der Übersichtlichkeit, wenn man zuviel anstatt zuwenig klammert, vor allem dann, wenn man sich bezüglich der Priorität nicht ganz sicher ist.

Beispiel 5.22

Bild 5.38 zeigt das Programmbeispiel 5.13 aus Bild 5.26 für einen Arbeitszyklus der Coilanlage in ST.

```
PROGRAM CoilZyklus
:
END_VAR
    (* Ausgangszustand ist erreicht und Schritt Start_Zyklus ist aktiv *)
IF  (Vorschub_Hinten & Zange_Geschl & N_halter_Offen & Schere_Oben &
    Start_Zyklus) THEN
    Start_Zyklus := FALSE;         (* Schrittmerker Start_Zyklus zurücksetzen *)
    Vorschub_Vor := TRUE;                   (* Vorschub mit Blech vorfahren *)
    Blech_Vor := TRUE;                    (* Schrittmerker Blech_Vor setzen *)
END_IF;
    (* Vorschub ist vorn angekommen und Schritt Blech_Vor ist aktiv *)
IF  (Vorschub_Vorn & Blech_Vor) THEN
    Vorschub_Vor := FALSE;                          (* Vorschub abschalten *)
    Blech_Vor := FALSE;              (* Schrittmerker Blech_Vor zurücksetzen *)
    N_halter_Zu := TRUE;                          (* Niederhalter schließen *)
    Arretieren := TRUE;                  (* Schrittmerker Arretieren setzen *)
END_IF;
    (* Blech ist arretiert und Schritt Arretieren ist aktiv *)
IF  (N_halter_Geschl & Arretieren) THEN
    Arretieren := FALSE;            (* Schrittmerker Arretieren zurücksetzen *)
    Schere_Runter := TRUE;                             (* Schere abfahren *)
    Abschneiden := TRUE;                (* Schrittmerker Abschneiden setzen *)
    Zange_Zu := FALSE;                        (* Zange zunächst abschalten *)
    Zange_Auf := TRUE;                        (* parallel dazu Zange öffnen *)
    Zange_Loesen := TRUE;              (* Schrittmerker Zange_Loesen setzen *)
END_IF;
    (* Blechtafel ist abgeschnitten und Schritt Abschneiden ist aktiv *)
IF  (Schere_Unten & Abschneiden) THEN
    Schere_Runter := FALSE;                          (* Schere abschalten *)
    Abschneiden := FALSE;          (* Schrittmerker Abschneiden zurücksetzen *)
    Schere_Hoch := TRUE;                     (* Schere wieder hochfahren *)
    Schere_Zurueck := TRUE;          (* Schrittmerker Schere_Zurueck setzen *)
    N_halter_Zu := FALSE;             (* parallel dazu Niederhalter öffnen *)
    N_halter_Auf := TRUE;                       (* Niederhalter auffahren *)
    N_halter_Loesen := TRUE;        (* Schrittmerker N_halter_Loesen setzen *)
END_IF;
    (* Schere ist wieder oben und Schritt Schere_Zurueck ist aktiv *)
IF  (Schere_Oben & Schere_Zurueck) THEN
    Schere_Hoch := FALSE;                            (* Schere abschalten *)
    Schere_Zurueck := FALSE; (* Schrittmerker Schere_Zurueck zurücksetzen *)
    Schere_Fertig := TRUE;           (* Schrittmerker Schere_Fertig setzen *)
END_IF;
```

Bild 5.38 *ST-Programm für einen Arbeitszyklus der Coilanlage*

```
    (*Niederhalter ist wieder oben und Schritt N_halter_Loesen ist aktiv*)
IF  (N_halter_Offen & N_halter_Loesen) THEN
     N_halter_Auf:=FALSE;                         (*Niederhalter abschalten*)
     N_halter_Loesen:=FALSE; (*Schrittmerker N_halter_Loesen zurücksetzen*)
     N_halter_Fertig:=TRUE;           (*Schrittmerker N_halter_Fertig setzen*)
END_IF;

    (*Zange ist geöffnet und Schritt Zange_Loesen ist aktiv*)
IF  (Zange_Offen & Zange_Loesen) THEN
     Zange_Auf:=FALSE;                                (*Zange abschalten*)
     Zange_Loesen:=FALSE;      (*Schrittmerker Zange_Loesen zurücksetzen*)
     Vorschub_Rueck:=TRUE;                (*leeren Vorschub zurückfahren*)
     Blech_Neu:=TRUE;                    (*Schrittmerker Blech_Neu setzen*)
END_IF;

    (*Vorschub ist hinten angekommen und Schritt Blech_Neu ist aktiv*)
IF  (Vorschub_Hinten & Blech_Neu) THEN
     Vorschub_Rueck:=FALSE;                           (*Vorschub abschalten*)
     Blech_Neu:=FALSE;              (*Schrittmerker Blech_Neu zurücksetzen*)
     Zange_Zu:=TRUE;          (*Zange schließen und Blechband arretieren*)
     Einklemmen:=TRUE;                  (*Schrittmerker Einklemmen setzen*)
END_IF;

    (*Zange ist geschlossen und die Schritte Einklemmen,*)
    (*Schere_Fertig und N_halter_Fertig sind aktiv*)
IF  (Zange_Geschl & Einklemmen & Schere_Fertig & N_halter_Fertig) THEN
     Einklemmen:=FALSE;            (*Schrittmerker Einklemmen zurücksetzen*)
     Schere_Fertig:=FALSE;      (*Schrittmerker Schere_Fertig zurücksetzen*)
     N_halter_Fertig:=FALSE; (*Schrittmerker N_halter_Fertig zurücksetzen*)
     Start_Zyklus:=TRUE;             (*Zyklus ist startbereit, Schrittmerker*)
                                                  (*Start_Zyklus setzen*)

END_IF;
END_PROGRAM
```

Bild 5.38 *ST-Programm für einen Arbeitszyklus der Coilanlage (Fortsetzung)* □

5.4.6 Ablaufsprache (AS)

Die Ablaufsprache (AS) existiert in einer graphischen und auch in einer textuellen Variante. Sie ist eine Weiterentwicklung der Sprache Grafcet und entspricht damit im Wesentlichen einer programmtechnischen Umsetzung der im Kapitel 4 vorgestellten PETRI-Netze. Sie ist den bisher beschriebenen Sprachen der Norm *übergeordnet*, da man mit ihrer Hilfe ein Programm oder einen Funktionsbaustein intern strukturieren und entsprechend dem zeitlichen Ablauf des zu steuernden Prozesses gliedern kann. Dabei können sowohl sequentiell als auch parallel ablaufende Prozesse formuliert werden.

Bei der Erstellung eines entsprechenden Programms braucht der Anwender sich also um die im Kapitel 5.3 beschriebenen notwendigen Mechanismen zur Realisierung paralleler Abläufe nicht zu kümmern, indem er beispielsweise für das Schrittmerkerkonzept selbst die Programmierung der entsprechenden Merker besorgt. Dies muss ein entsprechend „intelligenter“ Compiler erledigen, der das AS-Programm in den Maschinenkode der jeweiligen Steuerung übersetzt. Seine Aufgabe besteht vielmehr darin, die einzelnen *Schritte* des zu automatisierenden Prozesses sowie die *Weiterschaltbedingungen* zu definieren und in ein AS-Programm umzusetzen. Sowohl die *Aktionen*, die dann in einem bestimmten Schritt durchgeführt werden müssen, als auch die *Transitionsbedingungen,* die erfüllt sein müssen, um von einem Schritt zum nächsten zu kommen, können dann in einer beliebigen anderen Sprache (z.B. KOP, AWL, ST) oder auch wiederum in AS programmiert werden.

Typische Beispiele für Prozesse mit solch einem schrittweisen Zustandsverhalten, die sich besonders gut für eine Strukturierung mit Hilfe der Sprache AS eignen, sind Rezeptursteuerungen in der Nahrungsmittelindustrie, die Steuerung einer Waschmaschine oder auch die Steuerung einer Ampel an einer Kreuzung. Eine Waschmaschine z.B. arbeitet in einzelnen Schritten (Vorwäsche, Hauptwäsche, Spülen, Schleudern), die – abhängig von dem eingestellten Waschprogramm – in einer bestimmten Weise miteinander verknüpft werden. Endet ein Schritt durch eine Zeit- oder durch eine Sensorbedingung, wird ein Folgeschritt mit anderen seriellen und/oder parallelen Vorgängen angestoßen. Dabei kann man einen Schritt (z.B. den Schritt „Hauptwäsche“) wiederum in verschiedene serielle und parallele Teilschritte aufspalten. In dem genannten Beispiel würde etwa nach Start des Schritts „Hauptwäsche“ parallel Wasser in die Trommel eingelassen UND erwärmt UND Waschpulver zugegeben (3 parallele Schritte), wenn ein bestimmter Füllstand UND eine bestimmte Temperatur erreicht ist (Weiterschaltbedingung), beginnt der eigentliche Waschvorgang. Auf diese Art und Weise kann man eine *durchgängige Strukturierung* eines Prozesses erreichen.

Wenn die POE in AS strukturiert wird, muss sie *insgesamt* in AS formuliert werden. Prinzipiell kann man daher jedes Programm als AS-Programm betrachten: Entweder es ist entsprechend strukturiert und dann auch vollständig in AS geschrieben oder es stellt den Grenzfall eines AS-Programms dar, das nur aus *einem einzigen Schritt* besteht. Dabei ist dann dieser Schritt selbst gar nicht dargestellt, sondern das Programm besteht aus den Aktionen, die diesem Schritt zugeordnet sind.

Mit Hilfe einer Ampelsteuerung (hier können die jeweiligen Ampelphasen als Schritte definiert werden) kann man auch gut verdeutlichen, worin der Unterschied zwischen *statischen* oder *dynamischen* Bedingungen bei den Ausführungszeitpunkten der einzelnen Schritte liegt: Wird nach einer festgelegten Zeit (durch das Programm mit Hilfe eines Zeitgliedes vorgegeben) von einer Ampelphase zur nächsten weitergeschaltet, ist dies eine *statische* Bedingung. Erfolgt die Umschaltung der Ampelphasen dagegen durch die Änderung von Eingängen (z.B. wenn Induktionsschleifen installiert sind), spricht man von einer *dynamischen* Bedingung.

Beispiel 5.23

```
PROGRAM Verkehrsampel
TYPE ampel:
        STRUCT
        rot: BOOL := 1;
        gelb: BOOL;
        gruen: BOOL;
        END_STRUCT
END_TYPE
VAR
        signal: ampel;
        rotzeit: T#20.0s;
        rotgelbzeit: T#2.0s;
        gelbzeit: T#3.0s;
        gruenzeit: T#15.0s;
END_VAR
```

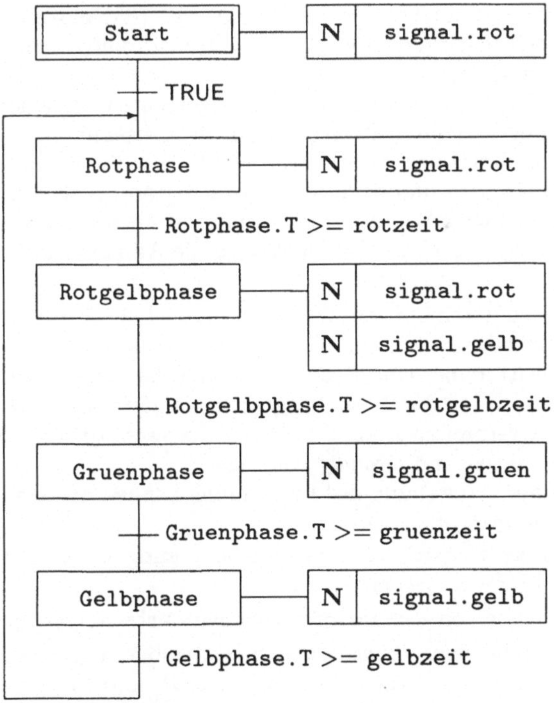

```
END_PROGRAM
```

Bild 5.39 *AS-Programm für eine Verkehrsampel* □

Wie die anderen graphischen Sprachen (KOP, FBS) besteht auch ein AS-Programm aus Netzwerken, eine POE kann aus einem oder aus mehreren Netzwerken bestehen. Ein Netz setzt sich jeweils aus *Schritten*, *Transitionen* und den dazwischenliegenden *Verbindungen* zusammen. Die dem Schritt ggf. zugeordneten *Aktionen* werden ausgeführt, wenn der Schritt aktiv ist. Man kann einem Schritt auch gar keine Aktionen zuordnen und dadurch einen reinen Warteschritt programmieren. Jeder Transition ist eine Transitionsbedingung zugeordnet. Ist diese erfüllt UND der Vorgängerschritt aktiv, wird zum Nachfolgeschritt weitergeschaltet. Die Elemente des Netzwerks werden nun im Folgenden u.a. anhand von Beispiel 5.23 aus Bild 5.39 erläutert, das ein einfaches AS-Programm zur Steuerung einer Verkehrsampel zeigt.

Schritt

Jeder Schritt wird durch seinen Namen (z.B. `Rotphase`) gekennzeichnet und durch ein Rechteck dargestellt. Jedem Schritt wird automatisch ein Schrittmerker `Name.X` und ein Timer `Name.T` (hier also z.B. `Rotphase.X` bzw. `Rotphase.T`) zugeordnet.
Der *Merker* kann abgefragt, jedoch nicht verändert werden. Er hat den logischen Wert TRUE, solange der zugehörige Schritt aktiv ist (FALSE sonst).
Der *Timer* gibt, falls der zugehörige Schritt aktiv ist, die verstrichene Zeit seit Aktivierung des Schritts an.
Diese vom System automatisch zur Verfügung gestellten Variablen (Name, Merker und Zeit) sind in der gesamten POE (und nur hier) bekannt.

Jedes AS-Programm hat einen *Initialschritt*, der durch eine doppelte Umrandung gekennzeichnet wird und beim Start des Programms als erster aktiviert wird. In diesem Schritt können z.B. bestimmte Initialisierungen vorgenommen werden; bei dem gegebenen Beispiel 5.23 aus Bild 5.39 wird die Ampel zunächst auf rot gesetzt.

Transition

Transitionen werden durch horizontale Linien dargestellt. Schritte und Transitionen müssen sich regelmäßig abwechseln, d.h. auf eine Transition muss immer ein Schritt und auf einen Schritt immer eine Transition folgen. Es muss sichergestellt sein, dass das Aktiv-Attribut, das ja durch das Programm wandert, weder verlorengehen noch sich unkontrolliert verbreiten kann, d.h. in der Terminologie der PETRI-Netze, dass das Netz zugleich *sicher* und *lebendig* sein muss.

Bei graphischer Darstellung des Programms können die Transitionsbedingungen auf drei Arten angegeben werden:

a) direkt neben der Transition (Transitionsbedingung in ST, KOP und FBS, nicht jedoch in AWL formulierbar)
b) durch die Angabe von Konnektoren (Transitionsbedingung in FBS oder KOP)
c) durch die Angabe eines Transitionsnamens, wobei in diesem Fall für die Transitionsbedingung jede Sprache (ST, AWL, KOP und FBS) zulässig ist.

Neben dem Vorteil, dass alle in der Norm definierten Sprachen zur Formulierung der Transitionsbedingung verwendet werden können, hat die letzte Möglichkeit auch den Vorteil, dass bei gleichen Weiterschaltbedingungen zwischen mehreren Schritten die entsprechende Transitionsbedingung nur einmal programmiert werden muss.

Tabelle 5.8 zeigt die unterschiedlichen Möglichkeiten, wie bei der graphischen Darstellung Schritte und Transitionen jeweils miteinander zu verbinden sind. Durch Kombination der so entstehenden Ketten können sehr komplexe Netzwerke aufgebaut werden.

Tabelle 5.8 *Zusammenfügung von Schritten und Transitionen in AS*

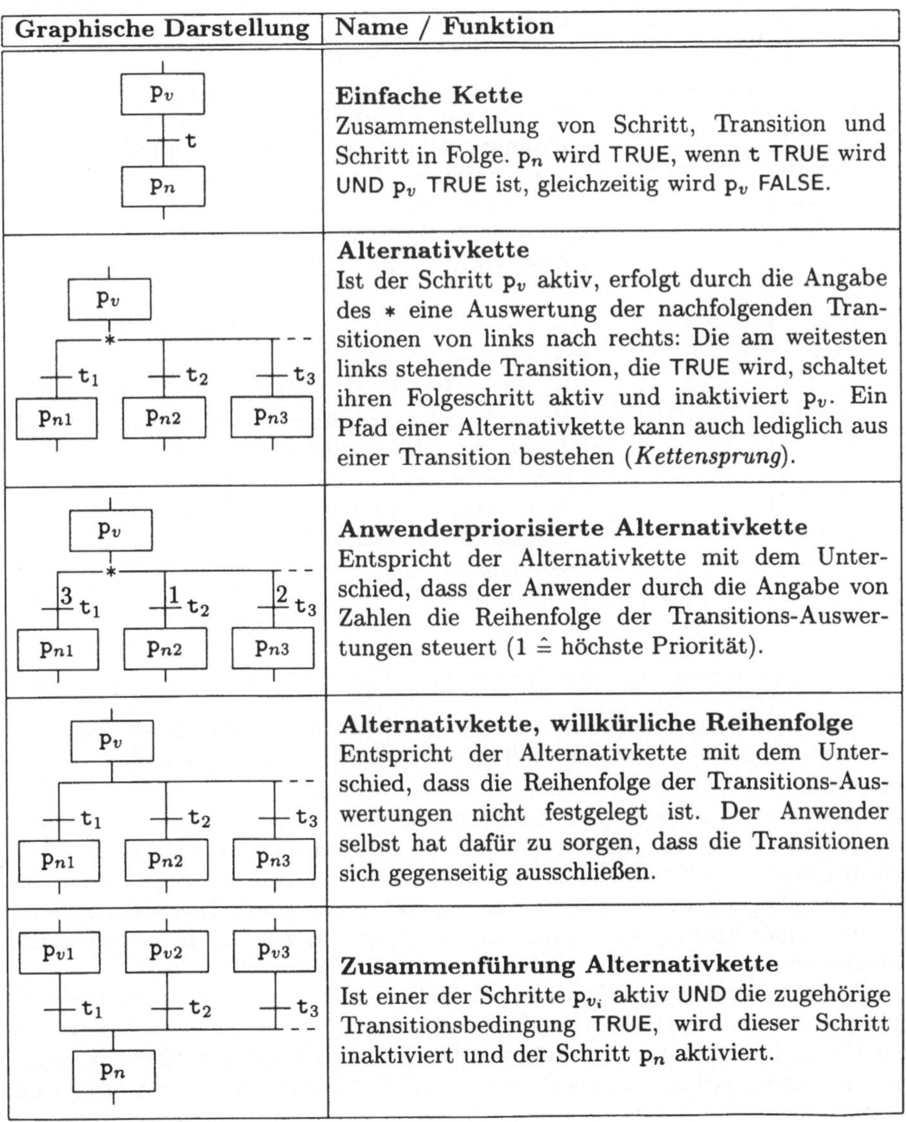

Graphische Darstellung	Name / Funktion
p_v; t; p_n	**Einfache Kette** Zusammenstellung von Schritt, Transition und Schritt in Folge. p_n wird TRUE, wenn t TRUE wird UND p_v TRUE ist, gleichzeitig wird p_v FALSE.
p_v; *; t_1, t_2, t_3; p_{n1}, p_{n2}, p_{n3}	**Alternativkette** Ist der Schritt p_v aktiv, erfolgt durch die Angabe des * eine Auswertung der nachfolgenden Transitionen von links nach rechts: Die am weitesten links stehende Transition, die TRUE wird, schaltet ihren Folgeschritt aktiv und inaktiviert p_v. Ein Pfad einer Alternativkette kann auch lediglich aus einer Transition bestehen (*Kettensprung*).
p_v; *; 3 t_1, 1 t_2, 2 t_3; p_{n1}, p_{n2}, p_{n3}	**Anwenderpriorisierte Alternativkette** Entspricht der Alternativkette mit dem Unterschied, dass der Anwender durch die Angabe von Zahlen die Reihenfolge der Transitions-Auswertungen steuert (1 $\hat{=}$ höchste Priorität).
p_v; t_1, t_2, t_3; p_{n1}, p_{n2}, p_{n3}	**Alternativkette, willkürliche Reihenfolge** Entspricht der Alternativkette mit dem Unterschied, dass die Reihenfolge der Transitions-Auswertungen nicht festgelegt ist. Der Anwender selbst hat dafür zu sorgen, dass die Transitionen sich gegenseitig ausschließen.
p_{v1}, p_{v2}, p_{v3}; t_1, t_2, t_3; p_n	**Zusammenführung Alternativkette** Ist einer der Schritte p_{v_i} aktiv UND die zugehörige Transitionsbedingung TRUE, wird dieser Schritt inaktiviert und der Schritt p_n aktiviert.

Tabelle 5.8 *Zusammenfügung von Schritten und Transitionen in AS (Fortsetzung)*

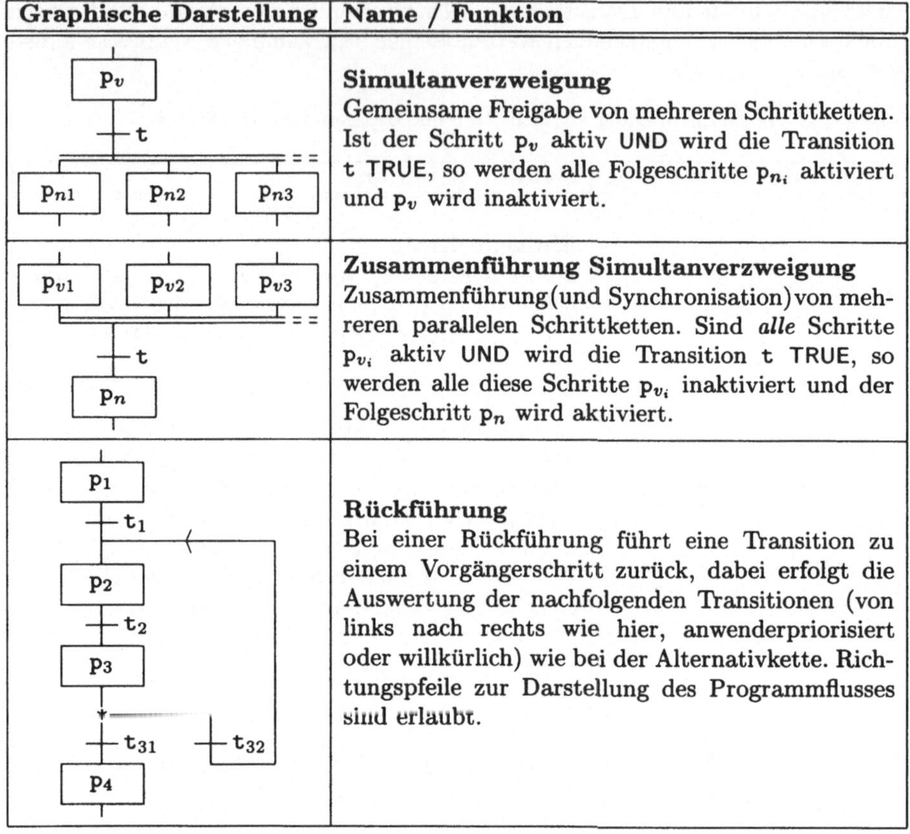

Graphische Darstellung	Name / Funktion
	Simultanverzweigung Gemeinsame Freigabe von mehreren Schrittketten. Ist der Schritt p_v aktiv UND wird die Transition t TRUE, so werden alle Folgeschritte p_{n_i} aktiviert und p_v wird inaktiviert.
	Zusammenführung Simultanverzweigung Zusammenführung (und Synchronisation) von mehreren parallelen Schrittketten. Sind *alle* Schritte p_{v_i} aktiv UND wird die Transition t TRUE, so werden alle diese Schritte p_{v_i} inaktiviert und der Folgeschritt p_n wird aktiviert.
	Rückführung Bei einer Rückführung führt eine Transition zu einem Vorgängerschritt zurück, dabei erfolgt die Auswertung der nachfolgenden Transitionen (von links nach rechts wie hier, anwenderpriorisiert oder willkürlich) wie bei der Alternativkette. Richtungspfeile zur Darstellung des Programmflusses sind erlaubt.

Zu beachten ist, dass bei der *textuellen* Variante für die Alternativverzweigung die anwenderpriorisierte und die willkürliche Reihenfolge nicht darstellbar ist.

Aktionen

Die einem Schritt zugeordneten Aktionsblöcke werden solange zyklisch abgearbeitet, bis dieser durch das „Feuern" der Weiterschaltbedingung beendet wurde. Jeder Schritt kann mehrere Aktionsblöcke aufweisen; soll ein Schritt lediglich auf die Weiterschaltbedingung warten, enthält er keinen Aktionsblock. Für den oben erwähnten Grenzfall eines AS-Programms, das nur aus einem einzigen Schritt besteht, ergibt sich also wieder die für SPS typische Programmabarbeitung (s. Bild 5.5).

Aktionsblöcke setzen sich aus dem *Ausführungsattribut*, dem *Aktionsnamen* und ggf. dem *Aktionsrumpf* zusammen. Optional kann auch für jeden Aktionsblock noch eine Boolesche Rückkopplungsvariable deklariert werden. Diese Variable unterliegt aber im Unterschied zu dem oben erwähnten Schrittmerker allein der Kontrolle des Programmierers, es erfolgt also nicht etwa eine automatische Wertzuweisung auf diese Variable.

Tabelle 5.9 *Ausführungsattribute für Anweisungen in AS*

Ausführungs-attribut	Funktion
N oder „ “	Nicht gespeichert, Aktion wird nur ausgeführt, solange der Schritt aktiv ist
S	Setzen (auch über den aktiven Schritt hinaus)
R	Rücksetzen
L + Zeitangabe	zeitbegrenzt (limited)
D + Zeitangabe	verzögert (delayed)
P	Impuls
SD + Zeitangabe	Gespeichert und verzögert (delayed)
DS + Zeitangabe	Verzögert (delayed) und gespeichert
SL + Zeitangabe	Gespeichert und zeitbegrenzt (limited)

Tabelle 5.9 enthält die in der Norm definierten Ausführungsattribute. Der Aktionsrumpf kann in jeder beliebigen Sprache nach IEC 1131-3 formuliert sein. Es ist auch möglich, diesen Aktionsrumpf graphisch auszulagern, was insbesondere sinnvoll ist, wenn die Übersichtlichkeit der Ablaufstruktur eines Programms nicht verlorengehen soll.

Aus Bild 5.40 geht hervor, wie sich die verschiedenen zeitbegrenzten und zeitverzögerten Ausführungsattribute auf die zugeordnete Aktion auswirken. Bei **P** erfolgt ein *einmaliges* Setzen bei Flankenerkennung: Während alle Aktionen eines aktiven Schritts immer wieder ausgeführt werden, bis zum nächsten Schritt weitergeschaltet wird, wird im Unterschied dazu eine **P**-Aktion nur einmalig bei der Aktivierung des Schritts ausgeführt. Die **P**-Aktion eignet sich dementsprechend beispielsweise zur Durchführung einer Initialisierung von Schrittketten einer tieferen Ebene (s. Bild 5.42).

Da die einfachste Aktion daraus besteht, eine Operation mit einer Booleschen Variable vorzunehmen, (s. auch bei dem im Bild 5.39 gegebenen Programmbeispiel

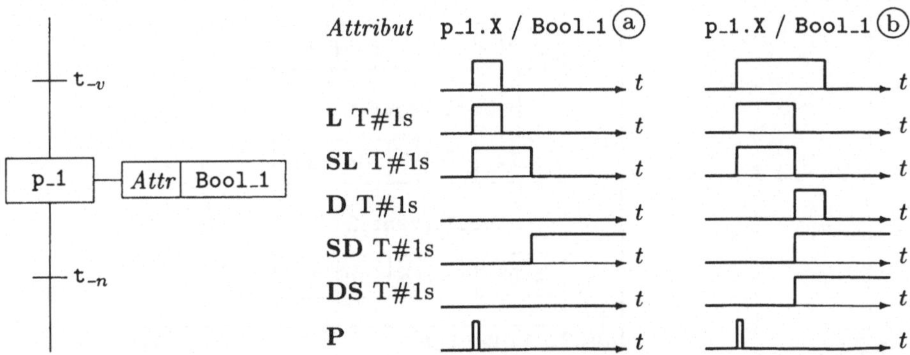

Bild 5.40 *Zur Wirkung der Ausführungsattribute, wobei Schritt* p_1 *0.5 Sekunden (a) bzw. 1.5 Sekunden aktiv ist (b)*

5.23), besteht in diesem Fall die Aktion lediglich aus dem Ausführungsattribut und der Booleschen Variable, und ein Aktionsrumpf entfällt.

Bezüglich der einem Schritt zugeordneten Aktionen gilt, dass diese nach der Aktivierung des Schritts mindestens einmal durchlaufen werden und dass nach der Deaktivierung alle Aktionen des Schrittes nochmals aufgerufen werden, um Ende-Bedingungen auszuwerten und darauf reagieren zu können.

Die in Tabelle 5.8 dargestellten Möglichkeiten, Schritte und Transitionen miteinander zu verbinden, lassen auch unsichere AS-Programme zu, bei denen entweder bestimmte Programmteile nie erreicht werden können oder die aufgrund der programmierten Logik hängenbleiben. Es ist also Aufgabe des Programmierers, Sicherheit und Lebendigkeit eines AS-Programms zu garantieren.

In den Bildern 5.41 und 5.42 sind beispielhaft Aktionsblöcke eines AS-Programms dargestellt. Für die Transitionsbedingung zwischen Schritt p_1 und p_2 ist der entsprechende Transitionsname t_1 angegeben, zwischen p_2 und p_3 dagegen erscheint die Bedingung direkt neben der Transition und ist in ST formuliert. Während im Bild 5.41 einer der dem Schritt p_2 zugehörigen Anweisungsblöcke wiederum in AS formuliert ist, wird der gleiche Anweisungsblock im Bild 5.42 in ST dargestellt.

AS-Netze einer tieferen Ebene wie im Bild 5.41 laufen nur ab, solange der aufrufende Schritt (hier p_2) aktiv ist. Wird dieser durch das „Feuern" der Weiterschaltbedingung deaktiviert, endet – bis auf die oben beschriebene Endeprüfung – die Bearbeitung des Unternetzwerks. Soll also sichergestellt werden, dass ein Unternetzwerk bis zum Ende bearbeitet wird, kann man dies tun, indem man erst im letzten Schritt eine Boolesche Variable (Bool_1) setzt, die mit dem Rest der Weiterschaltbedingung für den aufrufenden Schritt UND-verknüpft wird. In dem hier

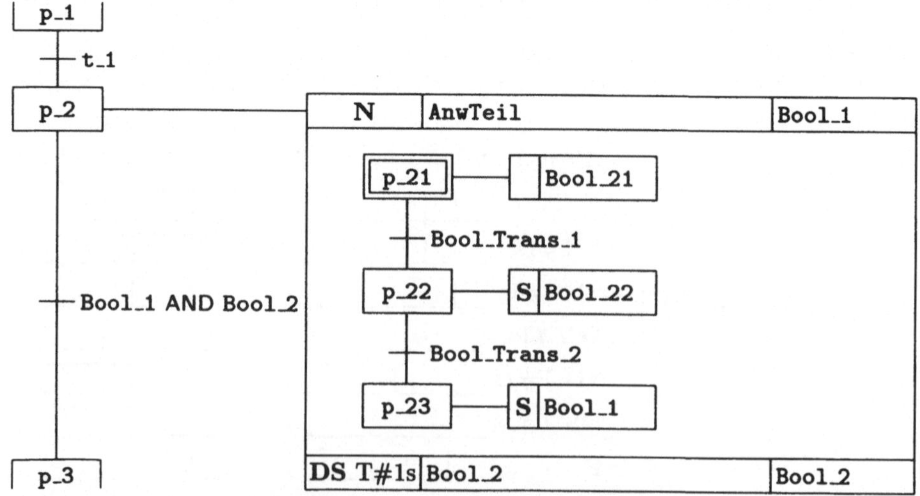

Bild 5.41 *Teil eines AS-Programms, Anweisungsblock in AS*

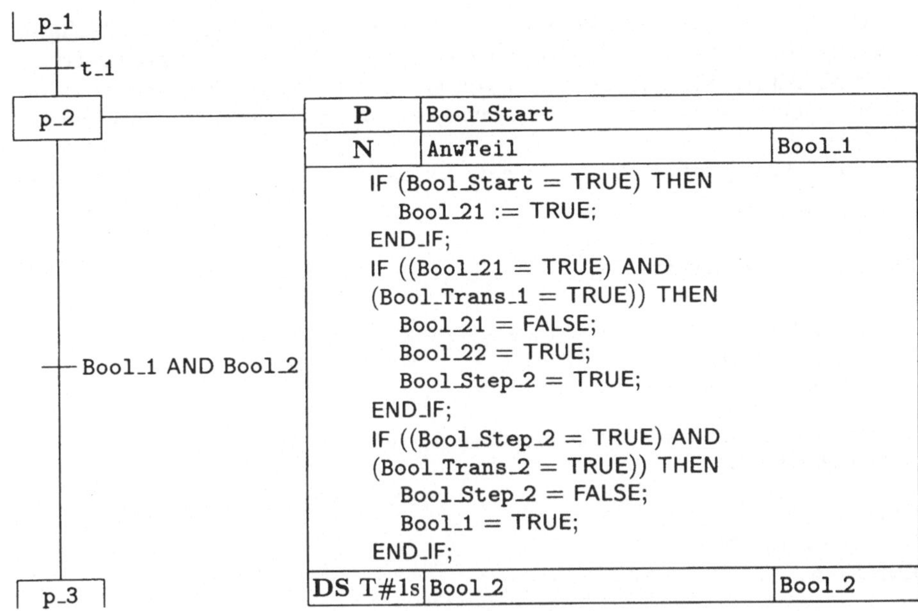

Bild 5.42 *Teil eines AS-Programms, Anweisungsblock in ST*

dargestellten Beispiel wird Schritt p_2 daher erst beendet, wenn die gesamte Kette abgearbeitet wurde UND der Schritt mindestens 1 Sekunde aktiv war (durch die Variable Bool_2, die erst nach einer Sekunde gesetzt wird). Allerdings funktioniert das nur, wenn Bool_1 und Bool_2 bei der Aktivierung des Schrittes p_2 FALSE sind, was durch vorhergehende Anweisungen oder durch die Anfangsbedingung (falls die Variable noch nie benutzt wurde) sichergestellt sein muss.

Soll nun der im Bild 5.41 in AS formulierte Anweisungsblock in ST dargestellt werden (s. Bild 5.42), kann man – wie hier geschehen – das Schrittmerkerkonzept anwenden. Bei der Aktivierung des Schrittes p_2 wird impulsförmig (also nur bei der *ersten* Bearbeitung, alle einem Schritt zugeordneten Anweisungen werden ja zyklisch ausgeführt, solange dieser Schritt aktiv ist) die Boolesche Variable Bool_Start gesetzt und damit die Schrittkette einmalig angestoßen. Für den ersten Schritt dieser „Unterschrittkette" benötigt man keinen Schrittmerker, da man die Boolesche Variable Bool_21, die nur solange gesetzt sein soll, wie dieser erste Schritt aktiv ist, für diesen Zweck gleich mitverwenden kann.

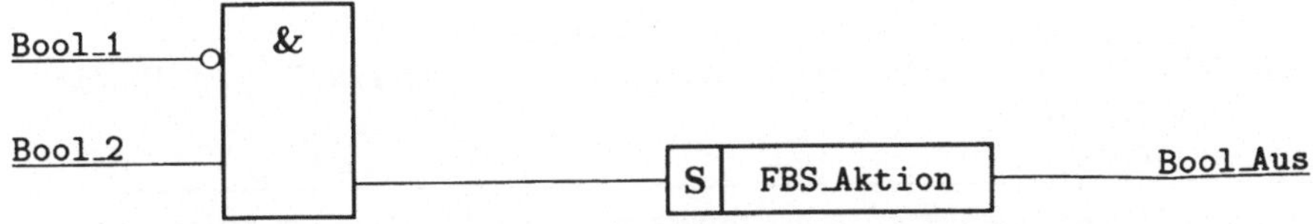

Bild 5.43 *Verwendung eines Aktionsblocks innerhalb eines FBS-Programms*

Bild 5.43 zeigt, wie ein Aktionsblock auch innerhalb eines Programmabschnitts verwendet werden kann, der in einer anderen Sprache (hier FBS) programmiert ist. Der Aktionsblock FBS_Aktion dient dazu, eine (oder mehrere) Aktivitäten zu beschreiben, die dann gestartet werden, wenn der Ausdruck NOT Bool_1 AND Bool_2 TRUE ist.

Bild 5.44 zeigt die *textuelle Variante* des Beispiels 5.23 der Verkehrsampel aus

Beispiel 5.24

```
PROGRAM Verkehrsampel
   :
INITIAL_STEP Start:
   signal.rot(N);
END_STEP

TRANSITION FROM Start TO Rotphase := TRUE;
END_TRANSITION

STEP Rotphase:
   signal.rot(N);
END_STEP

TRANSITION FROM Rotphase TO Rotgelbphase := Rotphase.T >= rotzeit;
END_TRANSITION

STEP Rotgelbphase:
   signal.rot(N);
   signal.gelb(N);
END_STEP

TRANSITION FROM Rotgelbphase TO Gruenphase:= Rotgelbphase.T>=rotgelbzeit;
END_TRANSITION

STEP Gruenphase:
   signal.gruen(N);
END_STEP

TRANSITION FROM Gruenphase TO Gelbphase := Gruenphase.T >= gruenzeit;
END_TRANSITION

STEP Gelbphase:
   signal.gelb(N);
END_STEP

TRANSITION FROM Gelbphase TO Rotphase := Gelbphase.T >= gelbzeit;
END_TRANSITION
END_PROGRAM
```

Bild 5.44 *Darstellung des AS-Ampelprogramms aus Bild 5.39 in textueller Form*

Bild 5.39. Dabei enthält Bild 5.44 allerdings nur das in AS dargestellte Programm, die Deklaration der Variablen wäre auch in der Textversion gleich und wurde deshalb weggelassen. Es spielt für das Programm keine Rolle, ob Schritte und Transitionen einander abwechseln und in der richtigen Reihenfolge angeordnet sind (s. Anordnung im Bild 5.44). Genauso kann man auch zunächst alle Schritte und deren zugehörige Aktionen festlegen und erst dann die Transitionen programmieren, die entsprechend die Schritte miteinander verbinden (ähnlich wie bei dem im Bild 5.11 dargestellten parallelen Ablauf). Die Transitionsbedingungen im Bild 5.44 wurden in ST formuliert, genauso hätte man aber auch AWL oder jede andere Sprache der Norm verwenden können.

Bei der Programmierung der Ampel werden Aktionen mit eigenem Aktionsrumpf nicht verwendet, da hier lediglich binäre Ausgangsgrößen nichtspeichernd gesetzt werden müssen. Aktionen würden aber genauso formuliert: Zunächst wird der `Aktionsname` angegeben, in Klammern gefolgt von dem zugehörigen Ausführungsattribut. Gegebenenfalls kann zusätzlich auch noch eine Rückkopplungsvariable angegeben werden. Allerdings fehlt dann noch die Programmierung des Aktionsrumpfes, die die Aktionen festlegt, die in diesem Schritt ablaufen sollen. Sie kann in einer beliebigen textuellen Sprache der Norm erfolgen und wird in die Schlüsselwörter ACTION `Aktionsname` ... END_ACTION eingeschlossen. Dabei muss dieser ACTION ... END_ACTION-Block dem zugehörigen STEP-Block nicht unmittelbar folgen, sondern kann an einer beliebigen Stelle des Programms eingefügt werden. □

Beispiel 5.25

Bild 5.45 zeigt das SPS-Programm für die Coilanlage aus Beispiel 5.13 in AS, wobei die Deklaration der Variablen Bild 5.26 entnommen werden kann und hier weggelassen wurde. Da es sich bei diesem Beispiel um eine ablauforientierte Problemstellung handelt, sollte man zur Lösung auch eine ablauforientierte Programmiersprache verwenden bzw. eine mit einer solchen Sprache erzielte Lösung sollte gegenüber einem in einer verknüpfungsorientierten Programmiersprache geschriebenen Programm deutliche Vorteile aufweisen. Dies wird durch Bild 5.45 auch anschaulich demonstriert: Eine Deklaration von Booleschen Variablen zur Realisierung der Schrittmerker oder eine Verwaltung dieser Schrittmerker ist hier nicht mehr erforderlich, da die Sprache *von sich aus* diese Hilfsmittel zur Verfügung stellt. Außerdem kann man mit Hilfe der graphischen Variante von AS besser als mit jeder anderen Sprache der Norm parallele Abläufe erkennen. In diesem Beispiel kann zum einen das Abschneiden des Blechs und die Rückfahrt des Vorschubs parallel erfolgen, nach dem Abschneiden können dann aber auch noch die Schere und der Niederhalter parallel wieder in ihre Grundstellung gebracht werden. Da ein AS-Programm ein PETRI-Netz bildet, können alle Vorteile, die diese Darstellung bei der Modellierung steuerungstechnischer Prozesse bietet, direkt bei der Programmerstellung genutzt werden.

Im Bild 5.45 sind alle Transitionen in KOP dargestellt. Bei der Transition, die die Weiterschaltbedingung vom Schritt `Start_Zyklus` zum Schritt `Blech_Vor` bildet, wurde ein Konnektor verwendet. Die ganz oben in dem KOP-Netzwerk niedergelegte Weiterschaltbedingung wird über den Konnektor an die Transition weitergeleitet.

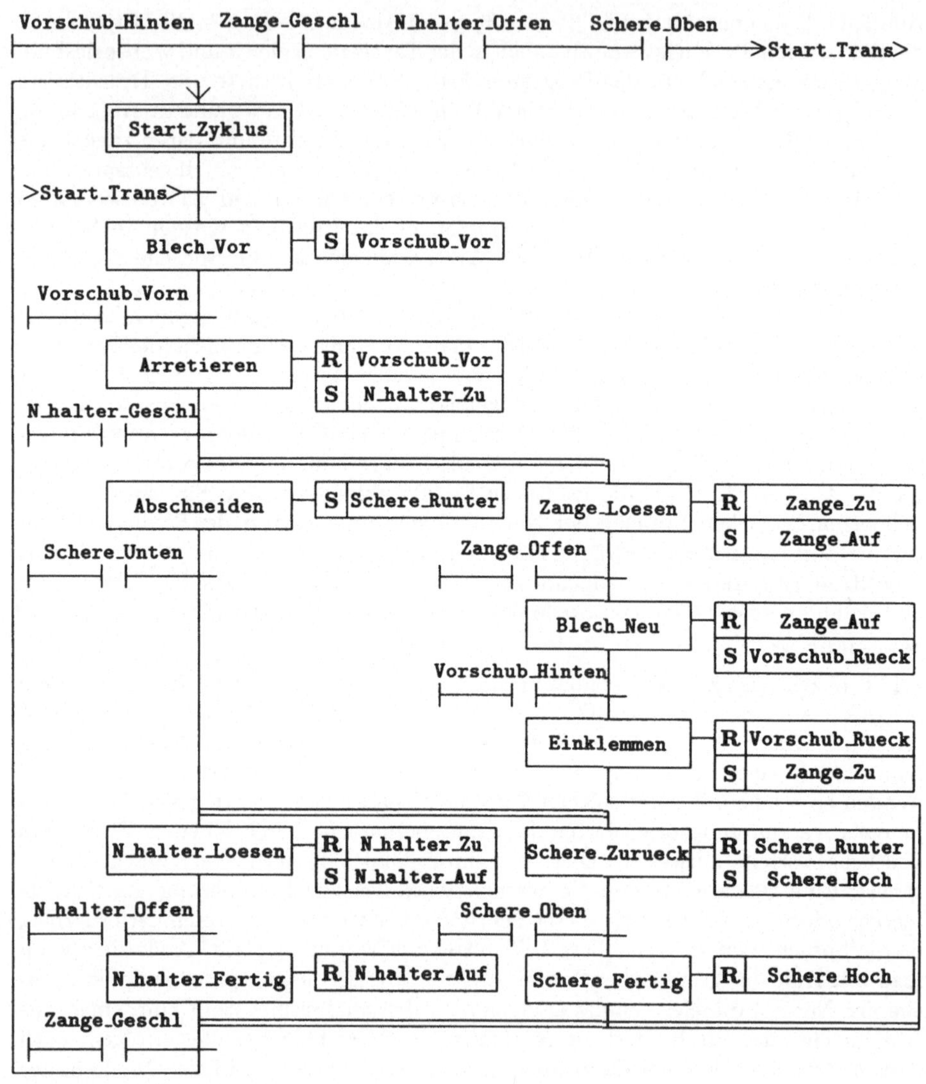

Bild 5.45 *AS-Programm für einen Arbeitszyklus der Coilanlage* □

Beispiel 5.26

Zum Abschluss dieses Abschnitts ist im Bild 5.46 die *textuelle Variante* des AS-Programms aus Beispiel 5.25 dargestellt. Dabei sind bis auf die erste Transition, die in AWL formuliert wurde, alle anderen Transitionen in ST angegeben. Besitzt eine

```
PROGRAM CoilZyklus
    :
INITIAL_STEP Start_Zyklus:
END_STEP

TRANSITION FROM Start_Zyklus TO Blech_Vor:
   LD    Vorschub_Hinten
   AND   Zange_Geschl
   AND   N_halter_Offen
   AND   Schere_Oben
END_TRANSITION

STEP Blech_Vor:
   Vorschub_Vor(S);
END_STEP

TRANSITION FROM Blech_Vor TO Arretieren :=
   Vorschub_Vorn;
END_TRANSITION

STEP Arretieren:
   Vorschub_Vor(R);
   N_halter_Zu(S);
END_STEP

TRANSITION FROM Arretieren TO (Abschneiden, Zange_Loesen) :=
   N_halter_Geschl;
END_TRANSITION

STEP Abschneiden:
   Schere_Runter(S);
END_STEP

TRANSITION FROM Abschneiden TO (N_halter_Loesen, Schere_Zurueck) :=
   Schere_Unten;
END_TRANSITION

STEP N_halter_Loesen:
   N_halter_Zu(R);
   N_halter_Auf(S);
END_STEP

TRANSITION FROM N_halter_Loesen TO N_halter_Fertig :=
   N_halter_Offen;
END_TRANSITION
```

Bild 5.46 *Darstellung des AS-Programms aus Bild 5.45 in textueller Form*

```
STEP N_halter_Fertig:
   N_halter_Auf(R);
END_STEP

STEP Schere_Zurueck:
   Schere_Runter(R);
   Schere_Hoch(S);
END_STEP

TRANSITION FROM Schere_Zurueck TO Schere_Fertig :=
   Schere_Oben;
END_TRANSITION

STEP Schere_Fertig:
   Schere_Hoch(R);
END_STEP

STEP Zange_Loesen:
   Zange_Zu(R);
   Zange_Auf(S);
END_STEP

TRANSITION FROM Zange_Loesen TO Blech_Neu :=
   Zange_Offen;
END_TRANSITION

STEP Blech_Neu:
   Zange_Auf(R);
   Vorschub_Rueck(S);
END_STEP

TRANSITION FROM Blech_Neu TO Einklemmen :=
   Vorschub_Hinten;
END_TRANSITION

STEP Einklemmen:
   Vorschub_Rueck(R);
   Zange_Zu(S);
END_STEP

TRANSITION FROM (N_halter_Fertig,Schere_Fertig,Einklemmen) TO
   Start_Zyklus:= Zange_Geschl;
END_TRANSITION
END_PROGRAM
```

Bild 5.46 *Darstellung des AS-Programms aus Bild 5.45 in textueller Form (Fortsetzung)*

Transition mehrere Vorgänger- bzw. Nachfolgeschritte, so werden diese in Klammern gesetzt und durch Kommata getrennt. □

5.4.7 Programmierstil

Wie schon weiter oben ausgeführt wurde, ist bedingt durch die rasante Entwicklung der Mikrochip-Technologie insbesondere im Bereich der speicherprogrammierbaren Steuerungen die Hardware der Software inzwischen weit vorausgeeilt: Die Mikroprozessoren, die in SPS eingesetzt werden, sind extrem schnell und der für Programme verfügbare Speicher ist groß und gleichzeitig sehr preiswert. Dazu kommt, dass durch die wachsende Bedeutung von Software in allen Bereichen des Lebens es zwangsläufig auch eine steigende Zahl von Fällen gibt, wo teilweise lapidare Fehler gravierende Auswirkungen verursachen.

Während in der Anfangszeit der programmierbaren Steuerungen ein Programmierer sein Steuerungsprogramm, das aus meist nicht viel mehr als tausend Programmzeilen bestand, sehr wohl beherrschen, warten und pflegen konnte, ist dies heute bei komplexen Programmen mit oft tausenden von Befehlen kaum noch möglich.

Sehr oft arbeiten verschiedene Programmierer an Teillösungen für ein Programm, und Programme müssen über einen längeren Zeitraum auch pflegbar sein. Selbst die ursprünglichen Programmierer sind heute nach wenigen anderen Projekten oft nur noch nach intensivem Studium der Dokumentation in der Lage, ihr eigenes Programm zu durchdringen. Das führt dazu, dass im Rahmen von Anpassungen und Verbesserungen oft ganze Algorithmen erneut erstellt und getestet werden müssen.

Aus dem Gesagten wird deutlich, dass gewisse Richtlinien bei der Programmierung unumgänglich sind; diese werden teilweise firmenspezifisch in einem eigenen Regelbuch zur Erstellung von SPS-Software zusammengefasst. Dies Thema intensiv zu erörtern, würde den Rahmen dieses Buches sprengen und gehört in das Fachgebiet des Software-Engineering, das nicht umsonst in den letzten Jahren stark gewachsen ist; darum sollen an dieser Stelle nur einige allgemeinere Anhaltspunkte gegeben werden.

- **Modularer Aufbau eines Programms**
  Insbesondere bei komplexen Programmieraufgaben ist es unbedingt notwendig, eine Aufteilung des Gesamtproblems in einzelne Teilaufgaben mit klar definierten Schnittstellen durchzuführen. Inhaltlich zusammengehörige Programmteile gehören auch im Quellprogramm zusammen. Häufig vorkommende oder wiederkehrende Aufgaben können mit Hilfe von FBs oder Funktionen gelöst werden. Solche u.U. auch umfangreicheren Programmteile können, einmal programmiert, detailliert dokumentiert und genau getestet, in einer *Bibliothek* abgelegt werden, die allmählich immer weiter ergänzt werden kann.
  Zur Dokumentation ist dabei anzumerken, dass grundsätzlich jeder Programmteil *mindestens* mit einem Modul-Header zu versehen ist, der Namen und Aufgabe des

Programmbausteins beschreibt, den Ersteller sowie das Erstellungsdatum beinhaltet sowie den aktuellen Revisionsstand und ggf. die Historie der Revisionen angibt, was also bei einzelnen Überarbeitungen warum verändert wurde.
Der Vorteil solcher Bibliotheken mit FBs und Funktionen, die verschiedene Aufgaben erledigen können, liegt zum einen in der Zeitersparnis bei der Erstellung neuer Programme und vor allem auch in der Fehlerreduktion, da Fehler in den in der Bibliothek abgelegten Programmodulen weitgehend ausgeschlossen werden können.
Ganz wesentlich bei diesem Punkt ist aber, dass einerseits ständig die aktuelle Information über die in der Bibliothek vorhandenen Programme zur Verfügung steht und diese Programme auch *ausführlich dokumentiert* sind (s.o.) – nur dadurch wird die notwendige Akzeptanz erreicht, die Programmbibliothek zu nutzen. Andererseits müssen Programmierer dann aber gehalten sein, wo irgend möglich diese Programmbausteine auch einzusetzen.

- **Symbolisches Arbeiten**
  Außer im Deklarationsteil eines Programmes sollten absolute Adressen nicht verwendet werden. Dadurch können SPS-Programme leichter an veränderte Umgebungsbedingungen angepasst werden, sie sind besser wiederverwendbar und es treten weniger Nebeneffekte auf.
- **Sprungbefehle**
  Sprungbefehle und vor allem bedingte Rücksprünge sollten im Sinne einer höheren Nachvollziehbarkeit des Programms (kein sogenannter „Spaghetti-Kode") möglichst vermieden werden. Auch durch diese Maßnahme wird ein höherer Grad an Wiederverwendbarkeit für ein Programm erreicht.
- **Namensgebung**
  Sowohl Variable als auch Bausteine sollten mit eindeutigen Namen versehen werden.

5.5 Debugging-Hilfsmittel

Bei der Auswahl einer bestimmten SPS zur Automatisierung einer Anlage spielen verschiedene Faktoren eine Rolle. Dies sind zum einen die technischen Details der SPS selbst (Kompaktsteuerung oder modulare Steuerung, Anzahl der digitalen bzw. analogen Ein- und Ausgänge, Anzahl der Timer, Zähler und Merker, Typ und Leistung der CPU usw.). Ganz wesentlich für die Entscheidung ist aber auch die mitgelieferte bzw. zur Verfügung stehende Software und damit die Möglichkeiten der Programmierung sowie des *Debugging* der SPS, worauf in diesem Abschnitt näher eingegangen werden soll.

Die meisten Hersteller von SPS bieten passend zu ihren jeweiligen SPS heute mehr oder weniger umfangreiche Programmpakete an, die meist auf einem PC laufen und einen durchaus unterschiedlichen Funktionsumfang haben. Hier einen allgemeinen Überblick zu geben ist schon aus dem Grund unmöglich, weil diese Programme sehr unterschiedlich sind. Außerdem werden gerade hier ständig neue bzw. erweiterte Programme angeboten, so dass ein heute verfügbares Programm in zwei bis drei Jahren schon wieder überholt ist. Gemeinsam ist allen modernen Programmen inzwischen die `Windows`-geführte Bedienung mit Mausunterstützung.

Die Sprachen von SPS, insbesondere diejenigen, die durch die IEC-Norm 1131 definiert sind, wurden ja im letzten Abschnitt ausführlich vorgestellt. Die Tendenz geht dahin, dass die Hersteller Compiler entwickeln und in diese Softwarepakete integrieren, die die Übersetzung eines in einer der Norm konformen Sprachen geschriebenen Programms auf den Maschinenkode der gegebenen durchführen und dann das Herunterladen des Programms in die SPS ermöglichen.

Sehr wichtig insbesondere für die Inbetriebnahme einer Anlage sind aber auch benutzerfreundliche *Debugging-Tools*, um die erstellte SPS-Software an der Anlage auf Fehler überprüfen zu können. Die meisten Hersteller bieten solche Hilfsmittel an, und es ist sehr oft möglich, den PC direkt an die SPS anzuschließen, um so das Debugging auf der problemorientierten Ebene, d.h. innerhalb des Programms, das für die SPS geschrieben wurde, und nicht etwa im Maschinenkode der Steuerung durchführen zu können. Allerdings sind für das Debugging eines SPS-Programms teilweise andere Kriterien wichtig als für das Debugging eines PC-Programms:

- Wie bereits erwähnt, ist das Debugging auf der problemorientierten Ebene durchzuführen. Beim Debugging sollten für die Operanden die Benutzersymbole verwendet werden.

- Es sollte möglich sein, den Zustand der Steuerung *während der Abarbeitung des Anwenderprogramms* darzustellen.

- Die Ausgangssignale der SPS sollten abschaltbar sein.

- Die Operanden sollten modifizierbar sein, um auf diese Weise die Abläufe beeinflussen zu können.

Alle Operanden der SPS sollten darstellbar sein, also sowohl die die Ein- und Ausgangssignale (bei digitalen Signalen erfolgt häufig auch durch Leuchtdioden eine Anzeige an der SPS selbst) als auch die Variablen, durch die die inneren Zustände der Steuerung festgelegt sind wie Zähler, Zeitglieder oder Merker. Am komfortabelsten ist es, wenn das Fortschreiten des Programms direkt auf der Ebene des vom Anwender geschriebenen Quellprogramms sichtbar gemacht werden kann. Beim Debugging kann es sehr hilfreich sein, das Programm schrittweise abarbeiten zu können, um so zu kontrollieren, wann sich welche Größen ändern. *Breakpoints* sind nützlich, um festzustellen, wann bestimmte Programmteile ausgeführt werden.

Wie bereits erwähnt, sind gerade in diesem Bereich die Möglichkeiten von Hersteller zu Hersteller sehr verschieden. Aber die Relevanz von komfortablen Debugging-Möglichkeiten kann gar nicht hoch genug eingeschätzt werden, und der vielleicht höhere Anschaffungspreis wird oft sehr schnell durch eine dadurch ermöglichte schnellere und einfachere Fehlersuche wieder kompensiert.

Als ein schon recht altes Debugging-Tool soll an dieser Stelle kurz noch der sogenannte „lebende Kontaktplan“ vorgestellt werden (s. Bild 5.47).

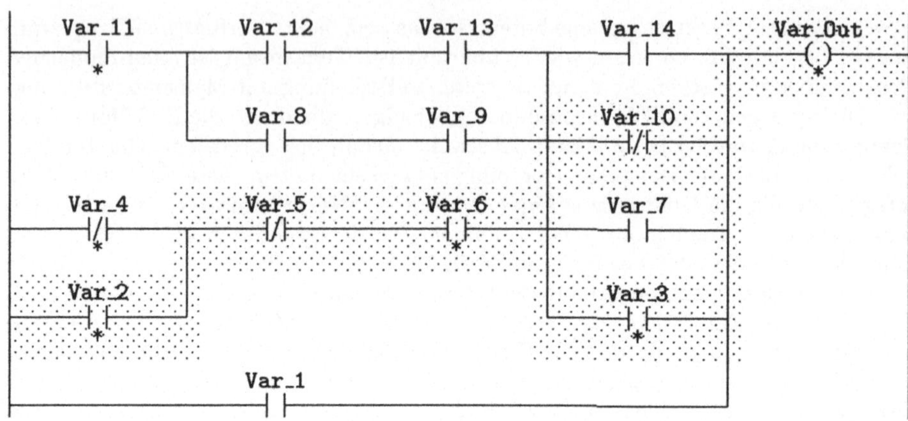

Bild 5.47 *„Lebender Kontaktplan" als Debugging-Hilfsmittel*

„*" bedeutet, dass der entsprechende Operand betätigt ist. Angezeigt werden auch die logischen Stromflüsse über die Kontakte hinweg. Während des Betriebes kann man sich einen solchen Strompfad anschauen und bekommt sehr übersichtlich die Information darüber, warum eine bestimmte „Schützspule" nicht „anzieht".

Dennoch ist eine bestimmte Vorsicht angezeigt, da bei einer aufgelösten Darstellung ein Operand z.B. an einer Stelle gesetzt und an anderer Stelle u.U. wieder rückgesetzt werden kann. Was *außen* beobachtet wird, hängt davon ab, welcher logische Wert dem entsprechenden Ausgang im Programm an der Stelle zugewiesen wird, wo letztmalig eine Zuweisung erfolgt bzw. der Ausgang gesetzt oder rückgesetzt wird: So wird ein weiter oben zugewiesenes TRUE wieder aufgehoben, wenn der gleiche Ausgang weiter unten im Programm wieder rückgesetzt wird.

6 Praktische Gesichtspunkte bei der Projektierung einer SPS

Bei der Projektierung einer SPS für die Automatisierung einer Anlage sind verschiedene Punkte zu berücksichtigen, die im Folgenden kurz angesprochen werden sollen.

6.1 Pflichtenheft

Bevor überhaupt mit der Erstellung des SPS-Programms begonnen werden kann, muss der zu automatisierende Prozess zunächst analysiert werden. Anschließend sind dann die wichtigsten Anforderungen an ein solches Steuerungssystem festzulegen. Dies geschieht zumeist in der Form des sogenannten *Pflichtenheftes*. Dies Pflichtenheft enthält alle Spezifikationen und Anforderungen, die für die Auslegung der Steuerung und die Kodierung der Software wichtig sind. Das Pflichtenheft stellt somit einen wesentlichen Bestandteil im Vertragsverhältnis zwischen dem Kunden und dem Lieferanten der Automatisierungstechnik dar, weil anhand dieses Pflichtenheftes später auch nachgeprüft bzw. nachgewiesen werden muss, ob durch die SPS und das implementierte Programm die dort niedergelegten Anforderungen erfüllt werden oder nicht. Daher besteht ein großes Problem sehr oft darin, das Pflichtenheft so präzise wie möglich auszuarbeiten. Gelingt es im Gespräch mit dem Anlagenersteller nicht, alle Details lückenlos und widerspruchsfrei abzuklären, sind kostenintensive Änderungen der Steuerung (Hardware und/oder Software) während der Inbetriebnahme unumgänglich. Dies kann dann auch zu einer erheblichen zeitlichen Überschreitung der veranschlagten Inbetriebnahmephase führen.

Leider gibt es für diese erste, aber durchaus wichtige Phase der Implementierung einer Steuerung kaum Hilfsmittel oder auch nur Empfehlungen, wie hier systematisch vorgegangen werden kann, so dass man zumeist auf eine heuristische Vorgehensweise angewiesen ist.

In der DIN-Norm 19246 „Messen, Steuern, Regeln - Abwicklung von Projekten - Begriffe“ wird zwischen dem Lastenheft und dem Pflichtenheft unterschieden. Das Lastenheft ist die „Gesamtheit der Anforderungen des Auftraggebers an die Lieferungen und Leistungen eines Auftragnehmers. Im Lastenheft wird definiert, WAS und WOFÜR zu lösen ist. Es wird vom Auftraggeber oder in dessen Auftrag erstellt und dient als Ausschreibungs-, Angebots- und/oder Vertragsgrundlage.“ Zum Pflichtenheft wird dort lediglich erwähnt, dass es die „Realisierungsbeschreibung des Liefer- und Leistungsumfangs aufgrund der Umsetzung des Lastenheftes in eine systembezogene Umgebung“ darstellt, in ihm „wird definiert, WIE und WOMIT die

Anforderungen zu realisieren sind". Aus dem Wortlaut dieser Norm ist eine deutliche Abgrenzung der beiden Begriffe schwierig, im Folgenden wird daher nur noch der Begriff des Pflichtenheftes verwendet.

Allerdings existiert eine Richtlinie, in der zumindest festgelegt ist, *was* im Pflichtenheft spezifiziert werden sollte, nämlich die VDI/VDE-Richtlinie 3683 „Beschreibung von Steuerungsaufgaben - Anleitung zum Erstellen eines Pflichtenheftes". Im Anhang enthält diese Richtlinie auch zwei Beispiele, die Steuerung einer Anlage der chemischen Verfahrenstechnik sowie eine Steuerungsaufgabe aus dem Maschinenbau.

Das Pflichtenheft setzt sich aus verschiedenen Bestandteilen zusammen. Dazu gehört zunächst eine Anlagen- und Funktionsbeschreibung des zu steuernden Prozesses, die sinnvollerweise durch ein Technologieschema ergänzt wird. Darüber hinaus sind auch die Randbedingungen der Steuerung festzulegen und zu beachten. Dazu gehören die Betriebsarten, in denen die Steuerung betrieben werden soll, die Ein- und Ausschaltbedingungen, Start und Stop der Steuerung, die Verwirklichung und Überwachung des Arbeitsablaufs sowie das Verhalten bei Störungen.

Enthält die zu automatisierende Anlage Hydraulik- und/oder Pneumatikkomponenten, müssen die dazu notwendigen Schaltpläne erstellt werden, die ebenfalls Bestandteil des Pflichtenheftes sind. Des Weiteren ist auch die räumliche Umgebung zu beachten, das Pflichtenheft muss dementsprechend also auch einen Lageplan der Anlage enthalten. Schließlich gehört zum Pflichtenheft noch eine Beschreibung des gerätetechnischen Steuerungsaufbaus (Schaltschränke, Bedienelemente, Anschlüsse für Ein- und Ausgänge, Datenschnittstellen, die Energieversorgung) sowie eine Dokumentation, die der Steuerung beizufügen ist.

6.1.1 Anlagen- und Funktionsbeschreibung

Im Zentrum eines Pflichtenheftes steht selbstverständlich die Beschreibung der Anlage sowie der Funktionen, die mit der Steuerung realisiert werden sollen.

Als Anhaltspunkte zur *Anlagenbeschreibung* können die folgenden Fragen dienen, die nicht immer alle beantwortet werden müssen (s. [VDI86]):

- Wie wird die Anlage benannt?
- Welche Aufgabe hat die Anlage, und wie läuft der Vorgang ab?
- Was wird mit der Anlage produziert?
- Welche Anforderungen muss die Anlage erfüllen (z.B. Stück pro Stunde, Taktzeiten usw.)? Ist die Anlage autonom oder bestehen steuerungstechnische Verknüpfungen mit anderen Anlagen, oder ist die Steuerung in einem hierarchischen Steuerungssystem eingebunden?
- Welche Stellgeräte, Motoren usw. müssen mit der Steuerung verknüpft werden (Energieart, Anzahl, Leistung usw.)?
- Welche Messwertaufnehmer (Geber) sind vorgesehen oder vorhanden?

- Welcher Bedienkomfort wird gewünscht (z.B. Bildschirm, Fließbild usw.)?
- Welche Bedingungen gibt es für die Aufstellung der Steuerung (örtliche und Umweltbedingungen wie Klima, Staubanfall, elektromagnetische Störfelder, Vibrationen, Explosionsgefahr usw.)?
- Welche Hilfsenergie ist vorhanden (Nennwert, Toleranzen, Störgrößen, Verfügbarkeit)?
- Welche Steuerungsart wird gewählt (z.B. elektronisch, elektrisch, pneumatisch)?
- Handelt es sich um eine Serienanlage (Stückzahl?) oder um eine Einzelanlage?

Die *Funktionsbeschreibung* erfolgt im Allgemeinen in verbaler Form. Anhand der kommentierten Beispiele 6.1 und 6.2 soll zudem angemerkt werden, wie unpräzise verschiedene Punkte der dort gemachten Funktionsbeschreibung (noch) sind und dass es unbedingt erforderlich ist, diese Angaben weiter zu präzisieren.

Beispiel 6.1

Funktionsbeschreibung eines chemischen Prozesses

Schritt	**Beschreibung**	**Dauer**
1.	Es werden $3400 l$ Lösungsmittel $C_xH_xO_x$ in Reaktor 4 vorgelegt	10'
2.	Unter ständigem Rühren (bis einschließlich Schritt Nr. 6) werden $\ldots l$ von Reagenz 1 und $\ldots l$ von Reagenz 2 zugegeben derart, dass die Zugabe von Reagenz 2 erst beginnt, wenn bereits $\ldots l$ von Reagenz 1 im Reaktor sind (Achtung: Sonst exotherme Reaktion!) *Neben der absoluten Mengenangabe sind schon allein zur Dimensionierung der Pumpen, ggf. aber auch aus verfahrenstechnischen Gründen auch die Zulaufgeschwindigkeiten der Reagenzen von Belang!*	17'
3.	Der Reaktorinhalt wird zum Sieden gebracht ($81.5°C$); die leichte Fraktion wird abdestilliert, bis die Siedetemperatur $86°C$ beträgt	20'+35'
4.	Der restliche Reaktorinhalt wird auf $45°C$ abgekühlt	40'
5.	Wenn der Absorber verfügbar ist, wird eine abzuwiegende Menge von $\ldots kg$ von Reagenz 3 (flüssig) langsam ($\leq 5\frac{l}{min}$) unter weiterer Kühlung (konstant $45°C$) in den Reaktor gegeben; die sich dabei entwickelnden ...-Dämpfe werden im Absorber niedergeschlagen. *Wie kann die SPS die Verfügbarkeit des Absorbers erkennen? Hat der Absorber eine konstante Dichte, so dass man die gewünschte Masse in ein Volumen umrechnen kann?*	8'
6.	Die Nachreaktion (bei Temperaturkonstanz, mit Absorption) dauert 55 Minuten (Achtung: Schädliche Dämpfe!) *Welche Vorkehrungen sind wegen der entstehenden schädlichen Dämpfe zu treffen?*	55'

Schritt	Beschreibung	Dauer
7.	Das im Reaktor verbliebene inhomogene Gemisch absetzen lassen, bis sich eine stabile Trennschicht ausbildet (ca.20 Minuten). *Wie kann festgestellt werden, dass eine stabile Trennschicht entstanden ist, oder soll einfach eine Zeitbedingung eingehalten werden?*	20'
8.	Die schwere Phase langsam in das Rücklaufgefäß, anschließend die leichte Phase schnell in Reaktor 5 ablassen. *Die Begriffe „langsam“ und „schnell“ sind durch quantitative Angaben in $\frac{l}{min}$ zu ersetzen.* *Wie kann die SPS erkennen, dass das Ablassen der schweren Phase beendet ist?*	15'+5'
	Dauer der Charge	3h45' □

Die in Beispiel 6.1 angegebene Rezeptursteuerung bezieht sich natürlich nur auf den normalen (Automatik-)Betrieb. Zu einer vollständigen Funktionsbeschreibung gehören selbstverständlich auch detaillierte Anweisungen darüber, welche Verriegelungen unter allen Bedingungen zu berücksichtigen sind. Darüber hinaus müssen die verschiedenen Betriebsarten spezifiziert werden hinsichtlich dessen, was in ihnen geschieht bzw. erlaubt ist und wie von einer Betriebsart in die andere umgeschaltet werden kann.

Beispiel 6.2

Funktionsbeschreibung einer Coilanlage

Schritt	Beschreibung
1.	In der Grundstellung befindet sich der Zangenvorschub in der der Schere abgewandten Position. Die Zange ist gespannt und der Niederhalter vor der Schere ist geöffnet. Die Schere befindet sich in der oberen Stellung.
2.	Der Vorschub fährt zunächst in der hohen Geschwindigkeitsstufe in Richtung Schere. Ungefähr 0.5m vor der Endstellung wird auf Langsamfahrt umgeschaltet. Nach Erreichen der Endstellung wird der Vorschub gestoppt. *Ungefährangaben sind durch genaue Angaben zu ersetzen, wobei hier die Umschaltung durch einen entsprechend positionierten Endschalter ausgelöst wird.*
3.	Nach Erreichen der Endstellung wird der Vorschub gestoppt und der Niederhalter ausgefahren. Aufgrund konstruktiver Gegebenheiten besteht keinerlei Möglichkeit, die Stellung des Niederhalters über einen Endschalter oder Sensor zu überwachen. Sowohl das Einfahren als auch das Ausfahren des Niederhalters benötigt maximal 1.5 Sekunden, es muss also so lange gewartet werden, bis der Niederhalter das Blech sicher arretiert hat. *Die Weiterschaltbedingung wird hier – da anders nicht möglich – zeitlich festgelegt. Dabei ist allerdings die Frage, was „sichere Arretierung“ bedeutet: Sind die genannten 1.5 Sekunden ausreichend, oder ist noch ein Sicherheitszuschlag vorzusehen?*

Schritt Beschreibung

4. Die Zange wird wieder geöffnet und danach fährt der Zangenvorschub wieder zurück in Richtung Haspel. Ungefähr 0.5m vor der Endstellung wird auf Langsamfahrt umgeschaltet und bei Erreichen der Endstellung der Vorschub gestoppt. Anschließend wird die Zange wieder gespannt. Auch die Stellung der Zange kann nicht durch Endschalter überwacht werden. Das Öffnen und Schließen der Zange dauert maximal 1.0 Sekunden.
   Bezüglich der Umschaltung auf Langsamfahrt gilt der Kommentar zu Schritt 2, zur Überwachung der Zangenstellung das zu Schritt 3 Gesagte entsprechend.
5. Parallel zur Rückfahrt des Vorschubs schneidet die Schere die Blechtafel ab und fährt anschließend wieder nach oben. Sowohl die obere als auch die untere Stellung der Schere ist über Endschalter überwachbar.
6. Nachdem die Schere die obere Stellung erreicht hat und die Zange wieder geschlossen ist, öffnet sich der Niederhalter wieder. Die Grundstellung ist wieder erreicht und der Zyklus beginnt von vorn.
   Die Schritte 4 sowie 5 und 6 bilden zwei parallele Teilprozesse, die durch die Bedingung „Schere geöffnet UND *Niederhalter geöffnet* UND *Zange gespannt" beendet werden.*
7. In der Grundstellung soll die Anlage angehalten werden können. Die Grundstellung soll zudem durch eine Kontrollampe an der Anlage angezeigt werden.
   Die Schritte 1 bis 7 beinhalten offensichtlich den Automatikbetrieb der Anlage. Diese Betriebsart soll unter normalen Umständen nur dann beendet werden können, wenn sich die Anlage in der Grundstellung befindet, ein Arbeitszyklus also abgeschlossen wurde. Siehe hierzu auch die Bemerkungen zu Schritt 10 bezüglich des Übergangs in den Einrichtbetrieb.
8. Bei Betätigung des Not-Aus-Schalters (Nothalt) soll der Vorschub gestoppt sowie Niederhalter und Zange des Vorschubs gelöst werden, außerdem ist die Schere in die obere Stellung zu fahren. Der Einrichtbetrieb soll eingeschaltet werden, zugleich sind aber die Taster für die Einrichtfunktionen zu verriegeln.
   Schritt 8 beschreibt den Not-Aus-Betrieb. Es wäre allerdings noch festzulegen, was passiert, wenn nach Betätigung des Not-Aus-Schalters dieser wieder entriegelt wird, d.h. was nach Beendigung des Not-Aus-Betriebes geschehen soll. Außerdem sollte der Not-Aus-Betrieb optisch und ggf. akustisch angezeigt werden.
9. Zusätzlich zum Nothalt soll ein Hydraulikhalt vorgesehen werden, der bei Schlauchbruch alle Bewegungen stoppt und die Hydraulikaggregate ausschaltet.
   Hier stellt sich zunächst die Frage, wie denn ein Schlauchbruch von der Steuerung erkannt werden kann. Außerdem ist zu klären, ob alle Bewegungen so ohne weiteres angehalten werden können, da je nach dem Ort, an dem der Schlauchbruch aufgetreten ist, z.B. bei der Schere diese sich durch ihr Eigengewicht nach unten bewegen kann. Wie beim Nothalt ist auch hier nicht festgelegt, wie nach Behebung der Störung diese Betriebsart „Hydraulikhalt" wieder beendet werden kann.

Schritt Beschreibung

10. Im Einrichtbetrieb sollen sich bei nicht betätigtem Not-Aus-Schalter alle Bewegungen ausführen lassen. Dabei sind jedoch folgende Verriegelungen zu beachten:
    1. Der Vorschub lässt sich über einen Taster *nur in Langsamfahrt* bewegen
    2. Ein Verfahren des Vorschubes ist nur dann möglich, wenn nicht zugleich der Niederhalter und die Zange gespannt sind.

    Der Einrichtbetrieb ist auch die Betriebsart, in der sich die Anlage nach dem Einschalten befinden soll. Die Umschaltung auf Automatikbetrieb soll nur möglich sein, wenn die folgenden Bedingungen erfüllt sind:
    1. Die Grundstellung ist erreicht
    2. alle Hydraulikaggregate sind in Betrieb
    3. der Nothalt ist nicht betätigt.

    Da die Endstellungen von Zange und Niederhalter nicht überwacht werden können (s. Schritte 3 und 4) ist die Überprüfung der 2. Verriegelungsbedingung nur indirekt möglich. Auch hier ist nicht spezifiziert, wann und wie in den Einrichtbetrieb übergegangen werden kann – sinnvoll wäre beispielsweise, wenn der Übergang vom Automatikbetrieb in den Einrichtbetrieb nur in der Grundstellung möglich ist (vergl. Schritt 7).

    Wichtig ist auch, dass nach dem Einschalten der Anlage diese einen definierten Zustand annimmt. Hierzu ist bei dieser Anlage lediglich vorgesehen, dass sie sich im Einrichtbetrieb befinden soll. □

Die wesentlichen Betriebsarten von Anlagen, wobei die beiden letzten aufgeführten Betriebsarten für Ablaufsteuerungen gelten, sind dabei

- der *Einrichtbetrieb*: Durch Eingriff des Bedieners auf der tiefsten Ebene der Steuerungseinrichtung können die verschiedenen Aktoren der Anlage unter Umgehung der Verriegelungen unabhängig voneinander angesteuert werden. Gewisse Sicherheitsverriegelungen bleiben aber auch hier wirksam.
- der *Handbetrieb*: Der Bediener legt – sofern nicht die wirksam gebliebenen Verriegelungen dies verhindern – alle Ausgänge der Steuerung (und damit ggf. die Eingänge einer vorhandenen nächsttieferen Steuerungsebene) fest. In dieser Betriebsart bleiben neben den Sicherheitsverriegelungen auch alle oder einige betriebliche Verriegelungen wirksam.
- der *Automatikbetrieb*: Die Anlage arbeitet automatisch vollständig einen einzelnen oder kontinuierlich (Dauerlauf) immer wieder den programmierten Zyklus ab, ggf. im Zusammenwirken mit anderen Komponenten der Anlage. Außer Start, Stop und Not-Aus sind keine weiteren Eingriffe durch den Bediener möglich.
- der *Teilautomatikbetrieb*: Nur Teile der Steuerungseinrichtung bzw. des Programms arbeiten, ohne dass Eingriffe des Bedieners erforderlich sind. Art und Umfang dieser Betriebsart müssen detailliert festgelegt werden.
- der *Fehler-Betrieb*: Das Programm arbeitet die Schritte ab, die z.B. für den Fall, dass der Not-Aus-Schalter betätigt wurde oder auch ein bestimmter Feh-

lerzustand eingetreten ist und erkannt wurde, als Reaktion auf diesen Fehler vorgesehen sind und die ggf. für ein definiertes Stillsetzen der Anlage sorgen.

- die Betriebsart *Schritt setzen*: Ein beliebiger Schritt der Ablaufkette kann vom Bediener ausgewählt werden und wird gesetzt. Dabei können die Weiterschaltbedingungen, die zu diesem Schritt führen, gesetzt sein oder nicht (d.h. der ausgewählte Schritt wird erst dann gesetzt, wenn die programmgemäß vorgeschriebenen Bedingungen erfüllt sind oder der Schritt wird bedingungslos gesetzt) und die Befehlsausgabe kann aktiv sein oder nicht.
- der *Einzelschrittbetrieb*: Die verschiedenen, nacheinander ablaufenden Schritte eines Zyklus, wie beispielsweise das Abschneiden von Blechtafeln bei der Coilanlage aus Beispiel 6.2, werden einzeln, Schritt für Schritt, angestoßen. Bezüglich der Weiterschaltbedingungen und der Befehlsausgabe gilt das bei der vorigen Betriebsart Gesagte.

Außerdem muss im Pflichtenheft genau festgelegt werden, wie bei welcher Störung (dazu gehört auch der Ausfall der Energie in der gesteuerten Anlage oder der Hilfsenergie der Steuerung selbst) bzw. bei Betätigung des Not-Aus-Schalters zu verfahren ist. In diesen Fällen wird unter Umständen, je nach Umfang und Schwere der Störung, bei Not-Aus immer, jede andere gerade eingestellte Betriebsart abgebrochen und das Programm verzweigt in den entsprechenden Programmteil, der für diese Störung bzw. für die Not-Aus-Abschaltung vorgesehen wurde. Insofern kann man auch von einer eigenen Betriebsart „Not-Aus“ sprechen (s.o.). Für jeden Arbeitsgang muss dabei genau geprüft werden, wie das Stillsetzen der Anlage zu geschehen hat bzw. wie bei Auftritt dieser Störung zu reagieren ist. So dürfen Funktionseinheiten, deren Außerbetriebnahme eine Gefährdung hervorrufen würde, nicht abgeschaltet werden (z.B. Lastmagnete), Vorgänge, die eine Gefährdung abwenden, müssen gegebenenfalls sogar eingeleitet werden (z.B. Zwangskühlung oder Bremsvorgänge). Außerdem ist genau festzulegen, ob und wie eine Anlage nach einer (Not-Aus-) Abschaltung wieder angefahren werden darf. So können sich bei einer verfahrenstechnischen Anlage beim Abfahrvorgang oder während des Stillstandes der Anlage unzulässige Produktveränderungen ergeben haben. Entsprechende Überlegungen bezüglich des Anfahrens oder des weiteren Betriebs sind auch anzustellen, wenn eine aufgetretene Störung behoben oder die Versorgungsspannung wieder eingeschaltet wurde.

Die Erkennung von bestimmten Störungen und die adäquate Reaktion darauf kann, insbesondere für Anlagen, wo Störungen große Schäden zur Folge haben können, einen wesentlichen Teil eines Steuerungsprogramms ausmachen und erfordert natürlich auch das Vorhandensein entsprechender Hardware (Sensoren). Für die Erkennung bestimmter Fehler können aber auch sowieso vorhandene Sensoren genutzt werden, wenn beispielsweise bestimmte Eingangsbelegungen nicht möglich sind (vergl. das im Kapitel 5 im Bild 5.25 angegebene Programmbeispiel 5.12 einer Füllstandsüberwachung).

Als Reaktion auf einen Fehler ist in manchen Fällen das Absetzen einer Warnmeldung ausreichend, in anderen sind weitere Maßnahmen erforderlich, z.B. die Umschaltung auf redundante (Mess-)Einrichtungen oder im schlimmsten Fall die

Außerbetriebnahme der Anlage. Bei der Erkennung von Störungen kann die Erfahrung aus dem Betrieb gleicher oder ähnlicher Anlagen (wie häufig treten bestimmte Störungen auf? was ist die Ursache?) von großem Nutzen sein.

6.1.2 Technologieschema

Eine Funktionsbeschreibung des Prozesses wie in den Beispielen 6.1 oder 6.2 ist nur schwer verständlich, wenn man sich den zu steuernden Prozess nicht zumindest in groben Zügen vorstellen kann. Aus diesem Grund gehört zu einer Funktionsbeschreibung immer auch ein *Technologieschema.* Das im Bild 6.1 dargestellte Beispiel 6.3 zeigt ein solches Technologieschema für die Coilanlage aus Beispiel 6.2.

Beispiel 6.3

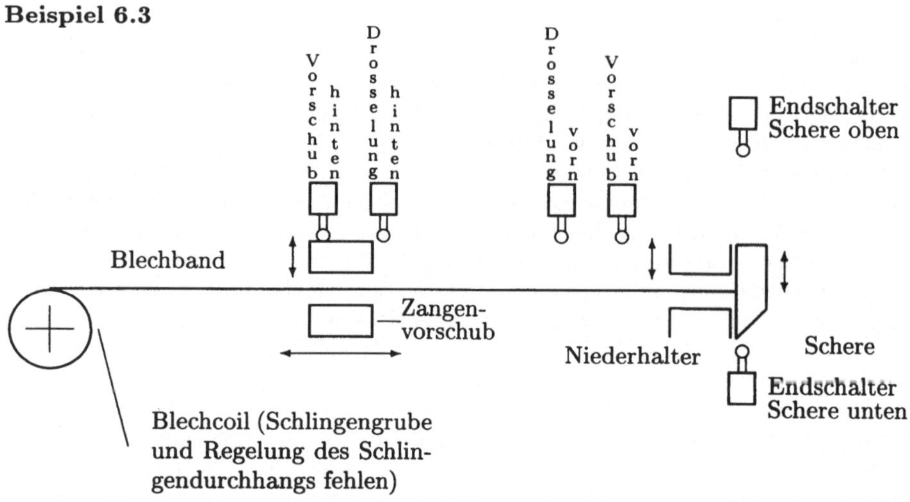

Bild 6.1 *Technologieschema einer Coilanlage* □

Ein Technologieschema sollte in möglichst übersichtlicher Form alle für die Steuerung des Prozesses wesentlichen Funktionen klar erkennen lassen, wobei überflüssige Details, die für das Verständnis des Prozesses nicht erforderlich sind, auch nicht enthalten sein sollten. Bei einem mechanischen Prozess müssen z.B. alle zu steuernden Antriebe, ihre Bewegungsachsen sowie die Sensoren, die diese Bewegungen überwachen, erkennbar sein.

6.1.3 Hydraulik- und Pneumatikpläne

Viele Prozesse enthalten hydraulische oder pneumatische Antriebe und Komponenten. Um diese Antriebe richtig ansteuern zu können, ist es notwendig, die Funktion der Ventile im Hydrauliksystem zu kennen. In der Fluidtechnik gibt es spezielle

Schaltplansymbole, die in der internationalen DIN-ISO-Norm 1219 dargestellt sind. Einige wesentliche graphische Symbole sollen deswegen hier in der folgenden Tabelle 6.1 vorgestellt und erläutert werden.

Tabelle 6.1 *Wichtige graphische Symbole in Hydraulik- und Pneumatikplänen*

Darstellung	Name / Funktion
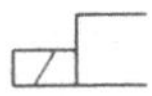	elektrisches Betätigungselement Magnetspule, lineare Betätigungsrichtung, 1 Wicklung (eine Betätigungsrichtung)
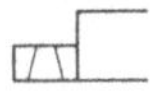	elektrisches Betätigungselement Magnetspule, lineare Betätigungsrichtung, 2 Wicklungen (zwei Betätigungsrichtungen)
	elektrisches Betätigungselement Magnetspule, lineare Betätigungsrichtung, 2 Wicklungen, die gegeneinander wirken, und die ein stufenloses, veränderliches Verhalten aufweisen (zwei Betätigungsrichtungen)
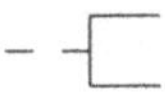	Betätigung durch Druckbeaufschlagung oder -entlastung Direktwirkende Betätigung, eine Betätigungsrichtung
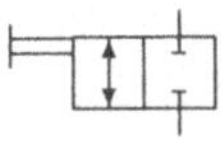	2/2 Wegeventil Zwei Anschlüsse, zwei Schaltstellungen, Sperr-Ruhestellung, Betätigung durch Muskelkraft
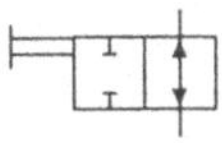	2/2 Wegeventil Zwei Anschlüsse, zwei Schaltstellungen, Durchfluss-Ruhestellung, Betätigung durch Muskelkraft
	3/2 Wegeventil Drei Anschlüsse, zwei Schaltstellungen mit dargestellter Übergangsstellung, Durchfluss-Ruhestellung, Betätigung durch Magnet und Rückstellfeder
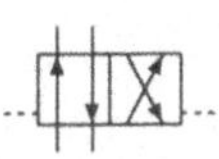	4/2 Wegeventil Vier Anschlüsse, zwei Schaltstellungen, Betätigung durch Druckbeaufschlagung in beiden Richtungen
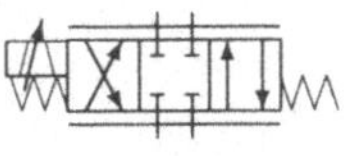	Servoventil (4/3 Wegeventil) Vier Anschlüsse, drei Arbeitsstellungen, mit positiver Überdeckung (alle Anschlüsse in Mittelstellung verschlossen), federzentriert, elektrisch steuerbar (2 gegeneinanderwirkende Wicklungen mit stufenlosem, veränderlichem Verhalten)

Tabelle 6.1 ***Wichtige graphische Symbole in Hydraulik- und Pneumatikplänen (Fortsetzung)***

Darstellung	Name / Funktion
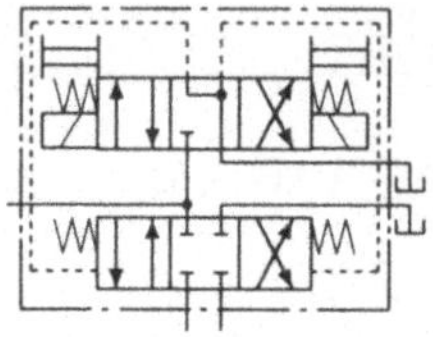	4/3 Wegeventil mit einer Vorsteuerstufe *Vorsteuerstufe:* Vier Anschlüsse, drei Schaltstellungen, federzentriert, Betätigung durch zwei gegeneinanderwirkende Magnete, Notbetätigung durch Muskelkraft, externe Steuerfluidrückführung *Hauptsteuerstufe:* Vier Anschlüsse, drei Schaltstellungen, federzentriert, Betätigung durch interne Druckbeaufschlagung in beiden Richtungen, in der Mittelstellung sind die Steuerleitungen drucklos
	einstellbares Drosselventil vereinfachte Darstellung, ohne Angabe der Verstelleinrichtung oder der Verstellart
	Absperrventil
	2-Wege-Stromregelventil vereinfachte Darstellung, mit veränderlichem Auslassstrom, der Pfeil auf der Volumenstromlinie zeigt die Druckkompensation
	Überdruckmessgerät
	Differenzdruckmessgerät
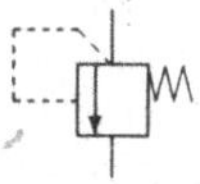	einstufiges Druckbegrenzungsventil einstufiges, direktwirkendes Druckbegrenzungsventil (der Eingangsdruck wird durch Öffnen der Ablassöffnung zum Behälter oder der Ausgangsöffnung zur Atmosphäre, gegen eine Gegenkraft – hier eine Feder – gesteuert)
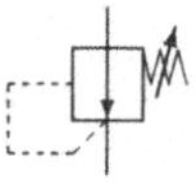	einstufiges Druckreduzierventil einstufiges, direktwirkendes 2-Wege-Druckreduzierventil, federbelastet
	unbelastetes Rückschlagventil vereinfachte Darstellung, öffnet, wenn der Eingangsdruck höher als der Ausgangsdruck ist
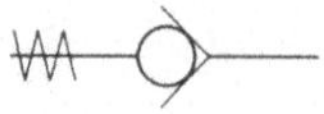	federbelastetes Rückschlagventil vereinfachte Darstellung, öffnet, wenn der Eingangsdruck höher als der Ausgangsdruck plus dem Federdruck ist

Tabelle 6.1 *Wichtige graphische Symbole in Hydraulik- und Pneumatikplänen (Fortsetzung)*

Darstellung	Name / Funktion
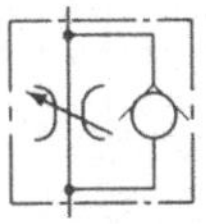	Drosselrückschlagventil vereinfachte Darstellung, mit veränderlichem Ausgangsstrom, freier Volumenstrom in einer Richtung, gedrosselter in der anderen
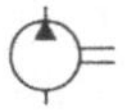	Hydraulikpumpe konstantes Fördervolumen, eine Drehrichtung
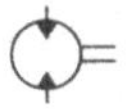	Hydraulikmotor konstantes Schluckvolumen, zwei Drehrichtungen
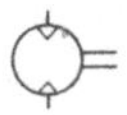	Pneumatikmotor konstantes Schluckvolumen, wechselnde Volumenstromrichtung und zwei Drehrichtungen
	Druckspeicher ohne Darstellung der Vorspannung (nur in senkrechter Position)
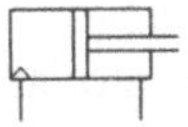	einfachwirkender Pneumatikzylinder Vorhub durch Druckbeaufschlagung, nicht definierte Rückhubart, einseitige Kolbenstange, Kolbenraum mit der Atmosphäre verbunden
	einfachwirkender Hydrozylinder Rückhub durch Druckbeaufschlagung, Vorhub durch Feder, einseitige Kolbenstange, Kolbenraum mit dem Behälter verbunden
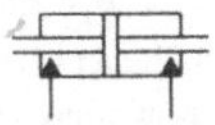	doppeltwirkender Hydrozylinder zweiseitige Kolbenstange
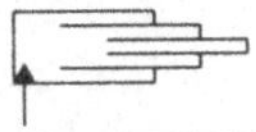	Teleskopzylinder hydraulisch, einfach wirkend

Beispiel 6.4

Im Bild 6.2 ist, basierend auf diesen Schaltplansymbolen gemäß Tabelle 6.1, der Hydraulikschaltplan der bereits bekannten Coilanlage dargestellt. Alle Ventile bis auf das zur Ansteuerung der Schere (dies Ventil wird durch Druckbeaufschlagung hydraulisch betätigt) werden elektrisch über Magnetspulen betätigt, wobei dazu die übliche Gleichspannung von 24V zur Ansteuerung verwendet wird.

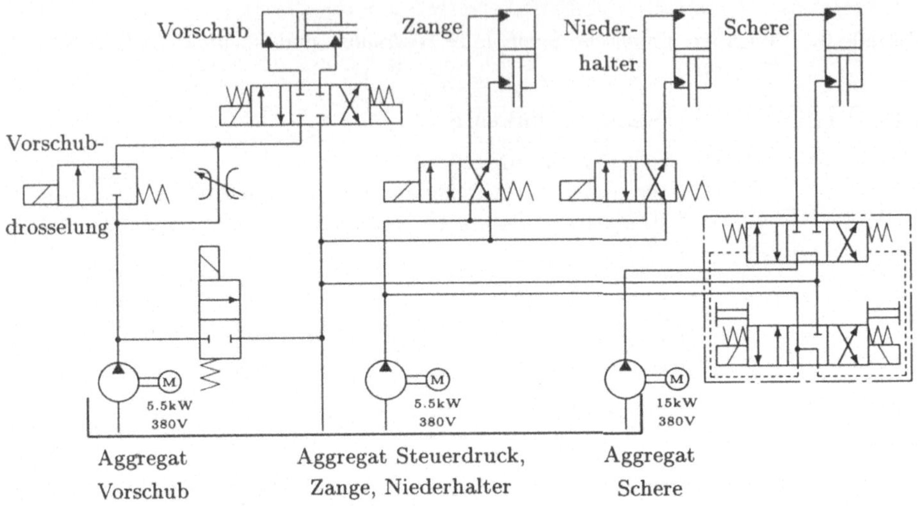

Bild 6.2 *Hydraulikschaltplan einer Coilanlage*

Insgesamt werden zur Ansteuerung der verschiedenen hydraulischen Komponenten 3 Hydraulikpumpen eingesetzt. Eine Pumpe wird für die Ansteuerung des Vorschubs benötigt. Mit Hilfe eines 4/3 Wegeventils wird der Vorschubzylinder hin- und herbewegt. In der Mittelstellung ist dabei die Bewegung des Zylinders gesperrt. Bei sehr langen Wegen kann statt eines Zylinders auch ein Hydraulikmotor zum Einsatz kommen. Nur bei elektrischer Ansteuerung der Vorschubdrosselung bewegt sich der Zylinder mit der vollen Geschwindigkeit. Ist die Magnetspule nicht betätigt, wird das Ventil durch Federkraft zurückbewegt und der Zylinder bewegt sich im Kriechgang, wobei am Drosselventil über die Drosselung die Geschwindigkeit des Kriechgangs eingestellt werden kann. Da diese Pumpe nur den Druck für den Vorschub aufbringen muss und nicht auch noch Energie zur Versorgung anderer hydraulischer Komponenten bereitzustellen hat, kann zur Einsparung elektrischer Energie (der die Hydraulikpumpe antreibende Elektromotor läuft dann im Leerlauf) für den Fall, dass der Vorschubzylinder steht und momentan nicht bewegt wird, mit Hilfe eines weiteren Ventils die Pumpe auf drucklosen Umlauf geschaltet werden. Außerdem kann auch als Vorsichtsmaßnahme dann auf drucklosen Umlauf geschaltet werden, wenn sichergestellt werden soll, dass sich der Vorschub auch bei einer etwaigen falschen Stellung des Wegeventils nicht bewegen soll.

Die zweite Hydraulikpumpe versorgt die Zylinder der Zange und des Niederhalters und steuert das Ventil für die Schere an. Zange und Niederhalter werden entweder nach oben oder nach unten bewegt und verbleiben dann auch jeweils in der Endstellung. Aus diesem Grund ist prinzipiell, wie aus dem Schaltplan ersichtlich, jeweils ein 4/2 Wegeventil ausreichend. Trotzdem kann es sein, dass aus sicherheitsrelevanten Gründen ein 4/3-Wegeventil (ggf. mit Federzentrierung in der Mittelstellung und dann gesperrter Zylinderbewegung) wie beim Vorschub notwendig wird, um z.B. beim Nothalt die Zylinderbewegung sofort stoppen zu können, was bei dem hier verwendeten 4/2-Wegeventil nicht möglich ist, oder bei einem Ausfall der Steuerung die Zylinder zu fixieren und zu verhindern, dass sich beispielsweise durch die Schwerkraft ein Zylinder noch langsam bewegt. Da die Zylinder für die Zange und Niederhalter wegen der Ansteuerung durch ein 4/2 Wegeventil permanent druckbeaufschlagt sein müssen, kann für diese Pumpe kein druckloser Umlauf vorgesehen werden.

Die letzte und größte Hydraulikpumpe wird zum Antrieb der Schere benötigt. Dieser Zylinder wird wiederum durch ein 4/3 Wegeventil angesteuert, in der Mittelstellung kann der Zylinder also angehalten und die Bewegung gesperrt werden. Zur Ansteuerung dieses Zylinders ist außerdem eine Vorsteuerstufe vorgesehen, die federzentriert ist und normalerweise durch die zweite Hydraulikpumpe versorgt wird. Es ist aber auch eine Notbetätigung durch Muskelkraft möglich. Die Hauptsteuerstufe ist druck- und federzentriert. In der Mittelstellung sind die Steuerleitungen druckbeaufschlagt. Außerdem wird dort für die Hydraulikpumpe ein druckloser Umlauf realisiert, da die Schere ja nicht bewegt werden muss. □

6.1.4 Räumliche Randbedingungen und Lagepläne

Neben dem Technologieschema, aus dem die *Funktion* der Anlage hervorgehen soll, ist es für die Installation und die Verkabelung wichtig zu wissen, wie die räumliche Aufteilung der Anlage aussieht.

Beispiel 6.5

Im Bild 6.3 ist ein entsprechender Lageplan für die Coilanlage aus den Beispielen 6.2, 6.3 und 6.4 angegeben.

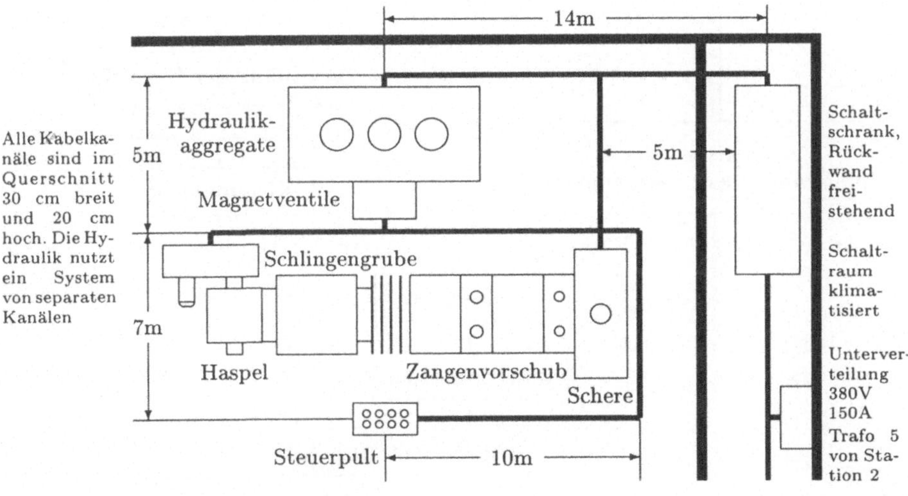

Bild 6.3 *Lageplan einer Coilanlage* □

Wichtige Details sind hier die Lage der Kabelkanäle der zu versorgenden Antriebe, Aktoren und Sensoren. Die Positionen, an denen Zwischenklemmleisten angebracht werden können, und der Standort des Schaltschrankes sind ebenfalls zu spezifizieren. Für den Schaltschrankaufbau ist es notwendig, die Umweltbedingungen zu kennen (Staubanfall, elektromagnetische Störfelder, Feuchtigkeit, Explosionsgefahr, Vibrationen usw.). Weiterhin sind die Energieanschlusswerte und ggf. die Hinweise auf den Druckluftanschluss (Druck, maximal zu entnehmende Menge) wichtig.

6.2 Arbeitsablauf bei der Projektierung

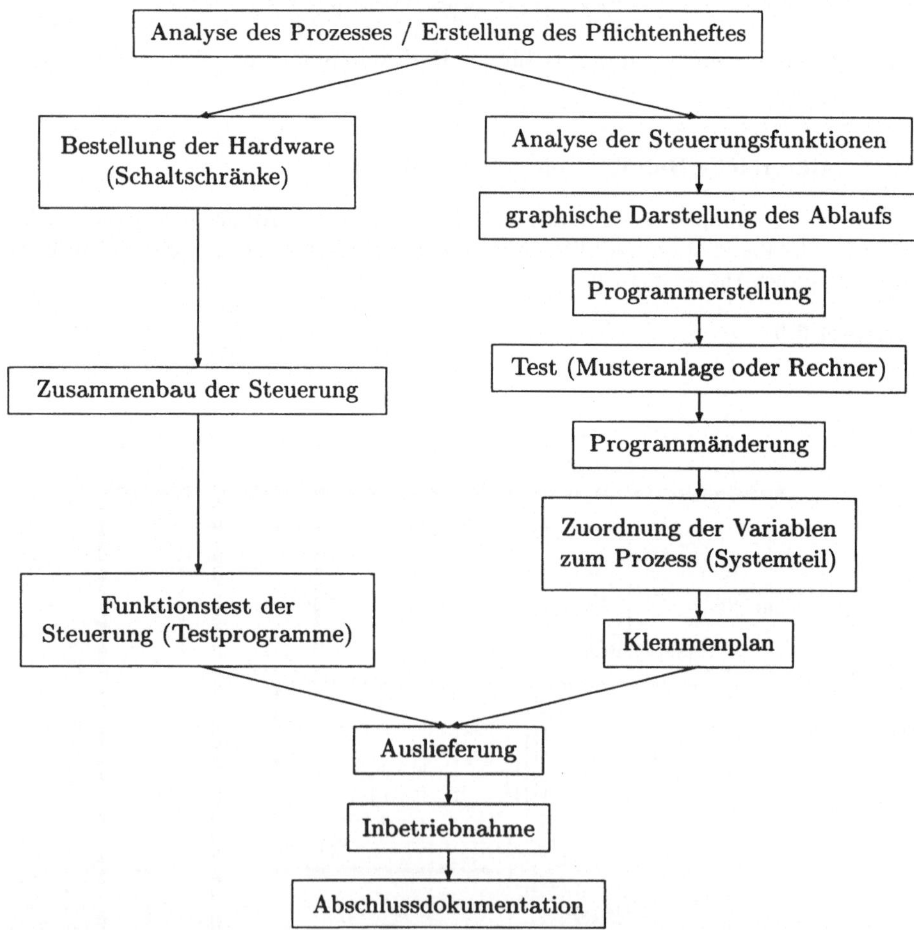

Bild 6.4 *Arbeitsablauf bei der Anlagenautomatisierung mit einer SPS*

Der Arbeitsablauf bei der Automatisierung einer Anlage durch eine Steuerung ist grob im Bild 6.4 dargestellt. Einzelne Punkte mögen auf ein konkretes Projekt nicht zutreffen, aber grundsätzlich wird dabei so vorgegangen, wobei die Möglichkeiten des parallelen Vorgehens für Hardware und Software auch genutzt werden sollten.

6.3 Sicherheitsvorschriften

Es würde den Rahmen dieses Buches sprengen, wenn an dieser Stelle ausführlich auf die zahlreichen und verschiedenen Sicherheitsvorschriften eingegangen werden sollte, die bei einer Anlagenautomatisierung mit Hilfe einer SPS zu beachten sind, zumal je nach der Anlage auch sehr unterschiedliche Vorschriften gelten. Deswegen soll an dieser Stelle nur kurz darauf hingewiesen werden, dass sich Sicherheitsanforderungen grob in drei Bereiche aufteilen lassen:

1. Die elektrische Betriebssicherheit der Steuerungseinrichtung (SPS) selbst
2. Die Sicherheit bzw. Zuverlässigkeit der SPS hinsichtlich der Vermeidung von Gefahrenzuständen für den zu steuernden Prozess
3. Die Sicherheit des Bedienpersonals.

Zum ersten Punkt gehören Fragen wie allgemeine elektrische Schutzmaßnahmen (Schutzerdung, Nullung, FI-Schutzschaltung, Isolation, Geräteüberlastungsschutz) sowie die Aufteilung und Überwachung der einzelnen Steuerstromkreise und die galvanische Trennung von Informationsschnittstellen zwischen diesen Stromkreisen. So ist es beispielsweise nicht erlaubt, in Summenkabeln Signale aus verschiedenen Steuerspannungsebenen aufzulegen. Eine Ausnahme bilden hierbei flache Schleppkabel, wie sie z.B. bei Kränen Verwendung finden, da hierbei die Gefahr eines mechanischen Verdrillens nicht so stark gegeben ist. Allerdings sollte dort zwischen jeder neuen Spannungsebene der Schutzleiter aufgelegt werden, der im Falle des Isolationsdurchbruchs die Ausschaltung hervorruft.

Zum zweiten Problemkreis gehören Fragen wie die nach der Redundanz der in der Steuerungseinrichtung realisierten Sicherheitsverriegelungen. So können z.B. sicherheitsrelevante Prozesssignale diversitär, d.h. durch mehrere voneinander unabhängige Sensoren erfasst werden. Ausfälle von Sensoren können etwa dadurch überwacht werden, dass man sich die Redundanz in den Kombinationen der Eingangsbelegung der Steuerung zunutze macht. So können beispielsweise bei einem translativen Vorschub nie die beiden Endschalter zugleich betätigt sein. Wird die entsprechende logische Verknüpfung dennoch TRUE, muss ein Endschalter klemmen.

Literaturverzeichnis

[Boo47] BOOLE, G.: *The Mathematical Analysis of Logic.* Cambridge, 1847. 1948 neu erschienen bei B. Brackwell, Oxford.

[Boo54] BOOLE, G.: *An Investigation of the Laws of Thought.* London, 1854. 1954 neu erschienen bei Dover Publications, New York.

[Cre91] CREMERIUS, A.: *Speicherprogrammierbare Steuerungen.* Verlag moderne industrie, Landsberg / Lech, 1991.

[Dij65] DIJKSTRA, E. W.: *Cooperating sequential processes.* Technological University Eindhoven, Eindhoven (NL), 1965. abgedruckt in GENUYS, F. (Editor): *Programming Languages*, Academic Press New York, New York 1968.

[FB85] FREI, F. und M. BLEICHER: *Speicherprogrammierbare Steuerungen.* A. Hüthig Verlag, Heidelberg, 1985.

[Fes84] *Handhabungstraining FPC 404.* Dokumentationsunterlage der Firma Festo, 1984.

[FV75] FASOL, K. H. und P. VINGRON: *Synthese industrieller Steuerungen: Kombinatorische Schaltungen, Speicherschaltungen, Asynchrone sequentielle Schaltungen.* Oldenbourg Verlag, München, 1975.

[Han77] HANSEN, P. BRINCH: *Betriebssysteme.* Carl Hanser Verlag, München, 1977.

[Hee74] HEEP, W.: *Elektronische Steuerungstechnik.* Elitera-Verlag, Berlin, 1974.

[HT90] HAASE, F. und D. TIEDEMANN: *Die Ablaufsprache (IEC 65A).* FESTO Didactic KG, Esslingen, 1990.

[Huf54] HUFFMAN, D. A.: *The Synthesis of Sequential Switching Circuits.* Journal of the Franklin Institute, **254**, S. 161–190, 275–303, 1954.

[Huf55] HUFFMAN, D. A.: *A Study of the Memory Requirements of Sequential Switching Circuits.* Technical Report No. 293, Research Laboratory of Electronics, Massachusetts Institute of Technology, 1955.

[Huf57] HUFFMAN, D. A.: *The Design and Use of Hazard-Free Switching Networks.* Journal of the Association of Computing Machinery, **4**, S. 47–62, 1957.

[JT97] JOHN, K. H. und M. TIEGELKAMP: *SPS-Programmierung mit IEC 1131-3.* Springer Verlag, Berlin, 1997.

[Kar53] KARNAUGH, M.: *The Map Method for Synthesis of Combinational Logic Circuits.* Transactions AIEE, **72**, S. 593–598, 1953.

[KW75] KLEIM, D. und W. WOLFGARTEN: *Programmierbare Steuerungen.* VDI-Verlag, Düsseldorf, 1975.

[LH84] LEY, F. und F. HAASE: *Erfahrungen mit einer FESTO freiprogrammierbaren Steuerung.* Interner Bericht ESR-8418, Ruhr-Universität Bochum, 1984.

[McC56] MCCLUSKEY, E. J.: *Minimization of Boolean Functions.* Bell System Technical Journal, **35**, S. 1417–1445, 1956.

[Mea55] MEALY, G. H.: *Method for Synthesizing Sequential Circuits.* Bell System Technical Journal, **34**, S. 1045–1079, 1955.

[Moo56] MOORE, E. F.: *Gedanken-Experiments on Sequential Machines.* Princeton University Press, Princeton, 1956.

[NGLS95] NEUMANN, P., E. E. GRÖTSCH, C. LUBKOLL und R. SIMON: *SPS-Standard: IEC 1131.* Oldenbourg Verlag, München, 1995.

[Pet62] PETRI, C. A.: *Kommunikation mit Automaten.* Schriften des Rheinisch-Westfälischen Instituts für instrumentelle Mathematik, Universität Bonn, 1962.

[Pet88] PETRY, J.: *Speicherprogrammierbare Steuerungen: Projektierung und Programmierung.* A. Hüthig Verlag, Heidelberg, 1988.

[Qui55] QUINE, W. V.: *A Way to Simplify Truth Functions.* American Mathematical Monthly, **62**(11), S. 627–631, 1955.

[Sha38] SHANNON, C. E.: *Symbolic Analysis of Relay and Switching Circuits.* Transactions AIEE, **57**, S. 713–723, 1938.

[Sch92] SCHNIEDER, E. (Hrsg.): *Petrinetze in der Automatisierungstechnik.* Oldenbourg Verlag, München, 1992.

[Stu81] STUTE, G.: *Steuerungstechnik.* Springer Verlag, Berlin, 1981.

[VDI86] VDI/VDE-RICHTLINIE 3683: *Beschreibung von Steuerungsaufgaben, Anleitung zum Erstellen eines Pflichtenheftes.* VDI-Verlag, Düsseldorf, 1986.

[Vei52] VEITCH, E. W.: *A Chart Method for Simplifying Truth Functions.* Proceedings Pittsburgh Association of Computing Machinery, May 1952.

[vW91] WÜLLEN, M. VAN: *Strukturierung von Steuerungssequenzen auf der Basis von Petri-Netzen und deren Implementierung auf einem Multitasking-Zielsystem unter Verwendung einer Hochsprache*, Reihe 8, Nr. 257, VDI-Verlag, Düsseldorf, 1991.

[Wie48] WIENER, N.: *Cybernetics or control and communication in the animal and the machine.* Massachusetts Institute of Technology, 1948. Deutsche Übersetzung unter dem Titel *Kybernetik – Regelung und Nachrichtenübertragung im Lebewesen und in der Maschine* 1963 erschienen im Econ-Verlag, Düsseldorf.

[Wra96] WRATIL, P.: *Moderne Programmiertechnik für Automatisierungssysteme.* Vogel Verlag, Würzburg, 1996.

[WZ88] WELLENREUTHER, G. und D. ZASTROW: *Speicherprogrammierte Steuerungen SPS.* Vieweg Verlag, Braunschweig / Wiesbaden, 1988.

[WZ98] WELLENREUTHER, G. und D. ZASTROW: *Steuerungstechnik mit SPS.* Vieweg Verlag, Braunschweig / Wiesbaden, 5. Auflage 1998.

Sachwortverzeichnis

C, D

Q, R

S

T

U

V

W

Weitere Titel aus dem Programm

Wolfgang Böge (Hrsg.)

Vieweg Handbuch Elektrotechnik

Nachschlagewerk für Studium und Beruf

1998. XXXVIII, 1140 S. mit 1805 Abb., 273 Tab. Geb. DM 168,00
ISBN 3-528-04944-8

Dieses Handbuch stellt in systematischer Form alle wesentlichen Grundlagen der Elektrotechnik in der komprimierten Form eines Nachschlagewerkes zusammen. Es wurde für Studenten und Praktiker entwickelt. Für Spezialisten eines bestimmten Fachgebiets wird ein umfassender Einblick in Nachbargebiete geboten. Die didaktisch ausgezeichneten Darstellungen ermöglichen eine rasche Erarbeitung des umfangreichen Inhalts. Über 1800 Abbildungen und Tabellen, passgenau ausgewählte Formeln, Hinweise, Schaltpläne und Normen führen den Benutzer sicher durch die Elektrotechnik.

Alfred Böge (Hrsg.)

Das Techniker Handbuch

Grundlagen und Anwendungen der Maschinenbau-Technik

15., überarb. und erw. Aufl. 1999. XVI, 1720 S. mit 1800 Abb., 306 Tab. und mehr als 3800 Stichwörtern, Geb. DM 148,00
ISBN 3-528-34053-3

Das Techniker Handbuch enthält den Stoff der Grundlagen- und Anwendungsfächer im Maschinenbau. Anwendungsorientierte Problemstellungen führen in das Stoffgebiet ein, Berechnungs- und Dimensionierungsgleichungen werden hergeleitet und deren Anwendung an Beispielen gezeigt. In der jetzt 15. Auflage des bewährten Handbuches wurde der Abschnitt Werkstoffe bearbeitet. Die Stahlsorten und Werkstoffbezeichnungen wurden der aktuellen Normung angepasst. Das Gebiet der speicherprogrammierbaren Steuerungen wurde um einen Abschnitt über die IEC 1131 ergänzt. Mit diesem Handbuch lassen sich neben einzelnen Fragestellungen ganz besonders auch komplexe Aufgaben sicher bearbeiten.

Abraham-Lincoln-Straße 46
65189 Wiesbaden
Fax 0611.7878-400
www.vieweg.de

Stand 1.4.2000
Änderungen vorbehalten.
Erhältlich im Buchhandel oder im Verlag.